煤矿岗位作业流程标准化示范

主　编　卓超群　赵志刚　陈昌一

副主编　郭纪俊　李　林　王光淇

张元宝　曲　彬

中国矿业大学出版社

·徐州·

图书在版编目(CIP)数据

煤矿岗位作业流程标准化示范/卓超群,赵志刚,陈昌一主编.—徐州:中国矿业大学出版社,2023.3

ISBN 978-7-5646-5703-1

Ⅰ.①煤… Ⅱ.①卓… ②赵… ③陈… Ⅲ.①煤矿开采—作业管理—标准化管理—流程—中国 Ⅳ.①TD82—65

中国国家版本馆CIP数据核字(2023)第017696号

书　　名	煤矿岗位作业流程标准化示范
主　　编	卓超群　赵志刚　陈昌一
责任编辑	张　岩
出版发行	中国矿业大学出版社有限责任公司 (江苏省徐州市解放南路　邮编221008)
营销热线	(0516)83884103　83885105
出版服务	(0516)83995789　83884920
网　　址	http://www.cumtp.com　**E-mail**:cumtpvip@cumtp.com
印　　刷	苏州市古得堡数码印刷有限公司
开　　本	787 mm×1092 mm　1/16　**印张** 16　**字数** 409千字
版次印次	2023年3月第1版　2023年3月第1次印刷
定　　价	68.00元

(图书出现印装质量问题,本社负责调换)

《煤矿岗位作业流程标准化示范》

编写委员会

主　　编　卓超群　赵志刚　陈昌一

副主编　郭纪俊　李　林　王光淇　张元宝　曲　彬

参编人员　（按姓氏拼音排序）

安　明　董祥武　韩　涛　侯玉亭　李　民

刘　渠　刘燕明　路庆彬　马　强　宋　景

宋玉飞　苏荣波　孙珂昕　孙宗凯　孙宗文

田旭东　王　彬　王召伟　徐晓晓　姚念勇

尹怀民　袁　鑫　张相超　张彦宽　仲崇武

前　言

煤炭行业属于高风险行业，企业职工安全意识和技能素质水平参差不齐。根据多年来的煤矿事故统计和分析，岗位作业人员的不安全行为是事故发生的主要原因，约占伤亡事故总数的70%～90%。提高作业人员的业务技能和安全意识、管控作业过程中人的不安全行为是减少事故发生的关键措施之一。

兖矿能源集团在煤矿安全管理中，开展了岗位作业流程标准化的探索和应用，特别是在《实施遏制重特大事故工作指南构建双重预防机制的意见》(安委办〔2016〕11号)和山东省《煤矿安全风险分级管控和隐患排查治理双重预防机制实施指南》(DB 37/T 3417—2018)颁布后，积极探索，将成熟的岗位风险评估方法和岗位作业流程标准有机融入双重预防机制建设中，实现了现场作业风险的动态管控。

本书结合兖矿能源集团采煤、掘进、机电、运输、通风5个专业中主要岗位的标准化作业要求进行编制。从作业人员班前准备，到班中作业，再到班后会，全流程规范了岗位作业人员的行为标准，并将双重预防机制应用到岗位作业中，辨识了岗位作业步骤中潜在的安全风险，制定了对应的风险管控措施，使双重预防机制在岗位层面得到有效落实，为提高岗位人员风险意识和技能、实现岗位作业达标奠定了坚实的基础。

编　者
2021年3月

目　录

第一章　岗位作业标准通用部分

第一节　地面职工通用标准

项目	作业步骤	作业标准	风险类型	危害因素	管控措施
班前	1. 基本要求	按时参加班前会，了解工作情况，掌握安全注意事项，持证上岗	其他	特种作业人员未持证上岗	特种作业人员必须经培训考核合格，持证上岗
	2. 班前会	2.1　汇报个人身体健康状况，排查安全不放心人，在自主保安签名簿上签名。 2.2　学习、了解上级的有关指示、指令和有关规定要求。 2.3　了解上一班的安全生产作业情况。 2.4　掌握本班的作业内容、要求和班前准备工作及安全注意事项	其他	(1) 身体状况不佳	班前排查安全不放心人员
				(2) 不了解本班作业内容及安全注意事项	值班人员传达上级有关要求，部署工作内容及安全注意事项
	3. 工作准备	3.1　按规定佩戴好劳动防护用品，严禁携带违禁物品。 3.2　准备所需工具和物件，并做好安全防护。 3.3　领取所需要的仪器	其他	未按要求佩戴劳动防护用品	入井人员必须佩戴齐全劳动防护用品，严禁携带违禁物品入井
班后	班后会	1.1　汇报当班工作量及安全生产情况。 1.2　填写相关记录	/	/	/

备注：煤矿地面职工班前、班后流程执行此标准。

第二节　下井职工通用标准

项目	作业步骤	作业标准	风险类型	危害因素	管控措施
班前	1. 基本要求	按时参加班前会，了解工作情况，掌握安全注意事项，持证上岗	其他	特种作业人员未持证上岗	特种作业人员必须经培训考核合格，持证上岗
	2. 班前会	2.1　汇报个人身体健康情况，排查安全不放心人，在自主保安签名簿上签名。 2.2　学习、了解上级的有关指示、指令和有关规定要求。 2.3　了解上一班的安全生产作业情况。 2.4　掌握本班的作业内容、要求和班前准备工作及安全注意事项	其他	身体状况不佳	班前排查安全不放心人员
				不了解本班作业内容及安全注意事项	值班人员传达上级有关要求，部署工作内容及安全注意事项
	3. 入井准备	3.1　按规定佩戴好劳动防护用品，严禁携带违禁物品。 3.2　佩戴矿灯和自救器，检查是否完好可靠。 3.3　准备所需工具和物件，并做好安全防护。 3.4　领取所需要的仪器，进入候罐室候罐	其他	未按要求佩戴劳动防护用品	入井人员必须佩戴齐全劳动防护用品
				携带违禁物品入井	严禁携带违禁物品入井
入井	1. 乘罐笼	1.1　下井时必须接受检身，有序乘罐，进、出罐笼不得拥挤、打闹，严禁抢罐、反向乘罐。 1.2　罐笼运行中，人员要站稳、抓牢，严禁将身体和携带的物品伸出罐帘外。 1.3　乘罐时不得携带超长物品及工具	其他	不按规定乘罐	遵守矿井乘罐安全管理要求，有序乘罐
				乘罐时携带违禁物品	严禁携带超长物品及工具

续表

项目	作业步骤	作业标准	风险类型	危害因素	管控措施
入井	2. 乘坐人车、胶轮车或架空乘人装置	2.1　乘坐人车、胶轮车时，必须在规定地点按顺序上下车，严禁超员、拥挤。 2.2　已发出开车信号或车辆未停稳时，严禁上下车，不准在车辆行进中扒车、跳车。 2.3　严禁将身体或携带的物品伸出车外，上车后挂好安全链（关闭车门）。 2.4　严禁在车内躺卧、打闹，不准摘掉安全帽。 2.5　严禁携带违规物品乘坐人车。 2.6　乘坐架空乘人装置时坐姿要端正，规范乘坐，严禁打瞌睡，严禁携带超长、超重物料	运输	把身体或携带的长物伸出车外	严禁将身体或携带的长物伸出车外，上车后挂好安全链（关闭车门）
	3. 井下行走	3.1　在大巷内行走时，应走人行道，注意来往车辆，及时躲避到安全地点。 3.2　在斜巷内行走时，严格执行“行车不行人，行人不行车”制度。 3.3　通过弯道、交叉口时，应“一停、二看、三通过”，注意来往车辆；通过风门时，应及时关闭风门，严禁同时打开两道风门。 3.4　抬扛或携带长物料行走时，应注意观察，避免伤人	运输	行走时未注意观察、避让车辆	(1) 在大巷内行走时，注意观察、避让来往车辆。 (2) 在斜巷内行走时，严格执行“行车不行人，行人不行车”制度
班后	班后会	1.1　汇报当班工作量及安全生产情况。 1.2　填写相关记录	/	/	/

备注：煤矿下井职工上岗前、班后流程执行此标准。

第二章 采煤专业岗位作业流程标准化示范

第一节 采煤机司机岗位作业流程标准化示范

采煤机司机岗位作业流程标准化指导书	
流程编号	CM001
岗位名称	采煤机司机
适用范围	煤矿井下
适用地点	综采(综放)工作面
一、岗位说明	采煤机司机是采煤工作面极其重要的工作岗位,其工作质量影响着工作面的工程质量和安全生产,因此必须具有高度的责任感、强烈的安全意识和熟练的操作技能
二、岗位安全生产责任清单	1. 认真执行国家有关煤矿安全生产和职业病危害防治的法律、法规、标准、技术规范、指示、指令、"三大规程"和矿各项规章制度。 2. 必须坚守岗位,不准擅离职守,严格执行"三大规程"和现场交接班制度。 3. 必须培训合格,持证上岗。 4. 采煤机启动前检查采煤机完好状况,各部位零件是否齐全、完整、坚固,各油位、手把位置是否符合规定,采煤机内外喷雾是否完好。 5. 上岗前必须佩戴好安全帽、防护手套、防尘口罩等劳保用品,穿好工作服并扣全扣子、扎紧袖口,执行好职业病危害防治措施。 6. 采煤机运转过程中,发现异常情况立即停机处理,以保证把事故消灭在萌芽状态。 7. 当班出现问题,当班妥善处理,不得留给下一班,不准隐瞒事故,对处理不了的问题,及时向当班班(组)长或区队汇报,并协助检修人员处理。 8. 搞好各工种间的配合和协作,充分挖掘设备潜力,努力完成当班安全生产任务。 9. 停机期间及时对设备进行检查和维修,精心维护设备,确保采煤机处于完好状态。 10. 认真填写运行和检修日志及各种记录。 11. 认真履行岗位职责,严格执行本岗位的安全与职业卫生操作规程,杜绝违章作业,对本岗位的安全生产负直接责任。 12. 有权拒绝上级的违章指挥,如拒绝无效,可越级举报,并随时制止他人违章作业。 13. 正确使用、精心维护、妥善保管办公设备、安全设施、职业卫生防护设施、工具及个人防护用品。 14. 辨识本岗位工作中的危害因素,评估风险大小,排查隐患,落实风险管控和隐患治理措施

续表

三、设备设施及劳动保护	1. 设备设施：采煤机
	2. 劳保用品：安全帽、劳保手套、防尘口罩、自救器、矿灯
	3. 工具：螺丝刀、手钳、活动扳手等
四、作业标准	见附表
五、流程图	见附图
六、应急处置	1. 行动程序 (1) 预警及信息报告：发生险情或事故时，立即通知受威胁区域人员，并向矿调度室汇报。 (2) 应急响应：行使紧急避险权，并按应急指令或避灾路线撤离险区；在撤离受阻的情况下紧急避险，并按现场处置方案开展自救互救。 (3) 后期处置：脱险后，立即向指挥部汇报现场采取的应急措施和事故初期情况；参与现场生产恢复；受伤人员积极配合医疗救治。 2. 安全避险注意事项 (1) 井下火灾、瓦斯爆炸、煤尘爆炸事故避灾时应迅速戴好自救器，迎着新鲜风流撤离灾区，不可任意进入回风巷道。 (2) 井下水灾发生后迅速佩戴自救器，向地势高的地点避灾。 (3) 顶板、冲击地压事故：立即停止作业，迅速撤离事故现场至安全地点。 (4) 火灾事故：立即通过灭火器、水、沙等直接灭火，无法扑灭时按程序汇报。 (5) 灾害性天气：立即停止作业，按调度指令迅速撤离升井。 (6) 当遭遇灾害无法撤离时进入就近避难硐室，启用救护设施，等待救援。 (7) 佩戴自救器撤离灾区时绝不能因为吸气干热而把自救器拿掉。 3. 联系电话 本单位值班电话：　　　　　　　矿调度室电话：

注：煤矿“三大规程”指《煤矿安全规程》《作业规程》和《煤矿工人技术操作规程》。

附表:采煤机司机岗位作业流程标准

项目	作业步骤	作业标准	风险类型	危害因素	管控措施
接班	1. 进入接班地点接班	1.1 准时进入工作面,对沿途有关设备、支护情况进行检查,在机组位置交接班。 1.2 询问交班司机上一班设备运行情况、割煤情况、工作面的地质变化情况和出现问题的处理情况	/	/	/
	2. 现场检查	2.1 进行岗点风险评估和隐患排查。 2.2 确认采煤机附近瓦斯浓度≤1%。 2.3 检查采煤机各部位螺栓是否齐全、紧固。 2.4 检查滚筒截齿是否齐全、完好。 2.5 检查牵引部是否良好,检查油缸销轴及挡板是否齐全。 2.6 检查遥控器、手动操作手柄、按钮是否灵活、可靠。 2.7 检查滚筒内外喷雾是否畅通无阻,冷却水压是否适宜。 2.8 检查各部位油位是否在规定范围内,是否有渗漏现象。 2.9 检查清洁度指示装置是否正常,不正常则应更换过滤器	/	/	/

续表

项目	作业步骤	作业标准	风险类型	危害因素	管控措施
作业	1. 试运转	1.1　采煤机前后 5 m 范围内无人员作业及障碍物。 1.2　启动采煤机试运转 5～10 min。 1.3　观察采煤机电控系统、冷却系统、润滑系统运行情况	/	/	/
	2. 启动	2.1　采煤司机发出开机信号，解除工作面前刮板输送机闭锁。 2.2　依次启动刮板输送机和采煤机	机械伤害	采煤机未发出开机信号启动	采煤机开机前必须发出信号，确保周围 5 m 范围内无人方可开机作业
	3. 割煤	3.1　严格按照《作业规程》规定的采高割煤，确保工作面采高均匀。 3.2　工作面内顶底板割平、无台阶、无伞檐，割煤跟底回采，上下端头与两巷底板顺平。 3.3　工作面煤壁割直，煤壁割成一条直线	职业病危害（粉尘、噪声、辐射、热害等）	采煤机喷雾设施不齐全，粉尘量超标	严格执行“开机开喷雾、停机停喷雾”制度
			冒顶（片帮）	采煤机割煤与移架的距离或与伸缩梁的距离不符合《作业规程》规定	支架伸缩梁必须随机收回，严禁超前收伸缩梁；采煤机司机随时观察煤帮与顶板状态，做好自保、互保；停机时，必须将采煤机停在顶板、煤帮稳定处；停机后，将采煤机开关停电闭锁，并打开隔离开关；停机后，必须将停机处的支架前探梁伸出
				顶板破碎、煤壁片帮时不超前移架，避免造成空顶时间、距离过长	顶板破碎、来压必须进行追机作业，严格控制空顶时间和空顶距离

续表

项目	作业步骤	作业标准	风险类型	危害因素	管控措施
作业	3. 割煤	3.1 严格按照《作业规程》规定的采高割煤，确保工作面采高均匀。 3.2 工作面内顶底板割平、无台阶、无伞檐，割煤跟底回采，上下端头与两巷底板顺平。 3.3 工作面煤壁割直，煤壁割成一条直线	冒顶（片帮）	工作面遇构造，割煤掌握不好坡度，造成咬架、死架	采煤机司机遇构造严格掌握工作面坡度，确保角度控制在15°以下，严禁台阶割煤，大倾角割煤
			机电（触电、机械伤害）	人员进入机道时，采煤机、刮板输送机不停电闭锁，伸缩梁未伸出	严格停机闭锁，并切断电源，支架伸缩梁伸出并接顶严实
	4. 动态巡查	4.1 观察机组各系统、各部位的运行情况。 4.2 观察工作区域内煤壁、顶板的变化情况。 4.3 观察机组运行前方支架（前5架）护帮板、前伸梁收回情况	/	/	/
	5. 异常处理	5.1 更换截齿、齿套 5.1.1 把煤机停在顶帮完好地点。 5.1.2 升降左右摇臂，使滚筒升到无负荷为止，停机停水。 5.1.3 切断煤机和刮板输送机电源，打开煤机隔离开关，拔出煤机离合器，闭锁刮板输送机。 5.1.4 打开支架护帮板，使用长把工具敲帮问顶，挂好护身网。 5.1.5 到滚筒前方距煤壁300 mm处，双手抱紧截齿，向下用力转动滚筒，边转变观察。（齿套）取出，然后按正确方向把新截齿（齿套）安到齿座上。 5.1.6 更换时，把齿座转至与人员齐胸，更坏截齿	机电（触电、机械伤害）	更换截齿未闭锁刮板输送机，误操作按钮开关造成输送机突然启动	人员进入煤壁区工作之前，必须闭锁刮板输送机，严格执行危险区域作业和停送电管理制度

续表

项目	作业步骤	作业标准	风险类型	危害因素	管控措施
作业	5. 异常处理	5.2　处理杂物 5.2.1　把煤机停在顶帮完好地点。 5.2.2　升降左右摇臂，使滚筒升到无负荷为止，停机停水。 5.2.3　切断煤机和运输机电源，打开煤机隔离开关，拔出煤机离合器，闭锁刮板输送机。 5.2.4　打开支架护帮板，使用长把工具敲帮问顶，挂好护身网。 5.2.5　到滚筒前方距煤壁 300 mm 处，使用工具清理滚筒上杂物	机电（触电、机械伤害）	更换截齿未闭锁刮板输送机，误操作按钮开关造成输送机突然启动	人员进入煤壁区工作之前，必须闭锁刮板输送机，严格执行危险区域作业和停送电管理制度
	6. 停机	6.1　采煤机必须停在顶板完好的地点。 6.2　采煤机前后滚筒落地、停机停水、停电闭锁、拉开离合器	机电（触电、机械伤害）	采煤机停机没有停在安全位置，人员进入作业	采煤机停机必须停在顶板完好、支护可靠地点，特殊情况下，必须将支架护帮板伸出并接顶严实
交班	1. 交班前的准备	1.1　落平滚筒，打出停机位置护帮板，维护好顶板，闭锁刮板输送机。 1.2　将采煤机机身上的杂物清扫干净，整理好电缆、水管	/	/	/
	2. 交班	2.1　向下一班岗点工交代清顶板、煤壁情况及注意事项。 2.2　向下一班岗点工交代清采煤机运行情况	/	/	/
收班	记录	记录当班生产期间机组及管辖范围内的情况	/	/	/
班后	班后会	执行《下井职工通用标准》	/	/	/

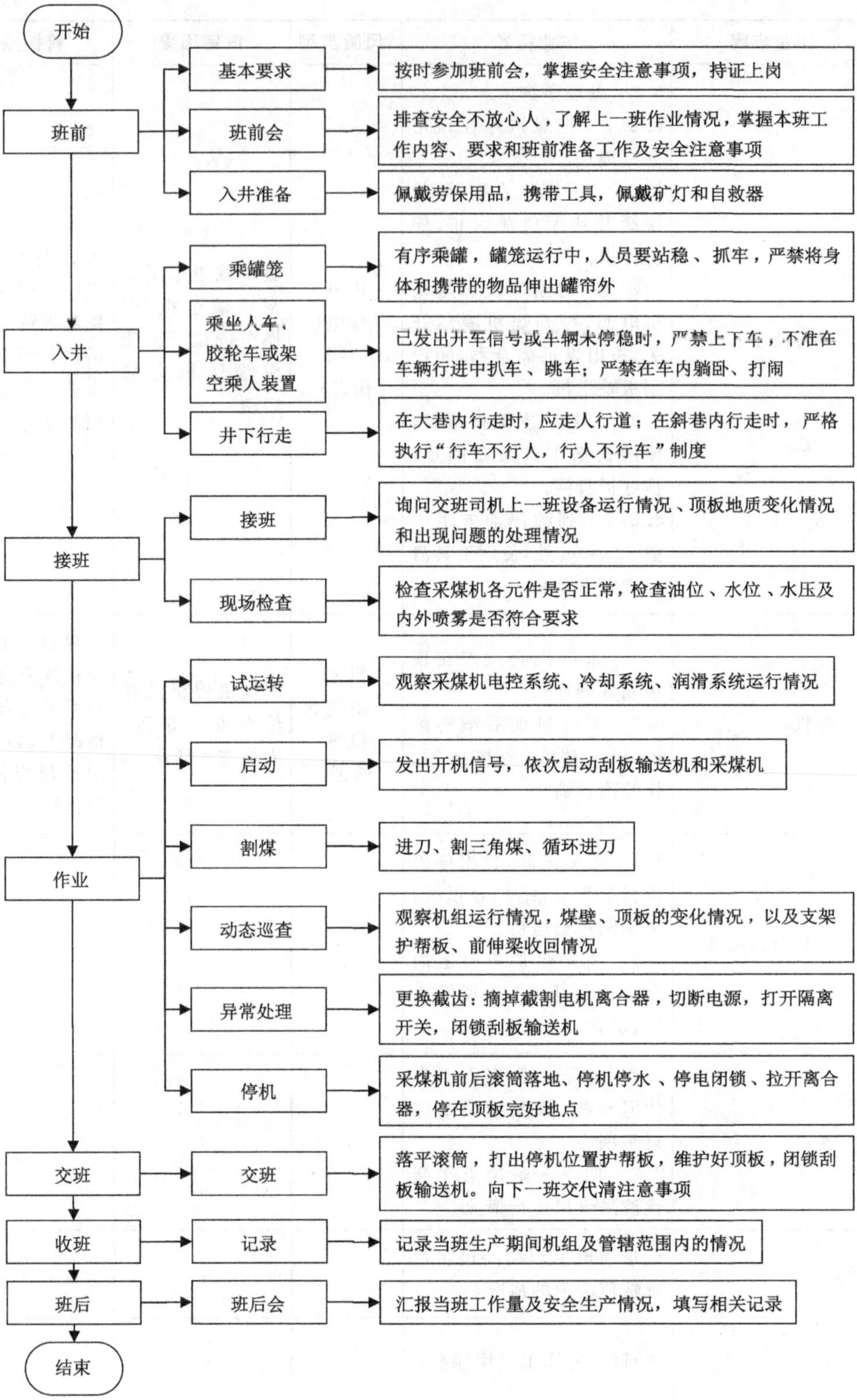

附图：采煤机司机岗位作业流程图

第二节　液压支架工岗位作业流程标准化示范

液压支架工岗位作业流程标准化指导书	
流程编号	CM002
岗位名称	液压支架工
适用范围	煤矿井下
适用地点	综采(综放)工作面
一、岗位说明	液压支架工是采煤工作面安全生产的直接责任者,负责液压支架的操作、维护工作,必须熟悉液压支架的性能、构造、原理和液压控制系统,具有高度的责任感、强烈的安全意识和熟练的操作技能
二、岗位安全生产责任清单	1.认真执行国家有关煤矿安全生产和职业病危害防治的法律、法规、标准、技术规范、指示、指令、“三大规程”和矿各项规章制度。 2.必须培训合格,持证上岗。 3.必须坚守工作岗位,不准擅离职守,严格执行矿“三大规程”和现场交接班制度。 4.搞好各工种间的配合和协作,操作支架时,检查好周围环境安全,及时移架,控制顶板。 5.上岗前必须佩戴好安全帽、防护手套、防尘口罩等劳保用品,穿好工作服并扣全扣子、扎紧袖口,执行职业病危害防治措施。 6.严防移架时挤坏液压胶管、电缆、水管,支架应保证平、直、齐,杜绝挤架、咬架、歪架现象。 7.对支架各部位认真检查,发现问题及时处理,保证支架处于完好状态。 8.及时清理架内浮煤、矸、杂物,保证支架内外整洁卫生。 9.对支架精心维护,拆卸下来的零部件要妥善保管,不许乱扔、乱放和丢失。 10.积极参加矿、队组织的技术学习,不断提高技术业务素质和操作水平。 11.认真填写检修日志和检修记录。 12.尽职尽责,杜绝“三违”现象。 13.积极参加矿和区队组织的职业病健康检查,认真学习职业病防治知识。 14.自觉遵守国家安全生产、职业卫生法律法规以及公司和矿的各项规章制度。 15.认真履行岗位职责,严格执行本岗位的安全与职业卫生操作规程,杜绝违章作业,对本岗位的安全生产负直接责任。 16.不断提高安全生产意识,丰富安全生产、职业卫生知识,增强自主保安和相互保安能力。 17.积极参加矿和本单位组织的安全、职业卫生、技术培训和应急预案演练等活动。 18.有权拒绝上级的违章指挥,如拒绝无效,可越级举报,并随时制止他人违章作业。 19.正确使用、精心维护、妥善保管办公设备、安全设施、职业卫生防护设施、工具及个人防护用品。 20.主动提出改进安全生产、职业卫生管理工作的意见。 21.辨识本岗位工作中的危害因素,评估风险大小,排查隐患,落实风险管控和隐患治理措施

续表

三、设备设施及劳保工具	1. 设备设施:液压支架
	2. 劳保用品:安全帽、劳保手套、防尘口罩、自救器、矿灯
	3. 工具:螺丝刀、手钳、活动扳手等
四、作业标准	见附表
五、流程图	见附图
六、应急处置	1. 行动程序 (1) 预警及信息报告:发生事故、遇到险情或事故征兆时,立即通知受威胁区域人员,并向调度室汇报。 (2) 应急响应:行使直接处置权和指挥权,启动现场处置方案,按调度指令组织现场人员撤离危险区域。如果不能及时撤离,按照现场处置方案积极开展自救互救。 (3) 后期处置:人员脱离危险区域后,立即向指挥部汇报现场采取的应急措施和事故初期情况。 2. 安全避险注意事项 (1) 井下火灾、瓦斯爆炸、煤尘爆炸事故避灾时应迅速戴好自救器,迎着新鲜风流撤离灾区,不可任意进入回风巷道。 (2) 井下水灾发生后迅速佩戴自救器,向地势高的地点避灾。 (3) 顶板、冲击地压事故:立即停止作业,迅速撤离事故现场至安全地点。 (4) 火灾事故:立即通过灭火器、水、沙等直接灭火,无法扑灭时按程序汇报。 (5) 灾害性天气:立即停止作业,按调度指令迅速撤离升井。 (6) 当遭遇灾害无法撤离时进入就近避难硐室,启用救护设施,等待救援。 (7) 佩戴自救器撤离灾区时绝不能因为吸气干热而把自救器拿掉。 3. 联系电话 本单位值班电话:　　　　　　矿调度室电话:

附表：液压支架工岗位作业流程标准

项目	作业步骤	作业标准	风险类型	危害因素	管控措施
接班	1. 进入接班地点接班	1.1　支架工应准时进入指定接班地点，进行现场交接班。 1.2　了解上班支架工作情况、顶板支护情况及遗留问题	/	/	/
	2. 准备上岗	2.1　查出问题，现场落实责任，向班组长、验收员汇报。 2.2　履行交接班手续，准备上岗作业	/	/	/
作业	1. 现场检查	1.1　支架前端、架间有无冒顶、片帮、漏矸的危险。 1.2　支架有无歪斜、倒架、咬架，架间距离是否符合规定，顶梁与顶板接触是否严密，支架是否成一直线是否甩头摆尾，顶梁与掩护梁工作状态是否正常等。 1.3　结构件：顶梁、掩护梁、侧护板、千斤顶、立柱、推移杆、底座箱等是否开焊、断裂、变形，有无联结脱落，螺钉是否松动、压卡、扭歪等。 1.4　液压件：高低压胶管有无损伤、挤压、扭曲、拉紧、破皮断裂，阀组有无滴漏液，操作阀是否齐全、灵活可靠，管接头有无断裂，“U”形销是否合格。 1.5　千斤顶与支架、刮板输送机的连接是否牢固可靠，与前部刮板输送机严禁软连接。	冒顶（片帮）	顶板破碎、煤壁片帮时不超前移架，易造成空顶时间、距离过长	顶板破碎、来压必须进行追机作业，严格控制空顶时间和空顶距离
			物体打击	(1)支架结构件出现损坏等；	班前检修排查，发现问题及时进行处理

续表

项目	作业步骤	作业标准	风险类型	危害因素	管控措施
作业	1. 现场检查	1.6 检查电缆槽(挡煤板)到支架前梁的高度是否能保证采煤机顺利通过。 1.7 照明灯、信号闭锁、洒水喷雾装置等是否齐全、灵活可靠。 1.8 支架有无严重漏液卸载现象,有无立柱伸缩受阻使前梁不接顶现象。 1.9 铺网工作面,铺网的质量是否影响移架,联网铁丝接头是否存在伤人风险	物体打击	(2) 高压管出现连接松动、破皮断裂等	班前检修排查,发现问题及时进行处理
	2. 移架前准备	移架前预先发出警告,被移支架周围不得有人停留或通过	机电	被移支架周围有人员	移架前预必须发出警告,确认被移支架周围无人后再操作支架
	3. 正常移架	3.1 收回伸缩梁、护帮板。 3.2 降柱使顶梁略离顶板。 3.3 当支架可移动时立即停止降柱,使支架移至规定步距。 3.4 升柱,使支架立柱达到规定初撑力。 3.5 调整支架状态,使推移千斤顶与刮板输送机保持垂直,支架不歪斜,中心线符合规定,工作面支架移成直线。 3.6 及时推移刮板输送机	冒顶(片帮)	顶板破碎、煤壁片帮时不超前移架,易造成空顶时间、距离过长	顶板破碎、来压必须进行追机作业,严格控制空顶时间和空顶距离
			机电	移架时,未观察支架周围人员站位	移架时观察周围,确保安全可靠后方准移架
	4. 动态巡查	4.1 移架时,动态观察好支架前端、架间有无冒顶、片帮、漏矸的危险。 4.2 移架时,注意观察管路不被支架或矸石挤压,管接头用“U”形销插牢,液压系统不漏液、不窜液。 4.3 操作时无异常声音,支架操作阀灵敏可靠,推移千斤顶与溜槽连接可靠	物体打击	管路被挤压,“U”形销插接不牢靠	排查好支架管路及“U”形销插接情况,出现问题及时进行处理

续表

项目	作业步骤	作业标准	风险类型	危害因素	管控措施
作业	5. 异常处理	5.1　顶板及煤帮存在问题,应及时自行接顶或采取超前维护等办法处理。 5.2　支架歪架、倒架、咬架时,应立即进行调整处理。 5.3　更换、处理液压系统中损坏的胶管,插牢"U"形销。 5.4　清理支架前、两侧及座箱的障碍物,将管、线、通信设施吊挂、绑扎整齐	物体打击	拆卸高压胶管未卸压,高压管连接松动、破损	拆卸高压胶管前必须卸压,对连接松动、破皮露丝的胶管提前进行检查并更换
	6. 收尾	6.1　割煤后,支架必须紧跟移设,不留空顶。 6.2　移完支架后,停止操作阀组。 6.3　清理支架内的浮煤、矸石及煤尘、整理好架内的管线	冒顶（片帮）	工作面支架端面距、架间距超规定、支架初撑力不达标,前梁未伸出,导致煤壁片帮、冒顶、架间活矸掉落伤人	严格按照标准作业,支架初撑力必须时刻达标,有问题必须及时处理
交班	1. 交班前的准备	1.1　支架柱窝内干净整洁,无浮煤。 1.2　支架操作阀、电液控灵敏有效,支架无咬架,架间距符合规定。 1.3　处理存在的问题,清点工具,放置好备品配件	/	/	/
	2. 交班	向下一班岗点工交代清工作面支架情况及注意事项	/	/	/
收班	记录	记录当班生产期间支架及管辖范围内的异常情况	/	/	/

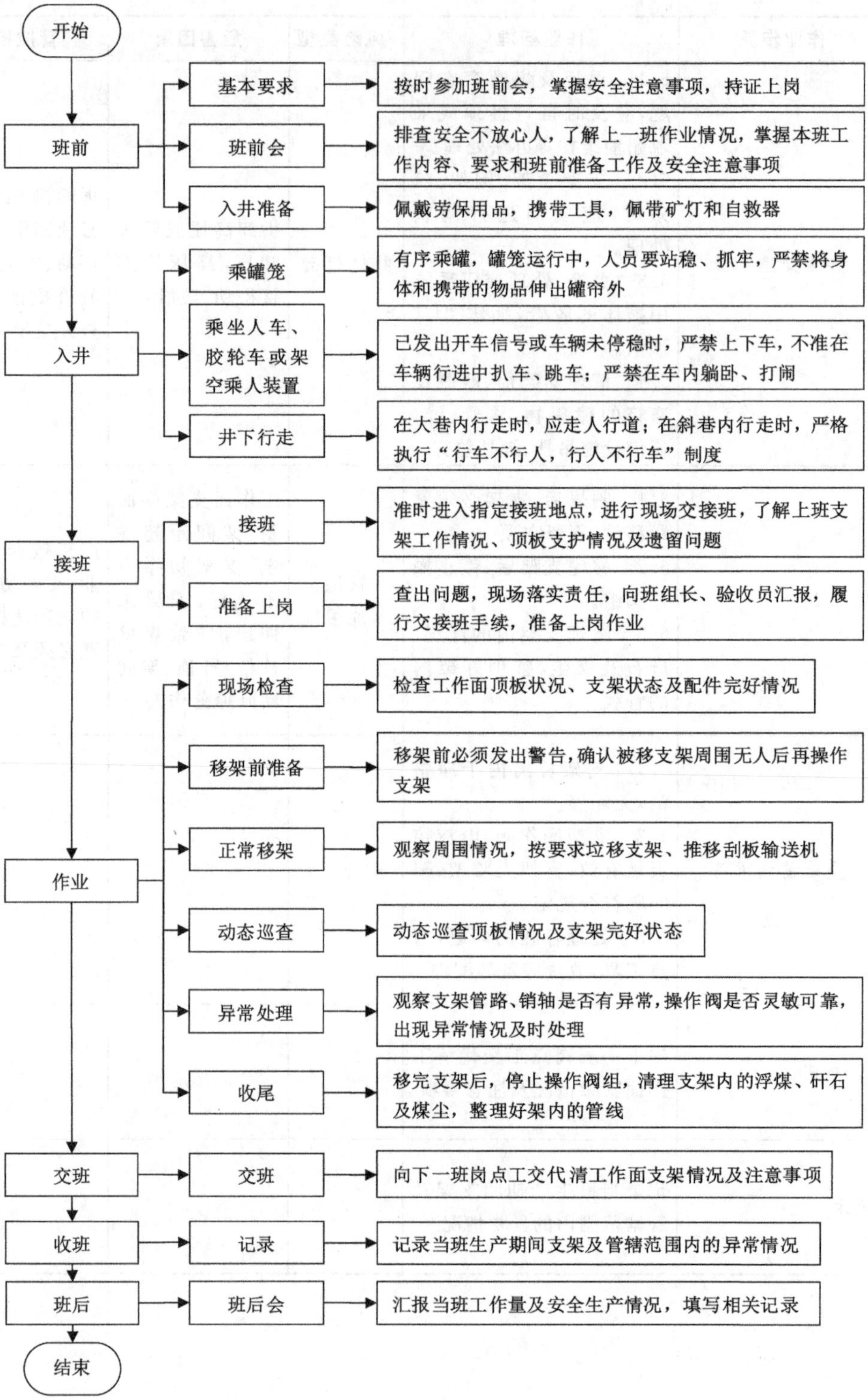

附图：液压支架工岗位作业流程图

第三节　刮板输送机司机岗位作业流程标准化示范

刮板输送机司机岗位作业流程标准化指导书	
流程编号	CM003
岗位名称	刮板输送机司机
适用范围	煤矿井下
适用地点	综采(综放)工作面
一、岗位说明	刮板输送机司机是采煤工作面及其重要的工作岗位,刮板输送机的主要作用是负责将工作面的煤运送至转载机内,承担着生产系统中非常重要的角色,因此要求刮板输送机司机必须具有高度的责任感、强烈的安全意识和熟练的操作技能
二、岗位安全生产责任清单	1. 必须严格执行《煤矿安全规程》《煤矿工人技术操作规程》《作业规程》和上级的有关安全指令、指示。 2. 经班长与安监员、带班人员对工作地点、刮板输送机等进行全面检查,严格执行"手指口述"安全确认制度,在现场达到开工条件后,方可工作。 3. 熟悉刮板输送机的性能、结构原理,掌握正确的操作方法和一般的故障排除方法,并持证上岗。 4. 上岗前必须佩戴好安全帽、防尘口罩等劳保用品,穿好工作服并扣全扣子、扎紧袖口。 5. 在开始作业前,按照"停、想、评、定、做"五步工作法,对上岗条件和岗位环境、设备、设施、劳动防护进行危害因素辨识和安全评估确认,并携带岗位风险告知卡。在作业过程中注意超前防护,随时排查事故隐患或其他不安因素,发现隐患及时处置,或汇报现场安全生产管理人员或工区值班人员组织整改。 6. 上岗后开机前首先检查刮板输送机的完好,机头机尾固定、液力偶合器、难燃液、易熔合金塞、刮板和刮板链及连接、行人过桥、紧停保护等必须齐全完好有效,煤仓(溜煤眼)篦子和防护围栏完好牢固,照明、信号、瓦斯、通风防尘设施等必须达到规定要求,巷道支护良好,刮板输送机卫生干净,刮板输送机上禁止有人。确认无误后,方可发信号试机。无信号试开机发生事故,刮板输送机司机负全部责任。 7. 刮板输送机运行时禁止处理其问题。工作中若发现问题及异常声音,必须立即停机停电,并将开关打到闭锁位置,查明原因后进行处理。 8. 认真填写设备运行日志、巡回检查和设备停送电记录,做好交接班工作。 9. 工作中要注意拉出的大块煤(矸),及时停机将开关打到闭锁位置,按规定进行处理。 10. 工作完毕后要按照规定停机停电,并将开关打到闭锁位置,清理好刮板输送机及附近的卫生,并清理好现场。 11. 搞好与其他工种的安全配合协作,互创有利条件,发现问题及时处理,并严格执行现场交接班制度。 12. 服从班组长领导,团结协作,搞好自主保安和互保、联保,共同搞好本班的安全工作。 13. 熟悉本单位施工地点的避灾路线及灾害防护知识。

续表

二、岗位安全生产责任清单	14. 辨识本岗位工作中的危害因素，评估风险大小，排查隐患，落实风险管控和隐患治理措施。 15. 自觉遵守国家安全生产、职业卫生法律法规，以及公司和矿的各项规章制度。 16. 认真履行岗位职责，严格执行本岗位的安全与职业卫生操作规程，杜绝违章作业，对本岗位的安全生产负直接责任。 17. 不断提高安全生产意识，丰富安全生产、职业卫生知识，增强自主保安和相互保安能力。 18. 积极参加矿和本单位组织的安全、职业卫生、技术培训和应急预案演练等活动，熟悉掌握本岗位工种存在的职业病危害隐患和防治方法。 19. 有权拒绝上级的违章指挥，如拒绝无效，可越级举报。并随时制止他人违章作业。 20. 正确使用、精心维护、妥善保管施工设备、安全设施、职业卫生防护设施、工具及个人防护用品等。 21. 主动提出改进安全生产、职业卫生管理工作的意见。 22. 配合上级部门建立职业病危害防护档案，配合人力资源部门签订职业病危害告知书，配合上级部门进行职业健康查体。 23. 必须尽职尽责，杜绝“三违”现象
三、设备设施及劳保工具	1. 设备设施：刮板输送机
	2. 劳保用品：安全帽、劳保手套、防尘口罩、自救器、矿灯
	3. 工具：螺丝刀、手钳、活动扳手等
四、作业标准	见附表
五、流程图	见附图
六、应急处置	1. 行动程序 (1) 预警及信息报告：发生险情或事故时，立即通知受威胁区域人员，并向矿调度室汇报。 (2) 应急响应：行使紧急避险权，并按应急指令或避灾路线撤离险区；在撤离受阻的情况下紧急避险，并按现场处置方案开展自救互救。 (3) 后期处置：脱险后，立即向指挥部汇报现场采取的应急措施和事故初期情况；参与现场生产恢复；受伤人员积极配合医疗救治。 2. 安全避险注意事项 (1) 井下火灾、瓦斯爆炸、煤尘爆炸事故避灾时应迅速戴好自救器，迎着新鲜风流撤离灾区，不可任意进入回风巷道。 (2) 井下水灾发生后迅速佩戴自救器，向地势高的地点避灾。 (3) 顶板、冲击地压事故：立即停止作业，迅速撤离事故现场至安全地点。 (4) 火灾事故：立即通过灭火器、水、沙等直接灭火，无法扑灭时按程序汇报。 (5) 灾害性天气：立即停止作业，按调度指令迅速撤离升井。 (6) 当遭遇灾害无法撤离时进入就近避难硐室，启用救护设施，等待救援。 (7) 佩戴自救器撤离灾区时绝不能因为吸气干热而把自救器拿掉。 3. 联系电话 本单位值班电话：　　　　矿调度室电话：

附表:刮板输送机司机岗位作业流程标准

项目	作业步骤	作业标准	风险类型	危害因素	管控措施
接班	1. 询问情况	1.1　准时进入规定的接班地点。 1.2　询问上一班设备的运转状况,故障处理情况及遗留问题	/	/	/
	2. 试运转	2.1　根据询问情况,交接班人员一起对刮板输送机进行一次详细全面的检查,按操作规程进行试运转,查明存在问题。 2.2　对查出的问题,通过验收员、班组长落实清责任,提出处理意见。 2.3　严格履行交接班手续,准备上岗作业	机电	开机未发出信号,造成设备开机伤人	开机前必须发出信号,确保安全无误后方准开机作业
作业	1. 开机前检查	1.1　专用工具、配件齐全完好。 1.2　通信系统正常,开启、闭锁系统有效。 1.3　安全出口畅通。 1.4　转载点喷雾正常。 1.5　刮板输送机电机、减速器冷却系统有效,温度正常;压舌板、分链器、刮板完好;链轮、减速器油位正常,油脂润滑到位。 1.6　机头安全护栏等安全设施齐全	物体打击	工作溜子不平、不直造成卡链、绊链,导致断链伤人	采煤机司机、支架工必须保证工作面平整,保证支架平直,严禁随意割顶底板
	2. 启动	2.1　首先发出运转信号,先点动二次,然后再正式正常启动。 2.2　刮板链运转半周后停车,检查已翻转到溜槽上的刮板链,同时检查牵引链紧松程度,是否有跳动、刮底、跑偏、飘链等情况,空载运转无问题后,再负载试运转	机电	开机前未发信号、未清退人员	开机前必须发出信号,确保安全无误后方准开机作业

续表

<table>
<tr><th>项目</th><th>作业步骤</th><th>作业标准</th><th>风险类型</th><th>危害因素</th><th>管控措施</th></tr>
<tr><td rowspan="5">作业</td><td rowspan="5">3. 重载运转</td><td rowspan="5">3.1 刮板输送机运转以后，司机要注意观察其运行状态，监听运行声音是否正常。
3.2 运转一段时间后，检查各部轴承的温度是否正常，检查电动机温度是否超过厂家铭牌的规定，检查液力偶合器温度。
3.3 刮板输送机要派专人看守，严禁大块矸石强行通过破碎机，防止喝循环煤，防止埋压带式输送机，发现问题及时处理。
3.4 严禁大块矸石强行通过采煤机，采煤机司机发现大块矸石后，立即按动闭锁，并待破碎后，方能开机，以防拉断刮板链。
3.5 刮板输送机司机在工作过程中，要与支架工、煤机司机、联网工（分层开采需铺网时），清理工、控制台电工协同合作，遇有打闭锁临时停机时，要迅速查明原因，排除故障，然后开机。
3.6 刮板输送机司机要及时根据刮板输送机中煤量的多少提醒采煤机司机、放煤工控制好煤机和放煤量速度，防止压死刮板输送机。
3.7 刮板输送机司机要注意机头、机尾行人，发现情况异常迅速停机。
3.8 及时清理机头、机尾、减速箱卫生，不得压埋</td><td>机电</td><td>带电的电气设备、电缆有损伤，造成人员触电</td><td>按质按量检修，发现问题及时处理</td></tr>
<tr><td rowspan="3">物体打击</td><td>（1）刮板断裂、大链磨损严重</td><td>发现断链和大链磨损严重必须及时更换，更换时切断电源并闭锁采煤机、溜子</td></tr>
<tr><td>（2）刮板输送机上的大块矸石或长物料涌出伤人</td><td>发现问题及时处理，从源头上杜绝大块矸石、长物上运输设备</td></tr>
<tr><td>（3）输送机有物体卡链、绊链强行开机造成断链</td><td>加强检查，发现问题及时切断电源闭锁溜子进行处理</td></tr>
<tr><td>职业病危害</td><td>喷雾装置不完好，粉尘浓度大，个体防护措施不完好</td><td>严格执行开机开喷雾、停机停喷雾制度</td></tr>
</table>

续表

项目	作业步骤	作业标准	风险类型	危害因素	管控措施
作业	4. 动态巡查	4.1　要随时注意电动机、减速器等部运转声音是否正常，是否有剧烈震动，电动机、轴承是否发热。 4.2　设备运转中司机要随时注意各部运转情况，机头链轮有无卡、跳链现象，溜槽内有无过大煤矸、过长物料等，发现异常立即停机处理。 4.3　采煤工作面刮板机必须保持平直，不得过度弯曲，推溜前应把机头机尾的浮煤清理干净，防止机头机尾翘起	机电	人员进入机道内作业，未对设备停电闭锁	人员进入机道内作业前，必须切断电源并闭锁溜子、采煤机，否则严禁人员进入机道内作业
	5. 异常处理	5.1　拆卸、更换电动机、减速机、液力偶合器、溜槽等大件设备，首先检查工作地点的顶板、煤壁，确保安全。 5.2　需要起吊时，必须使用相应吨位的手拉葫芦进行拆卸和更换。 5.3　需要使用单体液压支柱、液压支架时，先对单体液压支柱和液压支架进行完好检查，并同泵站司机进行联系	机电	人员进入架后作业未闭锁刮板输送机，设备误启动对人员造成伤害	人员进入煤壁区工作之前，必须闭锁刮板输送机
			冒顶（片帮）	进入煤壁区作业未敲帮问顶，找净活矸，导致冒顶、片帮伤人	人员进入煤壁区作业严格执行敲帮问顶制度
			物体打击	使用单体作业时，未按规定使用防滑木和防倒链，造成单体崩弹伤人	按规定正确使用防滑木和防倒链
				人员站位不当或未执行远距离供液，造成单体或胶管崩弹伤人	使用单体时必须远距离供液，人员躲避至安全地点
			起重伤害	起吊作业起吊点不牢，起吊工具不完好，手拉葫芦选型不合适，易造成重物脱落，砸伤人员	起吊作业前确保起吊点牢固，起吊工具完好，手拉葫芦选型合适，人员站位要得当

续表

项目	作业步骤	作业标准	风险类型	危害因素	管控措施
作业	6. 停机	6.1 停机停水，闭锁刮板输送机，开关停电。 6.2 清理输送机机头尾浮煤及杂物	机电	停机未切断电源并闭锁	停机必须切断电源并闭锁，严格执行停送电管理规定
交班	1. 交班检查	1.1 刮板输送机周围干净整洁，散热正常。 1.2 检查刮板输送机各系统、部位的运行后的状况	/	/	/
	2. 汇报	2.1 向当班干部汇报运输情况、顶板、瓦斯等情况。 2.2 向当班干部汇报刮板输送机运行情况	/	/	/
收班	记录	记录当班生产期间刮板输送机及管辖范围内的运转情况及处理的隐患	/	/	/

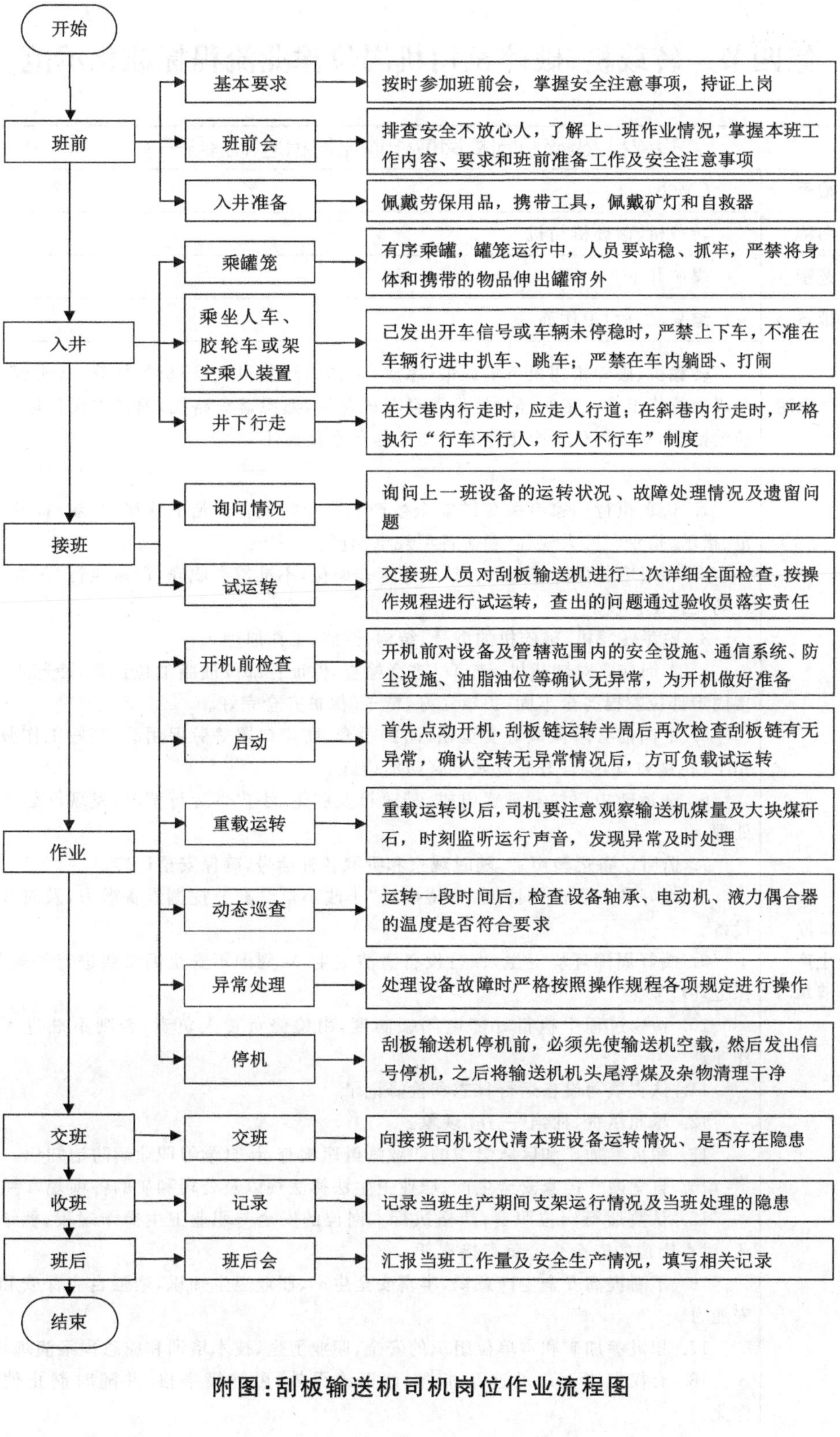

附图：刮板输送机司机岗位作业流程图

第四节　转载机、破碎机司机岗位作业流程标准化示范

转载机、破碎机司机岗位作业流程标准化指导书	
流程编号	CM004
岗位名称	转载机、破碎机司机
适用范围	煤矿井下
适用地点	综采(综放)工作面
一、岗位说明	转载机、破碎机司机负责综采(综放)工作面转载机、破碎机的检修、日常保养、维护和事故抢修工作。依法经过培训并经考核合格,熟悉避灾路线,熟知本岗位职业病危害防治措施,对本岗位安全工作和消防工作负直接责任
二、岗位安全生产责任清单	1. 认真执行国家有关煤矿安全生产和职业病危害防治的法律、法规、标准、技术规范、指示、指令、“三大规程”和矿各项规章制度。 2. 必须培训合格,持证上岗,坚守工作岗位,不准擅离职守,严格执行“三大规程”和现场交接班制度。 3. 熟悉转载机、破碎机的型号、结构、性能、工作原理。 4. 上岗前要对转载机、破碎机进行检查,保证各部位油脂油位正常,冷却水畅通,连接固定部位螺栓齐全牢固,护罩完好,链子、保护齐全完好。 5. 上岗前必须佩戴好安全帽、防护手套、防尘口罩等劳保用品,穿好工作服并扣全扣子、扎紧袖口,执行好职业病危害防治措施。 6. 在运转中要注意观察电机、减速箱及链轮、小皮带运行情况,发现问题立即进行处理。 7. 监听设备运转声音,随时观察和听取各种信号,确保安全运转。 8. 做好各工种间的协调,坚持搞好“小改小革”,充分挖掘设备潜力,及时开停机电设备。 9. 搞好周围环境卫生,保持设备清洁卫生,对周围不安全因素要进行处理和汇报,保证环境安全。 10. 检修过程中执行好停电闭锁制度,由检修负责人负责,否则不准进入设备内作业。 11. 认真填写设备运行日志和检修记录。 12. 尽职尽责,杜绝“三违”现象。 13. 积极参加矿和区队组织的职业病健康检查,认真学习职业病防治知识。 14. 自觉遵守国家安全生产、职业卫生法律法规以及公司和矿的各项规章制度。 15. 认真履行岗位职责,严格执行本岗位的安全与职业卫生操作规程,杜绝违章作业,对本岗位的安全生产负直接责任。 16. 不断提高安全生产意识,丰富安全生产、职业卫生知识,增强自主保安和相互保安能力。 17. 积极参加矿和本单位组织的安全、职业卫生、技术培训和应急预案演练等活动。 18. 有权拒绝上级的违章指挥,如拒绝无效,可越级举报,并随时制止他人违章作业。

续表

二、岗位安全生产责任清单	19. 正确使用、精心维护、妥善保管办公设备、安全设施、职业卫生防护设施、工具及个人防护用品。 20. 主动提出改进安全生产、职业卫生管理工作的意见。 21. 辨识本岗位工作中的危害因素，评估风险大小，排查隐患，落实风险管控和隐患治理措施
三、设备设施及劳保工具	1. 设备设施：转载机、破碎机
	2. 劳保用品：安全帽、劳保手套、防尘口罩、自救器、矿灯
	3. 工具：螺丝刀、手钳、活动扳手等
四、作业标准	见附表
五、流程图	见附图
六、应急处置	1. 行动程序 (1) 预警及信息报告：发生事故、遇到险情或事故征兆时，立即通知受威胁区域人员，并向调度室汇报。 (2) 应急响应：行使直接处置权和指挥权，启动现场处置方案，按调度指令组织现场人员撤离危险区域。如果不能及时撤离，按照现场处置方案积极开展自救互救。 (3) 后期处置：人员脱离危险区域后，立即向指挥部汇报现场采取的应急措施和事故初期情况。 2. 安全避险注意事项 (1) 井下火灾、瓦斯爆炸、煤尘爆炸事故避灾时应迅速戴好自救器，迎着新鲜风流撤离灾区，不可任意进入回风巷道。 (2) 井下水灾发生后迅速佩戴自救器，向地势高的地点避灾。 (3) 顶板、冲击地压事故：立即停止作业，迅速撤离事故现场至安全地点。 (4) 火灾事故：立即通过灭火器、水、沙等直接灭火，无法扑灭时按程序汇报。 (5) 灾害性天气：立即停止作业，按调度指令迅速撤离升井。 (6) 当遭遇灾害无法撤离时进入就近避难硐室，启用救护设施，等待救援。 (7) 佩戴自救器撤离灾区时绝不能因为吸气干热而把自救器拿掉。 3. 联系电话 本单位值班电话：　　　　　　　　　矿调度室电话：

附表：转载机、破碎机司机岗位作业流程标准

项目	作业步骤	作业标准	风险类型	危害因素	管控措施
接班	1. 进入接班地点接班	1.1 准时进入规定的接班地点，同上班转载机、破碎机司机进行现场交接班。 1.2 询问转载机、破碎机运转状况及存在问题或发生的事故、故障的情况	/	/	/
	2. 准备上岗	2.1 查出问题，现场落实责任，向班组长、验收员汇报。 2.2 履行交接班手续，准备上岗作业	/	/	/
作业	1. 现场检查	1.1 检查闭锁转载机、破碎机的信号装置，破碎机的入料安全紧停开关是否灵敏可靠，否则禁止开车。 1.2 检查转载机、破碎机的驱动装置、电动机、减速器、液压联轴节、机头、机尾各部的螺栓是否齐全、完整紧固。减速器是否有漏油、渗油现象，油量是否适当。检查转载机的机头伸缩机构是否可靠，检查破碎机的传动胶带是否完好，发现问题，排除故障后，方可发出信号开机。	冒顶（片帮）	巷道片帮、危岩，顶板离层、活矸	严格执行敲帮问顶制度
		1.3 空载情况下启动转载机、破碎机，仔细监听各部件的运转声音是否正常，认真查看刮板链及连接环的磨损和使用情况。是否有扭绕、跳链、拧麻花、刮板过度变形、连接螺栓脱落、刮板丢缺等现象，如发现上述问题要立即进行处理，否则严禁工作。 1.4 检查刮板输送机机头和转载机尾的搭接情况，搭接高度适中，不得有互相干涉现象。	物体打击	工作溜槽内有物体卡链、绊链强行开机造成断链	加强检查，发现问题及时切断电源闭锁溜槽进行处理

续表

项目	作业步骤	作业标准	风险类型	危害因素	管控措施
作业	1. 现场检查	1.5　检查转载机桥身部分挡煤板、底托板、固定螺栓有无松动、断损、短缺现象。拨链器、刮板等有无损坏与松动。 1.6　查转载机机头处、破碎机的防尘设施是否完善，发现问题要及时处理。 1.7　检查转载机侧电缆、水管、液压管路是否吊挂整齐，发现脱落和损坏现象，要及时处理	机电	机器外露转动和传动部位未设置保护设施	各传动部位必须加设护罩并保证安全有效
	2. 试运转启动	2.1　控制台电工在得到转载机司机的通知后，发出启动预警信号，按先启动带式输送机、破碎机、转载机的顺序，最后启动转载机。 2.2　转载机、破碎机运转以后，司机要注意观察其运行状态，监听运行声音是否正常。 2.3　运转一段时间后，检查各部轴承的温度是否正常。 2.4　转载机、破碎机要专人巡查，严禁大块矸石强行通过破碎机，防止喝循环煤，防止埋压带式输送机，发现问题及时按动闭锁，停机处理。 2.5　转载机、破碎机司机在工作过程中，要与支架工、煤机司机、清理工、控制台电工协同合作，遇有打闭锁临时停机时，要迅速查明原因，排除故障，确定对人员无危险后发出开机信号，点动3次后方可正式开机	职业病危害	喷雾装置不完好，粉尘浓度超标	严格执行开机开喷雾、停机停喷雾制度
			机电	开机前未发出开机信号	开机前必须发出信号，确保安全无误后方准开机作业
	3. 运煤	3.1　发出开机信号，转载机正式开动	机电	(1) 刮板断链、大链磨损严重，易甩出伤人	发现断链和大链磨损严重必须及时更换，更换时切断电源并闭锁输送机及转载机
				(2) 转载机、破碎机检修未停电	发现问题及时处理，从源头上杜绝大块矸石、长物进入转载机

续表

项目	作业步骤	作业标准	风险类型	危害因素	管控措施
作业	3. 运煤	3.1 发出开机信号后转载机正式开动	物体打击	转载机上的大块矸石或长物料抛出	按质按量检修，发现问题及时处理
	4. 动态巡查	4.1 要随时注意电动机、减速器等到各部运转声音是否正常，是否有剧烈振动，电动机、轴承是否发热。 4.2 设备运转中司机要随时注意各部分运转情况，链轮有无卡、跳链现象，溜槽内有无过大煤矸、过长物料等，发现异常立即停机处理。 4.3 转载机操作阀要灵敏可靠，胶管不漏液。 4.4 机头架与桥架槽是否连接牢固、搭接良好	物体打击	溜槽内有物体卡链、绊链时强行开机造成断链	加强检查，发现问题及时切断电源，闭锁转载机进行处理
	5. 异常处理	拉移转载机发生掉道时，应先对转载机停电、闭锁，使用油压千斤顶将跑车架顶起，然后再用油压推溜器将机头摆正，使滚轮对准滑道，随后落下千斤顶，妥善放置	机电	停机不断电、不闭锁	停机必须切断电源并闭锁
	6. 停机	6.1 停机停水，闭锁转载机，开关停电。 6.2 清理转载机、破碎机周围浮煤及杂物	机电	停机不断电、不闭锁	停机必须切断电源并闭锁
交班	1. 交班前的准备	1.1 转载机、破碎机周围干净整洁，散热正常。 1.2 检查转载机、破碎机各系统、部位运行后的状况	/	/	/
	2. 交班	向下一班岗点工交代清转载机、破碎机情况及注意事项	/	/	/
收班	记录	记录当班生产期间转载机、破碎机运行及管辖范围内的异常情况	/	/	/

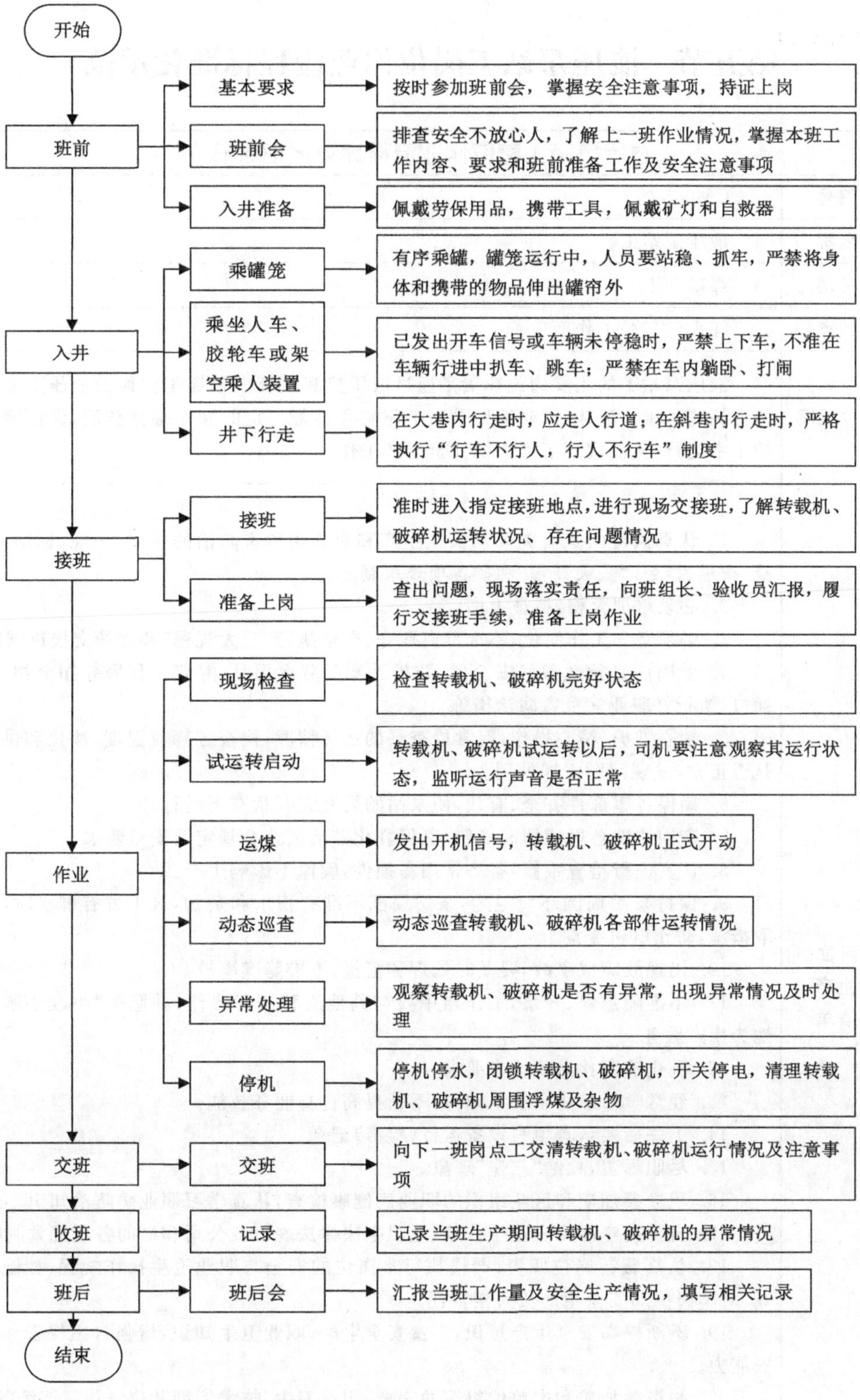

附图：转载机、破碎机司机岗位作业流程图

第五节　液压泵站工岗位作业流程标准化示范

液压泵站工岗位作业流程标准化指导书	
流程编号	CM005
岗位名称	液压泵站工
适用范围	煤矿井下
适用地点	综采(综放)工作面
一、岗位说明	液压泵站工的主要岗位职责是通过液压控制系统向采煤工作面的液压支架以及单体支柱输送压力液体,同时液压泵站工还需要具备一定的操作维修技能,保证液压泵站的正常运行,从而实现工作面的安全生产工作
二、岗位安全生产责任清单	1. 认真执行国家有关煤矿安全生产和职业病危害防治的法律、法规、标准、技术规范、指示、指令、“三大规程”和矿各项规章制度。 2. 必须培训合格,持证上岗。 3. 必须坚守工作岗位,不准擅离职守,严格执行“三大规程”和现场交接班制度。 4. 上岗前必须佩戴好安全帽、防护手套等劳保用品,穿好工作服并扣全扣子、扎紧袖口,执行好职业病危害防治措施。 5. 精心维护、精心操作,经常检查泵的运转情况,检查各部位温度、油位和供液压力是否正常,发现问题立即处理。 6. 确保各零部件齐全、有效,使泵站始终在完好状态下运行。 7. 定期清洗各过滤器和液箱,确保乳化液清洁符合规定及安全要求。 8. 认真进行检查维修,备齐常用易损件,确保不影响生产。 9. 保持泵站周围环境卫生,泵站周围不准有积水和杂物,泵上方有淋水时,必须采取措施,防止电机受潮。 10. 出现故障或事故,要及时处理和汇报,不准隐瞒事故。 11. 不准随意停、开泵,工作当中要与其他工种搞好协作,并坚持“小改小革”,更好地为生产服务。 12. 乳化液配比必须符合要求。 13. 经常学习液压泵技术知识,不断提高自身业务技能。 14. 上井后要认真填写设备运行(检修)记录。 15. 尽职尽责,杜绝“三违”现象。 16. 积极参加矿和区队组织的职业病健康检查,认真学习职业病防治知识。 17. 自觉遵守国家安全生产、职业卫生法律法规以及公司和矿的各项规章制度。 18. 认真履行岗位职责,严格执行本岗位的安全与职业卫生操作规程,杜绝违章作业,对本岗位的安全生产负直接责任。 19. 不断提高安全生产意识,丰富安全生产、职业卫生知识,增强自主保安和相互保安能力。 20. 积极参加矿和本单位组织的安全、职业卫生、技术培训和应急预案演练等活动。 21. 有权拒绝上级的违章指挥,如拒绝无效可越级举报,并随时制止他人违章作业。

续表

二、岗位安全生产责任清单	22. 正确使用、精心维护、妥善保管办公设备、安全设施、职业卫生防护设施、工具及个人防护用品。 23. 主动提出改进安全生产、职业卫生管理工作的意见。 24. 辨识本岗位工作中的危害因素，评估风险大小，排查隐患，落实风险管控和隐患治理措施
三、设备设施及劳保工具	1. 设备设施：液压泵站
	2. 劳保用品：安全帽、劳保手套、防尘口罩、自救器、矿灯、防噪耳塞
	3. 工具：螺丝刀、手钳、活动扳手等
四、作业标准	见附表
五、流程图	见附图
六、应急处置	1. 行动程序 (1) 预警及信息报告：发生险情或事故时，立即通知受威胁区域人员，并向矿调度室汇报。 (2) 应急响应：行使紧急避险权，并按应急指令或避灾路线撤离险区；在撤离受阻的情况下紧急避险，并按现场处置方案开展自救互救。 (3) 后期处置：脱险后，立即向指挥部汇报现场采取的应急措施和事故初期情况；参与现场生产恢复；受伤人员积极配合医疗救治。 2. 安全避险注意事项 (1) 井下火灾、瓦斯爆炸、煤尘爆炸事故避灾时应迅速佩戴好自救器，迎着新鲜风流撤离灾区，不可任意进入回风巷道。 (2) 井下水灾发生后迅速佩戴自救器，向地势高的地点避灾。 (3) 顶板、冲击地压事故：立即停止作业，迅速撤离事故现场至安全地点。 (4) 火灾事故：立即通过灭火器、水、沙等直接灭火，无法扑灭时按程序汇报。 (5) 灾害性天气：立即停止作业，按调度指令迅速撤离升井。 (6) 当遭遇灾害无法撤离时进入就近避难硐室，启用救护设施，等待救援。 (7) 佩戴自救器撤离灾区时绝不能因为吸气干热而把自救器拿掉。 3. 联系电话 本单位值班电话：　　　　　　　　矿调度室电话：

附表:液压泵站工岗位作业流程标准

项目	作业步骤	作业标准	风险类型	危害因素	管控措施
接班	1. 交接班	1.1 司机到达泵站后,与交班司机进行现场交接班,并主动向上一班司机了解设备运转情况,发现问题及处理结果。 1.2 司机接班后,把控制手把扳到切断位置并锁好,按照作业要求进行检查	/	/	/
	2. 现场检查	2.1 专用工具、配件齐全完好。 2.2 通信系统正常,开启、闭锁有效。 2.3 泵站压力达到规定值,乳化液浓度达到3%～5%。 2.4 电机、泵站冷却系统有效、无杂音,开关运行正常,供液系统正常。 2.5 泵站液位、油位、油压正常,密封件完好,液压元件完好,工作正常,管路无窜液、漏液现象。 2.6 检查电气设备和操作按钮是否完好灵敏可靠	物体打击	高压液管路连接销子不完好,管路崩出	液压泵站司机,在开启泵站以前要仔细进行检查,确定管路完好
			机电	设备无安全保护装置	加强检修质量和巡查,发现问题必须停机处理
			冒顶(片帮)	乳化液配比浓度未达到规定要求,支架支撑力不足	液压泵站司机必须按照规程要求检查乳化液浓度在3%～5%范围内
	3. 履行手续	上下两班司机把检查发现的问题落实清责任,现场做好交接	/	/	/
作业	1. 试运转	1.1 确认泵站运行范围内无人员和障碍物,冷却系统完好。 1.2 启动泵站,确认各系统、各部位运行正常	/	/	/
	2. 启动	2.1 接到工作面用液信号后,慢慢打开供液管路上的截止阀向工作面供液。 2.2 按下启动按钮使电机启动,注意电机运转是否平稳,声音是否正常。 2.3 顺时针方向缓慢转动卸载阀组手轮,观察压力表指针是否由零上升到规定压力,压力表指示正常后,打开供液截止阀向工作面送液	机电	开机前未发出开机信号,易造成人身伤害事故	送泵前必须与工作面联系好,确认无误后方可送泵
			物体打击	供液截止阀开启速度快,管路压力瞬间增大,造成管路损坏,有崩弹伤人的风险	加强培训,严格按照操作规程操作,缓慢开启供液截止阀

续表

项目	作业步骤	作业标准	风险类型	危害因素	管控措施
作业	3. 运行	正常向工作面供液	/	/	/
	4. 动态巡查	4.1　各种仪表显示情况。 4.2　机器声音是否正常。 4.3　机器温度是否超限。 4.4　乳化液箱中的液位是否保持在规定范围内。 4.5　柱塞是否润滑，密封是否良好。 4.6　乳化液箱内乳化油液面是否有污染物	/	/	/
	5. 停机	5.1　接到停泵信号后，打开手动泄压阀和短路截止阀，使泵空载运行。 5.2　关闭高压供液阀和泵的吸液阀，按下停止按钮。 5.3　将控制开关手把扳到“0”位，并切断电源	机电	停机时未闭锁、切断电源，设备误启动	各机体停机必须闭锁、切断电源，防止误运行造成事故
交班	1. 交班检查	检查泵站设施是否齐全完好，环境卫生是否符合要求	/	/	/
	2. 汇报	向下一班司机交代清本班泵站运行情况及存在的问题和处理结果	/	/	/
收班	记录	记录当班生产期间泵站及管辖范围内的异常情况	/	/	/

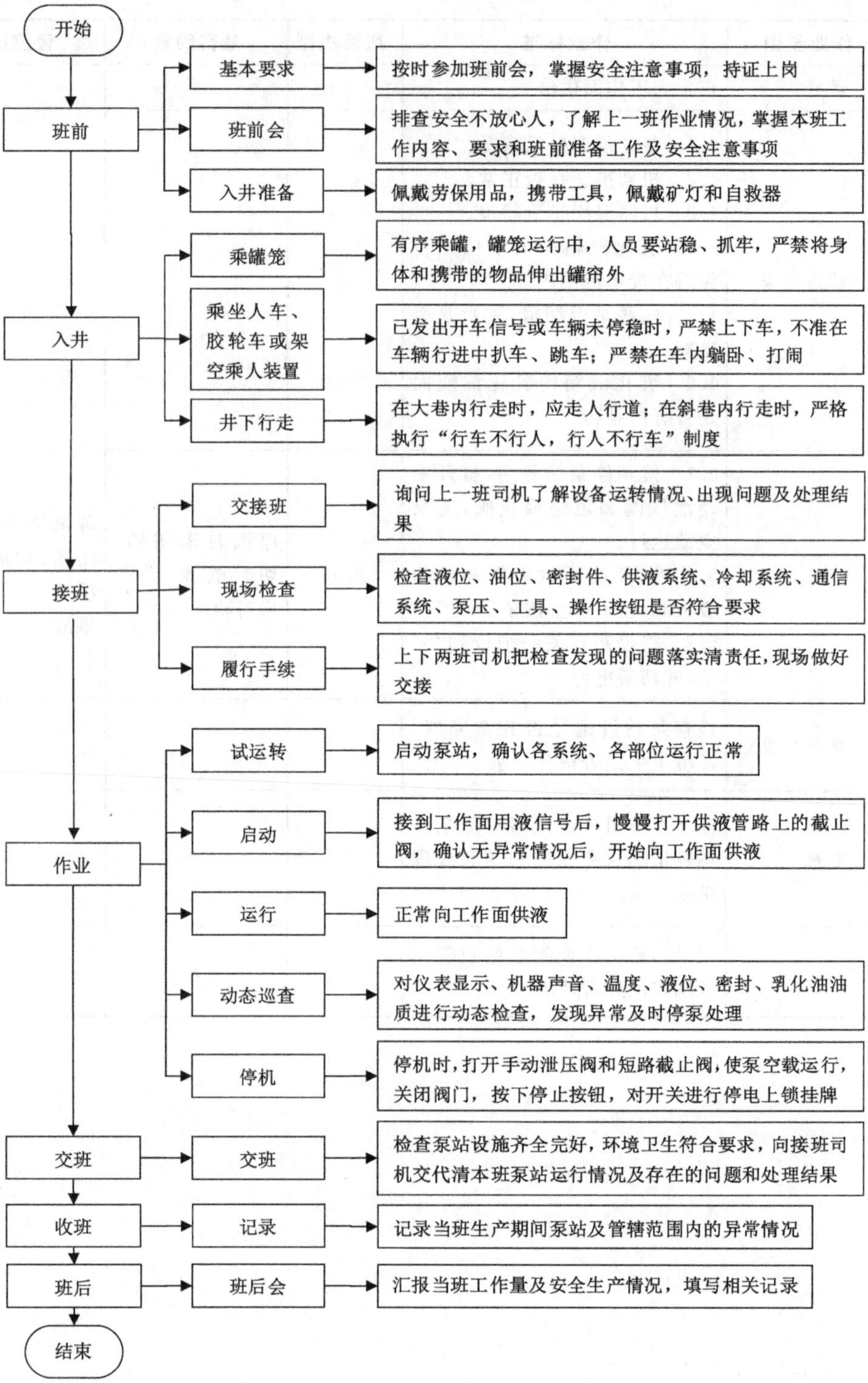

附图:液压泵站工岗位作业流程图

第六节　带式输送机司机岗位作业流程标准化示范

带式输送机岗位作业流程标准化指导书	
流程编号	CM006
岗位名称	带式输送机司机
适用范围	煤矿井下
适用地点	综采(综放)工作面
一、岗位说明	带式输送机司机负责顺槽带式输送机的正常运转、检修、日常保养、维护和事故抢修工作。依法经过培训并经考核合格,熟悉避灾路线,熟知本岗位职业病危害防治措施,对本岗位安全工作和消防工作负直接责任
二、岗位安全生产责任清单	1.认真执行国家有关煤矿安全生产和职业病危害防治的法律、法规、标准、技术规范、指示、指令、“三大规程”和矿各项规章制度。 2.必须培训合格、持证上岗,坚守工作岗位,不准擅离职守,严格执行“三大规程”和现场交接班制度。 3.熟悉带式输送机的型号、结构、性能、工作原理。 4.对带式输送机上岗前要进行检查,保证各部位油脂油位正常,冷却水畅通,连接固定部位螺栓齐全牢固,护罩完好,胶带、保护齐全完好。 5.上岗前必须佩戴好安全帽、防护手套、防尘口罩等劳保用品,穿好工作服并扣全扣子、扎紧袖口,执行好职业病危害防治措施。 6.在运转中要注意观察电机、减速箱及胶带运行情况,发现问题立即进行处理。 7.监听设备运转声音,随时观察和听取各种信号,确保安全运转。 8.做好各工种间的协调,坚持搞好“小改小革”,充分挖掘设备潜力,及时开停机电设备。 9.搞好周围环境卫生,保持设备清洁卫生,对周围不安全因素要进行处理和汇报,保证环境安全。 10.检修过程中执行好停电闭锁制度,由检修负责人负责,否则不准进行设备检修作业。 11.认真填写设备运行日志和检修记录。 12.尽职尽责,杜绝“三违”现象。 13.积极参加矿和区队组织的职业病健康检查,认真学习职业病防治知识。 14.自觉遵守国家安全生产、职业卫生法律法规,以及公司和矿的各项规章制度。 15.认真履行岗位职责,严格执行本岗位的安全与职业卫生操作规程,杜绝违章作业,对本岗位的安全生产负直接责任。 16.不断提高安全生产意识,丰富安全生产、职业卫生知识,增强自主保安和相互保安能力。 17.积极参加矿和本单位组织的安全、职业卫生、技术培训和应急预案演练等活动。 18.有权拒绝上级的违章指挥,如拒绝无效可越级举报,并随时制止他人违章作业。

续表

<table>
<tr><td>二、岗位安全生产责任清单</td><td>19.正确使用、精心维护、妥善保管办公设备、安全设施、职业卫生防护设施、工具及个人防护用品。
20.主动提出改进安全生产、职业卫生管理工作的意见。
21.辨识本岗位工作中的危害因素，评估风险大小，排查隐患，落实风险管控和隐患治理措施</td></tr>
<tr><td rowspan="3">三、设备设施及劳保工具</td><td>1. 设备设施：带式输送机</td></tr>
<tr><td>2. 劳保用品：安全帽、劳保手套、防尘口罩、自救器、矿灯</td></tr>
<tr><td>3. 工具：螺丝刀、手钳、活动扳手等</td></tr>
<tr><td>四、作业标准</td><td>见附表</td></tr>
<tr><td>五、流程图</td><td>见附图</td></tr>
<tr><td>六、应急处置</td><td>1. 行动程序
(1) 预警及信息报告：发生事故、遇到险情或事故征兆时，立即通知受威胁区域人员，并向调度室汇报。
(2) 应急响应：行使直接处置权和指挥权，启动现场处置方案，按调度指令组织现场人员撤离危险区域。如果不能及时撤离，按照现场处置方案积极开展自救互救。
(3) 后期处置：人员脱离危险区域后，立即向指挥部汇报现场采取的应急措施和事故初期情况。
2. 安全避险注意事项
(1) 井下火灾、瓦斯爆炸、煤尘爆炸事故避灾时应迅速佩戴好自救器，迎着新鲜风流撤离灾区，不可任意进入回风巷道。
(2) 井下水灾发生后迅速佩戴自救器，向地势高的地点避灾。
(3) 顶板、冲击地压事故：立即停止作业，迅速撤离事故现场至安全地点。
(4) 火灾事故：立即通过灭火器、水、沙等直接灭火，无法扑灭时按程序汇报。
(5) 灾害性天气：立即停止作业，按调度指令迅速撤离升井。
(6) 当遭遇灾害无法撤离时进入就近避难硐室，启用救护设施，等待救援。
(7) 佩戴自救器撤离灾区时绝不能因为吸气干热而把自救器拿掉。
3. 联系电话
本单位值班电话：　　　　　　矿调度室电话：</td></tr>
</table>

附表：带式输送机司机岗位作业流程标准

项目	作业步骤	作业标准	风险类型	危害因素	管控措施
接班	1. 进入接班地点接班	1.1　准时进入规定的接班地点，同上班带式输送机司机进行现场交接班。 1.2 询问设备运转状况及存在问题或发生的事故、故障的情况	/	/	/
	2. 准备上岗	2.1　查出问题，现场落实责任，向班组长、验收员汇报。 2.2　履行交接班手续，准备上岗作业	/	/	/
作业	1. 现场检查	1.1　检查通信控制系统的工作是否正常，检查各种保护装置、连接装置是否齐全可靠，检查各种手把、按钮、仪器仪表是否灵敏可靠。 1.2　检查各润滑部位的油质、油位是否符合规定。 1.3　检查各驱动滚筒、导向滚筒、卸载滚筒、各种托辊的润滑磨损情况，检查胶带的磨损情况和接头的连接情况。 1.4　检查胶带有无跑偏，中间架是否歪斜。 1.5　检查胶带是否有摩擦异物的情况。 1.6　检查各部位清扫器，保持位置正确、压紧力适当、磨损不超限。 1.7　检查冷却、喷雾降尘系统；打开各冷却管路的阀门，保证冷却水流量、压力符合规定，管路连接正确；胶管、接头无损坏；喷嘴齐全，不堵塞；冷却风扇运转正常。 1.8　检查胶带张紧系统，确保张紧系统正常工作	机电	(1) 外露的转动和传动部位易绞伤人	所有外露传动部位必须加设护罩，并保证完好有效
			机电	(2) 带电的电气设备失爆不完好	加强检修，发现问题及时切断电源并处理
			物体打击	人员搬运、拆卸、吊装设备时受伤	搬运、拆卸、吊装设备必须统一协调、指挥一致

续表

项目	作业步骤	作业标准	风险类型	危害因素	管控措施
作业	2. 试运转	2.1 启动前先发出信号，警告人员离开带式输送机转动部位。 2.2 启动时先点转1～2次，听声音，看状态，确认无异常后方可连续运行	职业病危害	喷雾装置不完好，粉尘浓度超标	严格执行“开机开喷雾、停机停喷雾”制度
			机电	开机前未发出开机信号	开机前必须发出信号，确保安全无误后方准开机作业
	3. 启动	3.1 接到机尾开机信号后应先与前级设备司机联系，确保前级设备正常运转。 3.2 检查该设备无异常后，向机尾发出开机信号，做好开机准备。 3.3 再次接到机尾发出的开机信号，确认无误后按启动按钮，设备正常运行	机电	开机前未发出信号或未接收到前级设备司机发出的开机信号	开机前必须与前级设备司机联系好，接收到开机信号确认无误后再启动设备
	4. 动态巡查	4.1 带式输送机司机时刻注意胶带的载荷情况及胶带跑偏情况，发现问题及时按要求进行处理。 4.2 听各部运转声音，查看各部油温情况，运行过程中不得出现超温、缺油现象。 4.3 胶带运行过程中，要经常同胶带维护人员进行联系，了解中部及机尾胶带的载荷，胶带运行、跑偏情况和其他意外情况	运输	(1) 胶带断裂、脱扣。 (2) 设备安全保护装置失效。 (3) 胶带打滑、跑偏。 (4) 胶带运输“四超”物料	(1) 加强检修质量和巡查，发现问题必须停机处理。 (2) 严禁运输“四超”物料
	5. 异常处理	当带式输送机运行过程中发生以下异常情况时，司机必须立即发出停机信号，迅速按下停止按钮，停止输送机运行：胶带跑偏、撕裂、接头卡子断裂；胶带打滑或闷车；电气机械部件温升超限或运转声音不正常；液力偶合器的易熔塞熔化或介质喷出；胶带上有大块煤及材料等，危及人身安全时，信号不明或下台输送机停机时	机电	停机不断电、不闭锁	停机必须切断电源并闭锁

续表

项目	作业步骤	作业标准	风险类型	危害因素	管控措施
作业	6. 停机	6.1　停车时使带式输送机处在最小的负荷状态下，正常情况下严禁带式输送机重载停车，严禁操作隔离开关停机。 6.2　停机后应及时关闭冷却和喷雾系统阀门。 6.3　停车后重新检查各种保护及各部位的状况，处理异常现象	/	/	/
交班	1. 交班前的准备	1.1　带式输送机范围内无浮煤、杂物。 1.2　运转部件、电气联锁、通信信号、保护装置、运行状况	/	/	/
交班	2. 交班	向下一班岗点工交代清带式输送机情况及注意事项	/	/	/
收班	记录	记录当班生产期间带式输送机运行及管辖范围内的异常情况	/	/	/

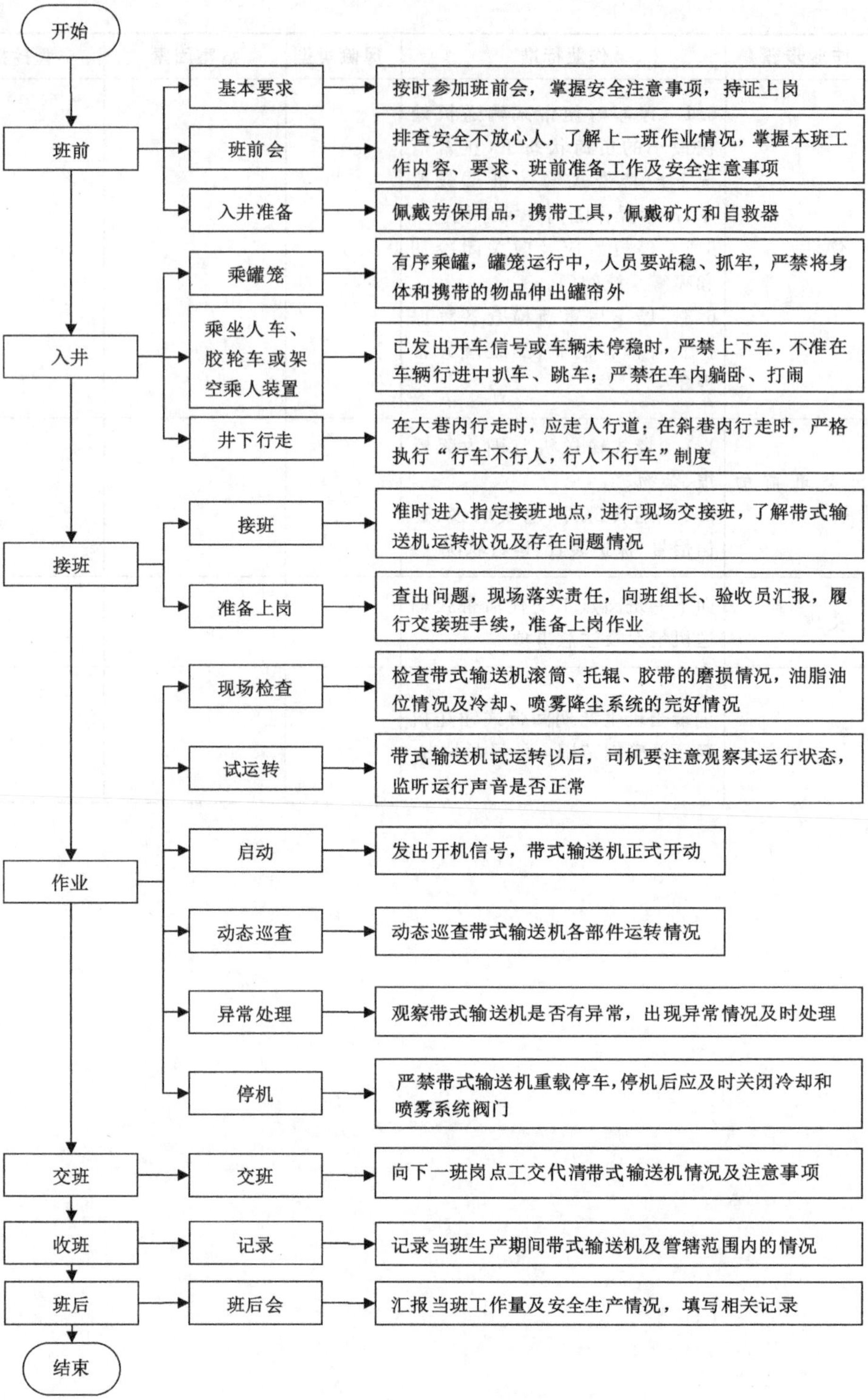

附图:带式输送机司机岗位作业流程图

第七节　综采维修电工岗位作业流程标准化示范

综采维修电工岗位作业流程标准化指导书	
流程编号	CM007
岗位名称	综采维修电工
适用范围	煤矿井下
适用地点	综采(综放)工作面
一、岗位说明	综采维修电工是负责综采工作面供电、通信、控制等电气设备的操作、定检、维护、检修的人员,电气设备是工作面生产系统运转的核心,因此要求综采维修电工必须具有高度责任心和使命感,在工作中更要具备超前的安全意识
二、岗位安全生产责任清单	1. 认真执行国家有关煤矿安全生产和职业病危害防治的法律、法规、标准、技术规范、指示、指令、“三大规程”和矿各项规章制度。 2. 必须坚守工作岗位,不准擅离职守,严格执行“三大规程”和现场交接班制度。 3. 必须培训合格,持证上岗。 4. 做到判断事故准确无误,处理事故安全迅速。 5. 坚持业务学习和“小改小革”,充分挖掘设备潜力。 6. 对所分管的电气设备要认真检查,特别是对移动变电站所属设备和线路需加强维护,搞好预防检查工作。 7. 每月检查一次各种电气设备防爆性能,按规定检查电气设备的绝缘性能、电气仪表和电气保护的灵敏可靠程度。 8. 上岗前必须佩戴好安全帽、防护手套、防尘口罩等劳保用品,穿好工作服并扣全扣子、扎紧袖口,执行好职业病危害防 治措施。 9. 检修前,要做好准备工作,检查周围环境安全,保证检修任务完成。 10. 检修过程中要严格执行停送电制度。 11. 熟练掌握各种电气设备的插销、按钮作用,注意观察各种指示灯的显示信号和各种电气仪表的指示数据。 12. 搞好设备的清洁卫生,对于电气仪表和信号的显示窗口要经常保持洁净,电气设备上方有淋水时,需设防水棚。 13. 当班发生的电气事故,当班电工必须妥善处理,处理不了的及时汇报值班人员,以便组织人员处理。 14. 电气设备检修完毕后,必须进行安全试车。 15. 上井后要及时填写检修日志。 16. 积极参加矿和区队组织的职业健康检查,认真学习职业病防治知识。 17. 自觉遵守国家安全生产、职业卫生法律法规,以及公司和矿的各项规章制度。 18. 认真履行岗位职责,严格执行本岗位的安全与职业卫生操作规程,杜绝违章作业,对本岗位的安全生产负直接责任。 19. 不断提高安全生产意识,丰富安全生产、职业卫生知识,增强自主保安和相互保安能力。 20. 积极参加矿和本单位组织的安全、职业卫生、技术培训和应急预案演练等活动。

续表

二、岗位安全生产责任清单	21. 有权拒绝上级的违章指挥，如拒绝无效可越级举报，并随时制止他人违章作业。 22. 正确使用、精心维护、妥善保管办公设备、安全设施、职业卫生防护设施、工具及个人防护用品。 23. 主动提出改进安全生产、职业卫生管理工作的意见。 24. 辨识本岗位工作中的危害因素，评估风险大小，排查隐患，落实风险管控和隐患治理措施
三、设备设施及劳保工具	1. 设备设施：电气设备
	2. 劳保用品：安全帽、劳保手套、防尘口罩、自救器、矿灯
	3. 工具：瓦检仪、验电笔、手钳、扳手、改锥、电工刀、绝缘用具等
四、作业标准	见附表
五、流程图	见附图
六、应急处置	1. 行动程序 (1) 预警及信息报告：发生险情或事故时，立即通知受威胁区域人员，并向矿调度室汇报。 (2) 应急响应：行使紧急避险权，并按应急指令或避灾路线撤离险区；在撤离受阻的情况下紧急避险，并按现场处置方案开展自救互救。 (3) 后期处置：脱险后，立即向指挥部汇报现场采取的应急措施和事故初期情况；参与现场生产恢复；受伤人员积极配合医疗救治。 2. 安全避险注意事项 (1) 井下火灾、瓦斯爆炸、煤尘爆炸、火工品爆炸事故避灾时应迅速佩戴好自救器，迎着新鲜风流撤离灾区，不可任意进入回风巷道。 (2) 井下水灾发生后迅速佩戴自救器，避开突出水头向地势高的地点避灾。 (3) 顶板、冲击地压事故：立即停止作业，迅速撤离事故现场至安全地点。 (4) 火灾事故：立即通过灭火器、水、沙等直接灭火，无法扑灭时按程序汇报。 (5) 灾害性天气：立即停止作业，按调度指令迅速撤离升井。 (6) 当遭遇灾害无法撤离时进入就近避难硐室，启用救护设施，等待救援。 (7) 佩戴自救器撤离灾区时绝不能因为吸气干热而把自救器拿掉。 3. 联系电话 本单位值班电话：　　　　　　矿调度室电话：

附表:综采维修电工岗位作业流程标准

项目	作业步骤	作业标准	风险类型	危害因素	管控措施
接班	现场检查	1.1　专用工具、配件齐全完好。 1.2　对所辖电气设备进行全面防爆检查,查看进线电源接头无松动、发热;连接螺栓、螺帽、弹簧垫齐全,紧固,无锈蚀。 1.3　检查各种仪表、指示灯,按钮、手柄灵敏可靠,接地装置完好。 1.4　检查电气设备附近巷道瓦斯情况,安装地点无淋水,不能避开淋水时应妥善遮盖。 1.5　检查电缆悬挂及连接情况,无明接头和破皮现象	瓦斯	瓦斯浓度超标、违章验电放电	检修前必须先检查瓦斯浓度,严格验电、放电后方准操作
			机电	电气设备及电机接地不良,导致人员触电	定期检查接地极的完好情况,发现问题及时处理
作业	1. 停送电	1.1　停送高压电必须坚持做到"一人操作、一人监护"。 1.2　停送电前应保证所要操作的开关是否与停送电指令相符。只有在停止断路器之后才能操作停下隔离开关;相反,送电时只在隔离开关合闸后,才能操作断路器合闸,严禁带负荷操作隔离开关。 1.3　停电后应用与电源等级相适应的检电笔检验,检验无误后再进行导体对地完成放电(必须先按照标准检查瓦斯后才准放电)。装有接地装置的设备,停电后必须将相应的开关手柄打到"接地"位置。 1.4　停电后必须执行挂牌、加锁或专人看守制度,非执行该项工作人员,不得摘牌送电。 1.5　送电前必须检查撤除导体放电接地位置,无误后方可送电	机电	(1) 停电后未对电气设备挂牌、上锁或未安排专人看守,设备误送电	加强培训学习,严格按照停送电流程进行操作
				(2) 设备停电后未进行验电、放电	加强培训学习,提高安全操作意识,严格按照验电、放电流程进行操作
			瓦斯	放电、送电前未按照要求检查瓦斯	放电、送电前使用瓦斯检测仪对工作地点附近的瓦斯浓度进行检查,发现瓦斯浓度超限,严禁进行电气作业

续表

项目	作业步骤	作业标准	风险类型	危害因素	管控措施
作业	2. 检修	2.1 设备检修前断开与所检修电气设备相关电源，防止向被检修的设备反送电，检修高压设备时，必须执行工作票制度。 2.2 断开所检修电气设备前一级开关电源并闭锁，挂“有人工作，严禁送电”标志牌。 2.3 停电后用与验电电压相适应的验电笔进行验电。 2.4 对所要检修的电气设备进行详细的外观检查，确定设备故障点，按组装的相反顺序拆卸损坏部件及相关部件。 2.5 检修开关时，不准任意改动原设备上的端子位序和标记，保护好隔爆面。 2.6 检修完毕后，必须将隔爆面用棉纱擦净，有锈迹时应用纱布打平打亮，均匀涂抹一层凡士林油。 2.7 检修完毕后，利用机壳上的试验开关对保护电路、控制电路、信号电路及各种保护进行一次全面检查，确认正常后方可试运行。 2.8 高低压送电前，必须确认送电线路及开关无人作业，必须坚持“谁停电、谁送电”的原则。 2.9 妥善检查保护设备防爆性能及其他工作性能，设备的各种仪表、操作手柄、按钮必须指示正常，灵活可靠。 2.10 按井下供电“三无”“四有”“两齐”“三全”“三坚持”的规定内容进行设备检修维护。 2.11 设备发生漏电、过载及其他故障跳闸，必须查明原因，排除故障后方可复位送电。原因不明或故障未排除的情况下不准任意反复复位供电。	机电	(1) 检修作业将物件遗留在设备内 (2) 开关保护整定值整定过大或甩掉保护使用 (3) 带电的电气设备、电缆有损伤 (4) 停送电操作制度执行不严格、误操作 (5) 检修设备未按规定进行停电、闭锁、挂停电警示牌	加强员工责任心，闭盖时详细检查盖内情况，并及时处理 严格保护、开关整定，严禁甩掉保护使用 按质按量检修，发现问题及时处理 严格执行停送电管理制度，悬挂警示牌，坚持“谁停电、谁送电”的原则 严格执行停送电管理制度，悬挂警示牌，坚持“谁停电、谁送电”的原则

续表

项目	作业步骤	作业标准	风险类型	危害因素	管控措施
作业	2. 检修	2.12　对不同机型设备应严格按设备出厂技术说明进行检修试验，严禁拆卸，不准在井下拆检元件。 2.13 电器接线应按《电气安全工作规程》规定进行。 2.14 电缆敷设吊挂整齐，点距不超过 3 m，严禁用铁丝直接吊挂。 2.15 电缆不应敷设在风水管路下方，严禁在电缆上悬挂其他物件。例如，在和风水管在巷道同一侧悬挂时，应将电缆悬挂在风水管上方并保持 0.3 m 的间距。高、低压电缆同侧敷设时，其间距应大于 0.1 m	火灾	电气设备着火处理不及时	各电气设备堆放点必须保证消防设施完好齐全，保证着火时能够及时处理
交班	1. 交班检查	检查所用的工具是否齐全并交回工具房	/	/	/
	2. 汇报	向下一班电工交代清当班电气设备检修及运行情况	/	/	/
收班	记录	记录当班生产期间电气设备运行的异常情况	/	/	/

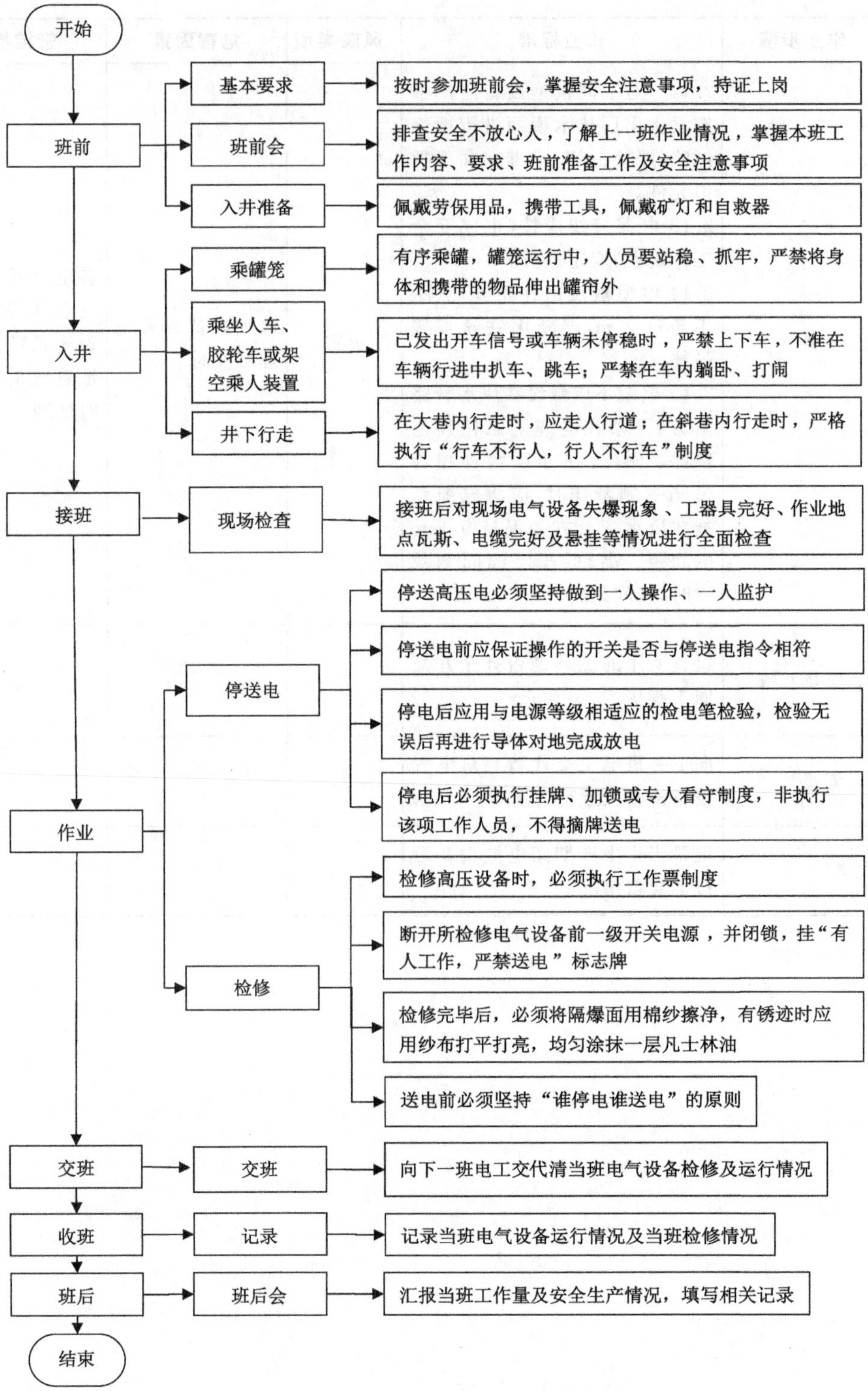

附图:综采维修电工岗位作业流程图

第八节　综采端头维护工岗位作业流程标准化示范

综采端头维护工岗位作业流程标准化指导书	
流程编号	CM008
岗位名称	综采端头维护工
适用范围	煤矿井下
适用地点	综采(综放)工作面
一、岗位说明	综采端头维护工是采煤工作面生产过程中极其重要的工作岗位,其工作地点位于工作面与轨道巷、运输巷相连接的地方,端头是一个受采动影响严重、顶板管理难度比较高的区域,因此端头维护工必须具有强烈的安全意识和熟练的操作技能
二、岗位安全生产责任清单	1. 认真执行国家有关煤矿安全生产和职业病危害防治的法律、法规、标准、技术规范、指示、指令、“三大规程”和矿各项规章制度。 2. 必须坚守工作岗位,不准擅离职守,严格执行“三大规程”、现场交接班制度及“手指口述”安全确认制度。 3. 上岗前必须佩戴好安全帽、防护手套等劳保用品,穿好工作服并扣全扣子、扎紧袖口,执行好职业病危害防治措施。 4. 认真执行敲帮问顶制度和巡回检查制度,随时检查支架、顶板、煤帮情况,发现异常立即进行处理。 5. 人工回柱必须有两人以上进行操作,机械回柱必须严格执行作业规程规定。 6. 加强质量意识,认真按照质量标准施工,确保上、下出口畅通无阻,确保安全出口高度、宽度和支护长度均符合要求,做到不安全不生产。 7. 清理好两端头及出口卫生,确保两端头无浮煤、杂物,做到文明生产。 8. 撤棚必须先支后回,支柱支到实底,迎山有力。 9. 用十字顶梁支护时,十字顶梁要前后左右铰接,横竖成线,压肩平整,接顶严密。 10. 遇有特殊地质构造及现场条件恶劣时,要在区队跟班领导指导下进行端头维护。 11. 回撤的单体要放到安全的地方并牢固竖放,禁止倒放。已损坏的单体、梁子要放到指定地点以备回收。 12. 发生的事故要准确汇报,及时处理。 13. 尽职尽责,杜绝“三违”现象。 14. 积极参加矿和区队组织的职业病健康检查,认真学习职业病防治知识。 15. 自觉遵守国家安全生产、职业卫生法律法规,以及公司和矿的各项规章制度。 16. 认真履行岗位职责,严格执行本岗位的安全与职业卫生操作规程,杜绝违章作业,对本岗位的安全生产负直接责任。 17. 不断提高安全生产意识,丰富安全生产、职业卫生知识,增强自主保安和相互保安能力。 18. 积极参加矿和本单位组织的安全、职业卫生、技术培训和应急预案演练等活动。 19. 有权拒绝上级的违章指挥,如拒绝无效可越级举报,并随时制止他人违章作业。 20. 正确使用、精心维护、妥善保管办公设备、安全设施、职业卫生防护设施、工具及个人防护用品。

续表

<table>
<tr><td>二、岗位
安全生产
责任清单</td><td colspan="1">21. 主动提出改进安全生产、职业卫生管理工作的意见。
22. 辨识本岗位工作中的危害因素，评估风险大小，排查隐患，落实风险管控和隐患治理措施</td></tr>
<tr><td rowspan="3">三、设备
设施及
劳保工具</td><td>1. 设备设施：液压支架、单体、支护梁</td></tr>
<tr><td>2. 劳保用品：安全帽、劳保手套、防尘口罩、自救器、矿灯</td></tr>
<tr><td>3. 工具：螺丝刀、手钳、活动扳手等</td></tr>
<tr><td>四、作业标准</td><td>见附表</td></tr>
<tr><td>五、流程图</td><td>见附图</td></tr>
<tr><td>六、应急处置</td><td>1. 行动程序
(1) 预警及信息报告：发生险情或事故时，立即通知受威胁区域人员，并向矿调度室汇报。
(2) 应急响应：行使紧急避险权，并按应急指令或避灾路线撤离险区；在撤离受阻的情况下紧急避险，并按现场处置方案开展自救互救。
(3) 后期处置：脱险后，立即向指挥部汇报现场采取的应急措施和事故初期情况；参与现场生产恢复；受伤人员积极配合医疗救治。
2. 安全避险注意事项
(1) 井下火灾、瓦斯爆炸、煤尘爆炸事故避灾时应迅速佩戴好自救器，迎着新鲜风流撤离灾区，不可任意进入回风巷道。
(2) 井下水灾发生后迅速佩戴自救器，向地势高的地点避灾。
(3) 顶板、冲击地压事故：立即停止作业，迅速撤离事故现场至安全地点。
(4) 火灾事故：立即通过灭火器、水、沙等直接灭火，无法扑灭时按程序汇报。
(5) 灾害性天气：立即停止作业，按调度指令迅速撤离升井。
(6) 当遭遇灾害无法撤离时进入就近避难硐室，启用救护设施，等待救援。
(7) 佩戴自救器撤离灾区时绝不能因为吸气干热而把自救器拿掉。
3. 联系电话
本单位值班电话：　　　　　　　　矿调度室电话：</td></tr>
</table>

附表:综采端头维护工岗位作业流程标准

项目	作业步骤	作业标准	风险类型	危害因素	管控措施
接班	1. 询问情况	1.1　准时进入规定的接班地点。 1.2　询问上一班工作面端头作业内容以及存在处理的问题	/	/	/
	2. 履行手续	2.1　同上一班端头维护工一起对工作面端头进行认真检查。 2.2　把查出的问题,通过验收员、班组长落实责任,提出处理意见。 2.3　严格履行交接班手续,准备上岗作业	/	/	/
作业	1. 作业前准备	1.1　作业前对注液枪、注液阀、锤、铁锹、手镐、撬棍、铁丝、放液手把、液压管、量具、敲帮问顶工具等进行完好检查。 1.2　进入作业地点后要全面检查顶帮完好情况及支护材料、支架完好情况,发现隐患及时处理。 1.3　作业前对周边环境进行检查,支架或支柱与管路线缆、巷道、设备设施等间隙是否满足要求。 1.4　作业前要认真执行敲帮问顶制度,工作地点顶板、煤帮和支护符合要求,端头处浮煤、煤矸清理干净,无影响作业的废料、杂物,回收的支护材料整齐存放在指定地点	冒顶(片帮)	(1) 受沿空留巷及动压影响,顶板、煤帮压松	(1) 加强管控,机尾端头及超前支护必须支设可靠、初撑力达标。 (2) 严格执行敲帮问顶制度。 (3) 工作面采高与巷道高差部分严格按照《作业规程》规定执行
				(2) 巷道超高,可能造成支架不接顶、支撑力达不到	严格检查,发现问题及时处理,保证接顶严实
			物体打击	使用坏梁坏柱,可能起不到支护作用,导致掉梁、倒柱	严格检查,发现问题及时处理
			其他	卸载工具不符合要求	加强培训,按要求作业

续表

项目	作业步骤	作业标准	风险类型	危害因素	管控措施
作业	2. 顺槽支架	2.1 操作顺序：降架→拉移、操作调架千斤顶→升架。 2.2 操作顺槽支架前认真检查支架的完好情况（千斤顶、销轴和液压胶管），支架与周围作业人员以及设备的位置关系，并确认动作支架下方及两侧均无人员、顶板接顶物料无坠落伤人等隐患，与安全监护人相互安全确认后，方可操作。 2.3 移架采用邻架操作，支架前后两侧警戒，严禁人员进入移架区域。移架前要确认超前支架与相邻设备、煤帮有移动间隙，无浮煤、物料等障碍物。 2.4 移架时及时操作调架千斤顶调整支架位置和状态，避免支架歪斜；移架时必须确认调架千斤顶防坠链齐全完好。 2.5 移架前检查顶板平整情况，顶板不平时在支架升起前，及时用木料接顶，保证支架接顶严实、达到初撑力。 2.6 巷道局部超高时，应使用木料进行接顶，接顶木料必须与顶板进行固定。顺槽支架过该假顶区域时，每次拉移前后，对假顶固定完好情况进行检查，拉移时支架顶梁脱离假顶，拉移后支架接顶严实。 2.7 巷道顶板破碎、离层时，在支架顶梁上提前铺联金属网、穿工字钢，工字钢用双股8[#]铁丝至少三道绑扎在顶网上。 2.8 支架不得超高使用。由于底鼓或顶板下沉，造成立柱行程不足200 mm时，要采取卧底的方法保证高度。 2.9 使用单体调整支架时，必须采取防滑、防崩，并远距离供液	冒顶（片帮）	巷道超高，可能造成支架不接顶、支撑力达不到	严格检查，发现问题及时处理，保证接顶严实
			物体打击	（1）操作支架未认真检查支架胶管、千斤顶、销轴完好情况，造成物体崩弹伤人	操作支架前必须认真检查支架完好情况
				（2）木料接顶不实或物料固定不牢靠，易造成坠物伤人	严格检查支架接顶物料状态，发现问题及时处理
				（3）单体未正确使用防滑木和防倒链，未执行远距离供液，人员站位不当，造成单体崩弹伤人	使用单体必须正确使用防滑木和防倒链，严格执行远距离供液，规范人员站位
			机电	移架时未严格执行“一人操作，一人监护”规定，易造成支架挤伤人员	加强培训，按要求作业

续表

项目	作业步骤	作业标准	风险类型	危害因素	管控措施
作业	3. 单体液压支柱	3.1　操作顺序：量好排、柱距→清理柱位→放置柱鞋→竖立支柱→清理三用阀→将注液枪卡套卡紧注液阀→供液升柱→摘掉注液枪→支柱防倒。 3.2　铰接顶梁与单体液压支柱的操作顺序：挂梁→插调角楔→接顶→清理和定柱位→放置柱鞋→立柱→供液升柱。 3.3　挂梁。一人站在支架完整处两手抓住铰接顶梁将之插入已安设好的顶梁两耳中，另一人站在人行道，插上顶梁圆销并用锤将圆销打到位。 3.4　插调角楔。将顶梁托起，由下向上插入调角楔，使梁与顶板留有0.1～0.15 m间隙。 3.5　接顶。按规定数量与上架棚子背顶材料交叉背好，并用锤打紧调角楔。 3.6　清理柱窝。根据作业规程的规定确定柱位，清扫柱位浮煤，凿柱窝或麻面，需穿鞋时，将鞋平放在柱位上。 3.7　立柱与升柱。至少一人扶柱，一人供液，先缓慢供液，待支柱见力后（以不倒柱为限），人员进入安全地点，远距离供液达到规定初撑力，退下注液枪并挂在支柱手把上，支柱及时采取防倒措施。 3.8　注液枪插入三用阀前，先清理阀内浮煤杂物。单体支柱应缓慢注液，注液过程中，应随时观察支设状况，发现柱爪及底脚移位、顶梁歪斜等问题时，应停止注液进行处理，确保柱爪和金属顶梁紧密啮合，单体支柱齐直成线。	物体打击	(1) 支柱不拴牢防倒绳或不符合要求，可能造成自降、失稳倒柱伤人	严格检查，发现问题及时处理，保证接顶严实
				(2) 未执行远距离供液，人员站位不当，互相配合不默契，造成单体崩弹伤人	加强培训，严格按要求作业

续表

项目	作业步骤	作业标准	风险类型	危害因素	管控措施
作业	3. 单体液压支柱	3.9 挂铰接顶梁时,顶梁应摆平并垂直于巷道煤壁;调角楔必须水平插入顶梁牙口内,正常情况下的插入方向是小头朝工作面上方,禁止用其他物品代替调角楔	冒顶(片帮)	(1) 支柱迎山角度不符合要求,可能造成支柱失稳	严格掌握支柱迎山角,戗角合理
				(2) 支柱初撑力不够,可能造成顶板离层	严格检查,发现问题及时处理,保证接顶严实
	4. 单元支架	4.1 操作顺序:伸出防倒装置→降架→拉移→升架→缩回防倒装置。 4.2 在拉移单元支架前,必须对顶底板情况、支架状况、管路吊挂情况进行检查,确保安全后方可操作支架。 4.3 单元支架采用邻架操作或远距离操作。拉移操作时必须两人协调配合进行,一人操作,一人站在安全地点进行监护,支架移动范围内严禁有人。 4.4 操作单元支架时严禁将身体的任何部位进入顶梁与顶板、底座与底板之间。 4.5 当巷道液压支架顶梁离开顶板后,方可操作推移千斤顶和调架千斤顶,防止损坏千斤顶。巷道液压支架拉移受阻时,严禁强拉硬拽,查明原因处理好后方可继续进行操作。 4.6 单元支架要按作业规程要求采取防倒措施	物体打击	(1) 操作支架未认真检查支架胶管、千斤顶、销轴完好情况,造成物体崩弹伤人	操作支架前必须认真检查支架完好情况
				(2) 木料接顶不实或物料固定不牢靠,易造成坠物伤人	严格检查支架接顶物料状态,发现问题及时处理
			冒顶(片帮)	巷道超高,可能造成支架不接顶、支撑力达不到	严格检查,发现问题及时处理,保证接顶严实
			机电	(1) 移架时未严格执行"一人操作,一人监护"规定,易造成支架歪斜挤伤人员	加强培训,按要求作业
				(2) 本架操作单元支架,支架歪斜挤伤,压伤施工人员	加强培训,操作单元支架时必须使用邻架操作或者远距离操作(遥控器)

续表

项目	作业步骤	作业标准	风险类型	危害因素	管控措施
作业	5. 端头支架	5.1　端头支架拉移前必须先检查临近支架及端头支护的支护质量，一般应先拉移第3架，再移第1架，最后移第2架。当端头压力大或顶板破碎时，可增加支柱或支设抬棚提高支护强度。抬棚至少为一梁三柱，与支架迈步前移。 5.2　端头顶板破碎、端头架之间、端头架与顺槽支架间距大、采空区窜矸威胁转载机尾、后部刮板输送机作业时，应在端头支架上方提前铺设金属网。顶板破碎严重时，应铺设双网，并在支架上方穿倾向工字钢。 5.3　必须安排两人及以上配合作业，分工明确，专人监护，动态检查顶帮是否存在漏顶、片帮危险，伸出伸缩梁、护帮板，保证作业地点安全可靠。 5.4　端头联网必须与巷道顶网合理搭接，按照"作业规程"要求联好网扣，联网长度根据顶板破碎状况确定。 5.5　端头上工字钢必须安排专人负责操作和看护支架操纵阀，操作前确认工作地点所有人员均已撤离危险区域。 5.6　端头工字钢应固定在金属网上，铁丝固定不少于3处。 5.7　操作前检查工作面端头安全出口是否符合规定，支架两侧是否挤压电缆管路、刮碰单体和锚网，支架顶梁是否接顶，物料是否影响施工，顶帮有无离层、漏顶、片帮危险，端头处浮煤、浮矸是否清净，是否符合质量标准。 5.8　端头维护时，执行敲帮问顶、先支后回制度，严禁空顶空帮作业。 5.9　端头铺联金属网、上工字钢必须停机进行，严格执行停送电制度。转载机里侧及面前作业时，转载机、破碎机、输送机等设备必须停机闭锁。	冒顶（片帮）	进入煤壁区作业未敲帮问顶，未安排专人监护，护帮板、伸缩梁未伸移到位，导致冒顶、片帮伤人	人员进入煤壁区作业严格执行敲帮问顶制度，严格执行"一人操作，一人监护"管理规定，严禁单人单岗作业
			机电	端头联网维护顶板时，未对前部刮板输送机、转载机停电闭锁，导致设备误启动，对人员造成伤害	停机必须切断电源并闭锁，严格执行停送电管理规定

续表

项目	作业步骤	作业标准	风险类型	危害因素	管控措施
作业	5. 端头支架	5.10　敲帮问顶、端头维护时，附近危及人员安全、产生噪声不利于信号联络的机械设备必须停止运转，发现有片帮、围岩松动和顶板离层下沉时，必须立即采取铺联金属网、上工字钢、补支单体等措施处理。 5.11　切顶支柱支设标准按照《作业规程》规定执行，并严格执行敲帮问顶、先支后回制度，严禁空顶作业。 5.12　回柱或改柱时严格执行先支后回制度，先清理好退路，施工人员站在支护完好的安全地点，解开防倒链，用长把工具放液、回撤。 5.13　回柱前必须检查施工地点支护情况，支柱受侧向压力、弯曲变形时，必须使用长柄工具缓慢放液，待支柱不受力后，人员方可回柱。 5.14　回撤行程不足的单体支柱，应采取挖底或挑顶的方式	物体打击	回撤支柱未使用长柄工具，远距离卸压，单体崩弹伤人	加强培训，按要求作业
	6. 收尾	6.1　将剩余的支护材料、工具码放在规定位置，将失效、损坏的支护材料运到指定地点，码放整齐。 6.2　经质量验收员验收合格方可收工	/	/	/
交班	交班	1.1　向下一班接班人员交代清本班顶板支护情况及工作中需要注意的事项。 1.2　履行交接手续，对遗留问题，落实责任向上汇报	/	/	/
收班	记录	记录当班作业期间顶板及支护情况、备用材料数目等	/	/	/

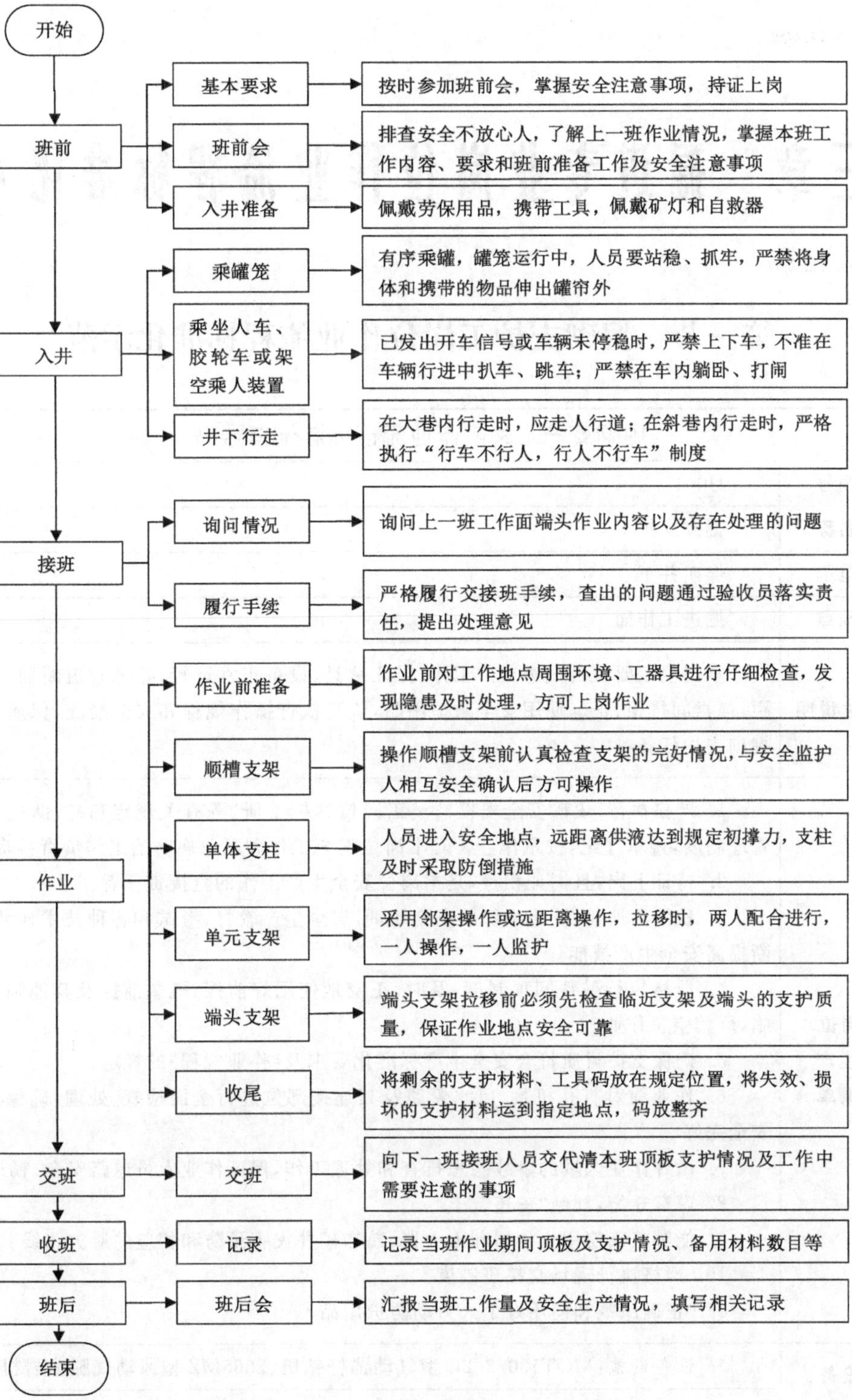

附图:综采端头维护工岗位作业流程图

第三章 掘进专业岗位作业流程标准化示范

第一节 掘砌支护工岗位作业流程标准化示范

掘砌支护工岗位作业流程标准化指导书	
流程编号	JJ001
岗位名称	掘砌支护工
适用范围	煤矿井下
适用地点	掘进工作面
一、岗位说明	本岗位主要负责掘进支护工作，保证钻具、设备正常运行；熟悉巷道断面，锚杆间排距，锚索间排距；正确使用安全防护用品，认真执行操作规程和安全措施，保质保量完成掘砌支护任务
二、岗位安全生产责任清单	1. 严格执行《煤矿安全规程》《员工岗位达标手册》等有关规定和矿、队的安全生产管理制度，遵章守纪，按章作业。对本岗位安全工作和职业病防治工作负直接责任。 2. 持证上岗，且岗证相符，是本岗位安全生产工作的直接责任者。 3. 积极参加矿、队组组织的安全培训、安全生产教育、考试和各种技术比武活动，不断提高安全生产技能。 4. 严格执行敲帮问顶制度，及时、正确地使用好前探、机载前探及其他临时支护设施，严禁空顶作业。 5. 确保支护材质符合安全生产标准化要求及《作业规程》的规定。 6. 作业前对打孔机具、风水管路及其连接部位进行全面检查、处理，确保作业机具安全完好。 7. 做好作业区域的事故隐患排查和处理工作，保证作业人员退路安全、畅通。 8. 遵章守纪，杜绝“三违”。 9. 能够正确使用自救器和灭火器，熟知矿井灾害预防和相应的避灾路线。 10. 严格执行现场交接班制度。 11. 正确佩戴和使用好个人劳动防护用品
三、设备设施及劳保工具	1. 设备设施：MQT130/3.2C型气动锚杆钻机、7665MZ型风动气腿凿岩机
	2. 劳保用品：安全帽、护目镜、劳保手套、防尘口罩、自救器、矿灯
	3. 工具：螺丝刀、手钳、活动扳手、网钩

续表

四、作业标准	见附表
五、流程图	见附图
六、应急处置	1. 行动程序 (1) 预警及信息报告：发生险情或事故时，立即通知受威胁区域人员，并向矿调度室汇报。 (2) 应急响应：行使紧急避险权，并按应急指令或避灾路线撤离险区；在撤离受阻的情况下紧急避险，并按现场处置方案开展自救互救。 (3) 后期处置：脱险后，立即向指挥部汇报现场采取的应急措施和事故初期情况；参与现场生产恢复；受伤人员积极配合医疗救治。 2. 安全避险注意事项 (1) 井下火灾、瓦斯爆炸、煤尘爆炸、火工品爆炸事故避灾时应迅速佩戴好自救器，迎着新鲜风流撤离灾区，不可任意进入回风巷道。 (2) 井下水灾发生后，避开突出水头向地势高的地点避灾。 (3) 顶板、冲击地压事故：立即停止作业，迅速撤离事故现场至安全地点。 (4) 火灾事故：立即通过灭火器、水、沙等直接灭火，无法扑灭时按程序汇报。 (5) 灾害性天气：立即停止作业，按调度指令迅速撤离升井。 (6) 当遭遇灾害无法撤离时进入就近避难硐室，启用救护设施，等待救援。 (7) 佩戴自救器撤离灾区时绝不能因为吸气干热而把自救器拿掉。 3. 联系电话 本单位值班电话：　　　　　　　　矿调度室电话：

附表：掘砌支护工岗位作业流程标准

项目	作业步骤	作业标准	风险类型	危害因素	管控措施
接班	1. 进入接班地点接班	1.1 准时进入工作面，对沿途有关设备、支护情况进行检查，在迎头位置交接班。 1.2 询问交班人员上一班工器具使用情况、工作面的地质变化情况和出现问题的处理情况	/	/	/
作业	1. 作业准备	1.1 对上一班处理的问题进行复查，并执行当班隐患排查制度。 1.2 检查作业区域内顶板、两帮支护情况。 1.3 检查锚杆机及风钻完好，工具、配件齐全完好。 1.4 工作面迎头 5 m 范围 CH_4 浓度 ≤0.8%，CO、CO_2 浓度及风量、O_2 含量符合规定要求。 1.5 检查风、水管线及连接处。 1.6 抬钻机、钻杆、锚索等至工作面，整理风、水管路等	瓦斯	(1) 风筒距迎头超过规定距离，会造成工作面瓦斯积聚，易导致瓦斯窒息或瓦斯爆炸事故	严格执行风筒延伸规定和安全措施
				(2) 瓦斯、H_2S、CO、CO_2 等有毒有害气体超限、异常、无计划停风，易造成事故	加强检查，发现问题立即向调度室汇报，采取措施处理，必要时及时组织撤人
			冒顶（片帮）	巷道片帮、危岩，顶板离层、活矸，易脱落砸伤人	严格执行敲帮问顶制度，及时对活矸、危岩进行处理
			其他	上一班遗留问题未及时处理导致人员伤害或财产损失	严格执行交接班制度，对上班遗留问题或隐患进行复查并及时处理
	2. 试运行	钻机、钻具各部位运转正常	机电	锚杆机或风钻等其他作业工具磨损严重，导致设备损坏或伤人	定期维护锚杆机、风钻等作业工具，磨损严重或损坏的及时更换
			物体打击	各种“U”形卡单腿插入、用铁丝等替代、未完全插入造成甩管伤人	禁止单腿插入、用铁丝等替代并按要求固定牢固

续表

项目	作业步骤	作业标准	风险类型	危害因素	管控措施
作业	3. 敲帮问顶	人员站在安全位置下使用专业工具进行敲帮问顶作业	冒顶（片帮）	巷道片帮、危岩，顶板离层、活矸，易脱落砸伤人	严格执行敲帮问顶制度，及时对活矸、危岩进行处理
	4. 临时支护	4.1　巷道正常综掘施工时，采用机载液压超前支护装置及聚酯纤维护网对掘进迎头新揭露的空顶区域进行临时支护。 4.2　综掘施工期间若受现场条件所限无法正常使用支护装置时，采用吊环＋前探梁＋防护网形式布置临时支护	冒顶（片帮）	(1) 无临时支护，空顶作业易出事故，临时支护未背实打牢，易造成伤人事故。 (2) 永久支护失效，易造成伤人事故	及时按规定进行临时支护，严禁空顶作业，按规作业，认真检查验收。认真巡查重新补打的支护
	5. 永久支护	5.1　顶板支护。 5.1.1　铺网及钢带，确定眼位。先打顶中部眼，后打顶边眼，扶钻人一手握住钻机把手，一手将钻杆插入钻机，并发出开钻信号。 5.1.2　操作者缓慢送气腿阀门对准眼位顶紧。点动钻机钻进一定深度开水，当钻进约 50 mm 时，全速钻进至设计深度。 5.1.3　将树脂药按型号、数量及顺序用锚杆（锚索）轻推入孔底。开机搅拌，边搅边推直到眼底时，全速搅拌不少于 30 s，顶推 1 min 左右初凝。 5.1.4　落下钻机，用倍增器（打压机）把锚杆（锚索）紧固（打压）至规定预紧力（打压力），循环作业安装锚杆（锚索）。 5.2　两帮支护。 5.2.1　按要求用金属网（阻燃网）和顶网搭接，确定眼位，先打上部眼，再打中部眼，最后打底眼。 5.2.2　打帮眼时，一人操作帮锚机，一人换钻杆，钻够深度后来回推拉清除钻孔内的煤渣，退出钻杆。	冒顶（片帮）	(1) 打设锚杆未按设计要求，造成支护不合格，易导致冒顶事故	严格按设计要求进行打设锚杆
				(2) 锚杆螺母未进行二次紧固，锚固力下降，易造成掉顶伤人	加强检查，锚杆螺母要严格按操作规程进行二次紧固
				(3) 锚杆锚索的预紧力未达到规定要求，易发生顶板事故	锚杆预紧力力矩为 300 N·m，锚索预紧力 200 kN
			机电	(1) 操作钻机、钻杆不当，易造成伤人事故	操作时要严格按操作规程操作，并仔细观察周围环境
				(2) 风、水管路连接不牢固，易造成伤人事故	开机前检查管路的完好情况
				(3) 钻头磨损，未及时更换强行钻眼或顶板岩性变硬强行钻眼，导致钻杆弯曲折断，造成射箭伤人	定期检查，及时更换磨损钻头

续表

项目	作业步骤	作业标准	风险类型	危害因素	管控措施
作业	5. 永久支护	5.2.3 安装锚杆时,用锚杆将树脂药卷送入孔底,然后用搅拌器均匀搅拌 30 s,取下搅拌器,待凝固 1 min 后安装托盘和螺母,托盘紧贴煤壁,用倍增器紧固锚杆螺帽,达到设计预紧力。 5.3 喷射作业。 5.3.1 准备喷射材料:所需材料按作业规程规定配比,两次过筛,堆放整齐后备用。 5.3.2 喷射机操作:先开风后给水,调整好风压和配水量,最后送电给料。停止时,先停料,待料缸中的存料喷完后,再停电,最后关水停风。 5.3.3 喷头操作:先开水后开风,及时调整水灰比,尽量使喷头与喷射面保持垂直,并与喷射面保持 1 m 左右;喷射顺序应先墙后拱,由下而上呈螺旋状轨迹移动,轨迹直径为 200～300 mm,一圈压一圈按作业规程规定喷射顺序施工	机电	(4) 机械设备在开机前未发出预警信号或保护装置失灵,造成伤人风险	加强机电设备检维修停送电制度,严格执行机电管理相关规定,停电、闭锁、挂牌及专人看电等制度
			水灾	顶板淋水增大,巷道雾气增多,出现透水征兆	出现透水预兆立即撤人,汇报调度室,制定专项技术措施进行处理
			高处坠落	登高作业未进行可靠防护,易跌落摔伤	登高作业时设专人监护,扶助登高作业人员完成
			职业病危害	喷浆及风镐破底施工,易产生大量粉尘	喷浆及破底施工过程中回风侧 50 m范围内至少设置一道全断面喷雾,洒水降尘,施工人员佩戴防尘口罩,加强个体防护
			其他	退路不畅易出事故	作业施工前进行全面检查,清理好退路
	6. 异常处理	6.1 夹钎、掉钎或掉钻头。 6.1.1 立即停机查看情况,若因压力大造成夹钎,停机后在附近采取钻屑法检测煤粉量是否超标,确认压力不超标或超标卸压后再重新打眼施工。 6.2 喷浆管路堵塞。 6.2.1 处理堵管时,先停电停风,再敲打堵管处,敲碎堵塞的砼块后,再慢慢打开风阀吹净积存的砼块。 6.2.2 采用敲击法处理不通时,要拆开管路进行处理。 6.2.3 喷枪头任何情况下都严禁对着人。停机时,要先停料后停机,再关水,最后停风	机电	(1) 操作钻机、钻杆不当,易造成伤人事故	操作时要严格按操作规程操作,并仔细观察周围环境
				(2) 风、水管路连接不牢固,易造成伤人事故	开机前检查管路的完好情况。喷浆作业过程中,发现异常,及时停电、停风

续表

项目	作业步骤	作业标准	风险类型	危害因素	管控措施
作业	7. 停机	7.1　先停风后停水，将风、水管线整理整齐。 7.2　将锚杆机（风钻）搬到指定位置，物料码放整齐。 7.3　人员有序撤出作业区域	/	/	/
交班	1. 交班检查	1.1　检查锚杆机及风钻各部位磨损情况及物料剩余情况。 1.2　检查风、水管路及连接部位。 1.3　检查当班顶板及两帮支护质量。 1.4　清理作业区域内杂物。 1.5　检查作业区域内 CH_4、CO、CO_2 浓度及风量，O_2 含量	/	/	/
	2. 汇报	2.1　向当班上岗干部汇报顶板、两帮情况及注意事项。 2.2　向当班上岗干部汇报生产进度及安全隐患排查内容	/	/	/
收班	记录	记录当班生产期间岗位管辖范围内的异常情况	/	/	/

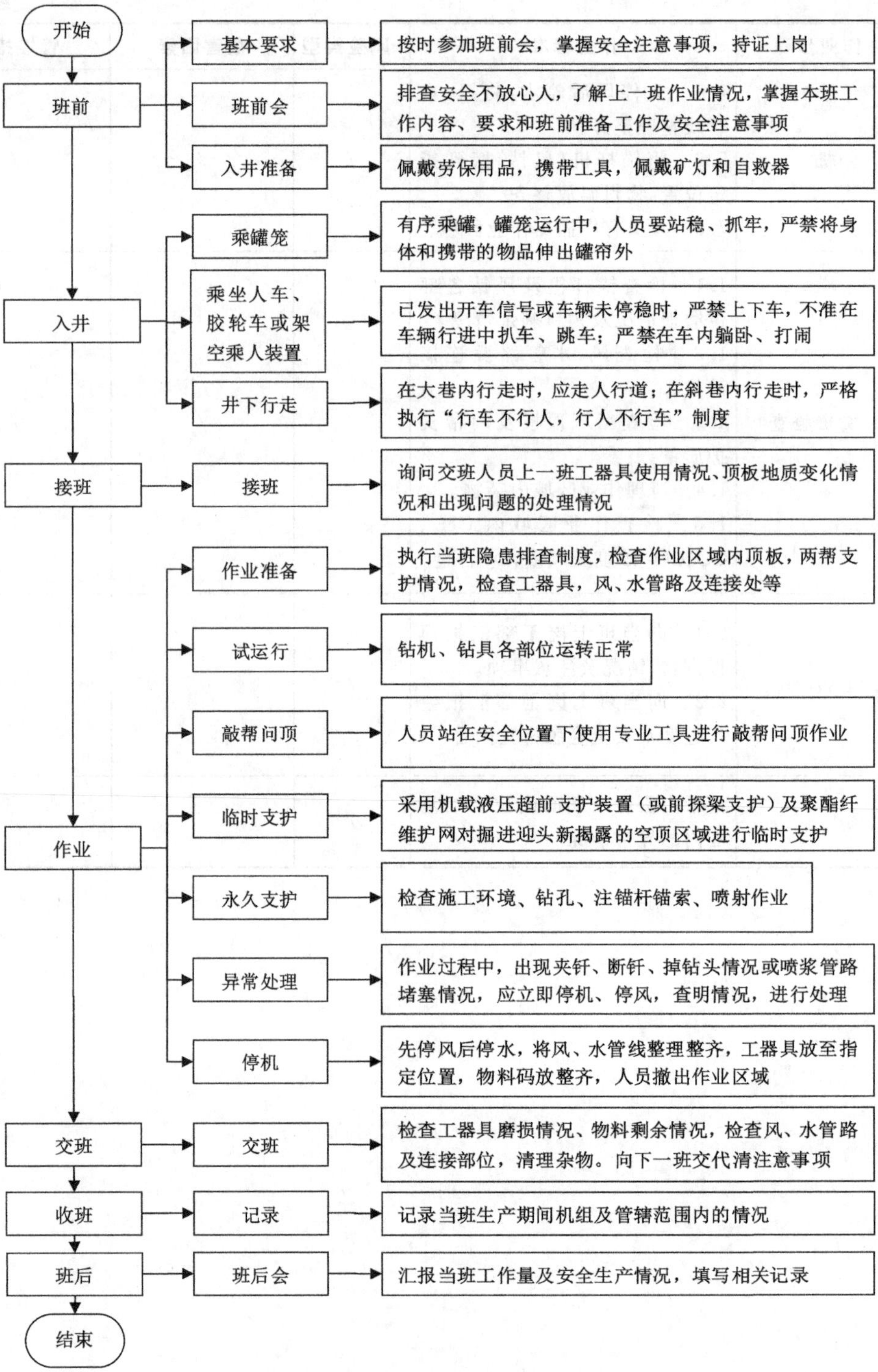

附图：掘砌支护工岗位作业流程图

第二节　掘进刮板输送机司机岗位作业流程标准化示范

<table>
<tr><th colspan="2">掘进刮板输送机司机岗位作业流程标准化指导书</th></tr>
<tr><td>流程编号</td><td>JJ002</td></tr>
<tr><td>岗位名称</td><td>掘进刮板输送机司机</td></tr>
<tr><td>适用范围</td><td>煤矿井下</td></tr>
<tr><td>适用地点</td><td>掘进工作面</td></tr>
<tr><td>一、岗位说明</td><td>本岗位负责刮板输送机安全运行和简单操作维护工作，要求熟悉设备的结构性能、技术特征、工作原理、各种保护装置；在输送机运行过程中随时巡检，发现异常情况及时处理；掌握消防器材的正确使用方法，正确使用安全防护用品，认真执行规程和安全措施</td></tr>
<tr><td>二、岗位
安全生产
责任清单</td><td>1. 严格执行《煤矿安全规程》及《员工岗位达标手册》的有关规定和矿、队的安全生产管理制度，按章作业，遵章守纪。
2. 持证上岗，且岗证相符，是本岗位安全生产工作直接责任者。
3. 积极参加矿、队组织的安全培训、安全生产教育、考试和各种技术比武活动，不断提高安全生产技能。
4. 严禁甩掉保护开机，保证各种安全保护装置和安全防护设施齐全完好。
5. 接班后认真检查，确保刮板输送机各部位螺栓紧固，无漏油，电动机、减速机运转正常，信号按钮灵敏可靠。无飘链、落链等现象，发现问题及时向班组长或跟班队干汇报，并及时处理。
6. 机头喷雾要按标准固定合格，开机时按规定开喷雾降尘，停机时要及时关闭喷雾。
7. 如实、及时汇报安全事故，积极配合事故调查处理，吸取事故教训，落实防范措施。
8. 正确佩戴和使用好个人劳动防护用品</td></tr>
<tr><td rowspan="3">三、设备
设施及
劳保工具</td><td>1. 设备设施：SGB620/40T 刮板输送机</td></tr>
<tr><td>2. 劳保用品：安全帽、劳保手套、防尘口罩、自救器、矿灯</td></tr>
<tr><td>3. 工具：螺丝刀、手钳、扳手等</td></tr>
<tr><td>四、作业标准</td><td>见附表</td></tr>
<tr><td>五、流程图</td><td>见附图</td></tr>
<tr><td>六、应急处置</td><td>1. 行动程序
(1) 预警及信息报告：发生险情或事故时，立即通知受威胁区域人员，并向矿调度室汇报。
(2) 应急响应：行使紧急避险权，并按应急指令或避灾路线撤离险区；在撤离受阻的情况下紧急避险，并按现场处置方案开展自救互救。
(3) 后期处置：脱险后，立即向指挥部汇报现场采取的应急措施和事故初期情况；参与现场生产恢复；受伤人员积极配合医疗救治。
2. 安全避险注意事项
(1) 井下火灾、瓦斯爆炸、煤尘爆炸、火工品爆炸事故避灾时应迅速佩戴好自救器，迎着新鲜风流撤离灾区，不可任意进入回风巷道。</td></tr>
</table>

续表

六、应急处置	(2) 井下水灾发生后,避开突出水头向地势高的地点避灾。 (3) 顶板、冲击地压事故:立即停止作业,迅速撤离事故现场至安全地点。 (4) 火灾事故:立即通过灭火器、水、沙等直接灭火,无法扑灭时按程序汇报。 (5) 灾害性天气:立即停止作业,按调度指令迅速撤离升井。 (6) 当遭遇灾害无法撤离时进入就近避难硐室,启用救护设施,等待救援。 (7) 佩戴自救器撤离灾区时绝不能因为吸气干热而把自救器拿掉。 3. 联系电话 本单位值班电话:　　　　　　　　矿调度室电话:

附表:掘进刮板输送机司机岗位作业流程标准

项目	作业步骤	作业标准	风险类型	危害因素	管控措施
接班	1. 进入接班地点接班	1.1　准时进入工作面,对沿途有关设备、支护情况进行检查,在机组位置交接班。 1.2　询问交班司机上一班刮板输送机运行情况、工作面的地质变化情况和出现问题的处理情况。 1.3　填写好交接班记录,内容准确、清晰、无涂改、无缺页	/	/	/
作业	1. 作业准备	1.1　作业区域围岩支护良好。 1.2　作业区域卫生整洁。 1.3　检查通信设备正常,电缆悬挂整齐,喷雾齐全雾化,减速机正常。 1.4　检查各部件螺丝紧固,联锁器、防护罩、挡煤板齐全。 1.5　备用工具齐全完好,存放地点明确,备用溜槽、大链长度基本满足本班进度需求	冒顶(片帮)	巷道片帮、危岩,顶板离层、活矸,易脱落砸伤人	严格执行敲帮问顶制度,及时对活矸、危岩进行处理
			其他	上一班遗留问题未及时处理存在造成其他伤害的风险	严格执行交接班制度,对上班遗留问题或隐患进行复查,并及时处理
	2. 试运行	2.1　信号预警,点动启动按钮,无异常时,正常开车。 2.2　使其空转1周,并观察刮板运转情况,发生刮板刮底、跳动或刮板歪斜、短缺变形等问题时立即停机处理。 2.3　工作溜运行正常,电机无异常声音,无卡链现象;无弯曲、歪斜,工作溜链紧固适宜。 2.4　电机、减速器、偶合器运行无明显升温及振动,减速器接合面密封完好、无漏油,仪表显示正常,油质无变质	机电	(1) 开机前未发出开机信号即开动机器,重载停机或停机不断电、不闭锁。 (2) 人员身体部位进入机头转动、传动部位范围内	(1) 开机前必须发出信号,确保安全无误后方准开机作业,停机必须切断电源并闭锁。 (2) 各传动部位必须加设护罩并保证安全有效

续表

项目	作业步骤	作业标准	风险类型	危害因素	管控措施
作业	3. 启动	3.1　工作面准备就绪，班组长发出开机命令后，先向后输送机司机发开机信号，当收到其开机信号，前面输送机或转载机正常运转，确认本输送机上无人作业时，发开机信号。 3.2　开机时，先点动开机1次，然后打开机头的喷雾装置正常开机	机电	开机前未发出开机信号即开动机器，重载停机或停机不断电、不闭锁	开机前必须发出信号，确保安全无误后方准开机作业
	4. 运行	4.1　运行过程中，要保持注意力高度集中，司机站位正确，做到手不离开关、眼不离工作面，并根据煤尘情况开机开水(喷雾)。 4.2　注意刮板输送机的运行情况，发现飘链、卡链等，要及时停机处理。 4.3　发现杂物、铁器以及较大块矸石时，停机进行处理。 4.4　停机时必须停水，司机离开岗位前，必须先将开关手把打至“0”位	机电	人员身体部位进入机头转动、传动部位范围内	各传动部位必须加设护罩并保证安全有效
			职业病危害	(1) 现场粉尘浓度超标，或喷雾不完好，易造成粉尘大的情况	工作人员佩戴好防尘用具，严格执行“开机开喷雾、停机停喷雾”，保证喷雾装置有效、角度合理，定期洒水灭尘，杜绝巷道内煤尘积聚
				(2) 输送机各部位、减速器和电机声响大	对于输送机异响，及时进行检修，作业人员佩戴耳塞等防护用具
	5. 异常处理	5.1　刮板输送机卡链。 5.1.1　由于底槽浮煤多引起的卡链，在班组长统一指挥下，吊起输送机前部，并用道木等材料支起支稳溜槽两端，待人员撤离输送机周围后，发开机信号，然后开机。正常后，停机取掉支撑物，将输送机放稳放平。	机电	(1) 输送机停机未切断电源，造成误开机伤人	输送机停止工作时，司机必须切断电源并闭锁

续表

项目	作业步骤	作业标准	风险类型	危害因素	管控措施
作业	5. 异常处理	5.1.2　带进杂物引起的卡链，应吊起有杂物部分的溜槽，把杂物取出，然后放平放稳。 5.2　输送机断链。 5.2.1　输送机断底链处理时，必须经班组长、跟班干部统一指挥下进行。 5.2.2　判断底链断链的位置，确认断链位置后，在机头上方把溜链切断，在断链处，把溜槽吊起，用道木等物将溜支平稳 5.2.3　用手拉葫芦将底链拉松，归槽、接牢。放下溜槽，在切链处把链拉紧连接。 5.3　输送机部件损坏。 5.3.1　发现刮板严重变形、哑铃销折断、连接环缺螺丝或损坏，各部螺丝松口滑脱，护罩不牢，电路故障，机尾轴不转等问题时，输送机司机要主动配合机电工及时处理	机电	(2) 人员身体部位进入机头转动、传动部位范围内	各传动部位必须加设护罩并保证安全有效
				(3) 停、送电操作制度执行不严格，造成人员触电	严格执行停、送电管理制度，悬挂警示牌，执行"谁停电、谁送电"管理制度
			物体打击	搬运、拆卸设备配件时，人员配合不当，造成人员受伤	多人员协同作业时必须统一协调、指挥一致
			起重伤害	起吊使用的钢丝绳、吊带等设施不完好或起吊时，钢丝绳、吊带没有紧固	作业前，检查起吊使用的钢丝绳、吊带的完好，确认钢丝绳、吊带捆绑设备牢固
	6. 停机	6.1　工作要求停机或前面输送机发来停机信号时，要及时停机，严禁长时间空负荷运转。 6.2　刮板输送机开空，将开关停电并闭锁。 6.3　清理输送机周围的浮煤、矸石和杂物，文明生产达标	机电	(1) 输送机停机未切断电源，造成误开机伤人	输送机停止工作时，司机必须切断电源并闭锁
				(2) 人员身体部位进入机头转动、传动部位范围内	各传动部位必须加设护罩并保证安全有效

续表

项目	作业步骤	作业标准	风险类型	危害因素	管控措施
交班	1. 交班检查	1.1 作业区域围岩支护良好。 1.2 作业区域卫生整洁。 1.3 工器具齐全、设备完好	冒顶（片帮）	永久支护失效，易造成伤人事故	认真巡查重新补打支护
			其他	上一班遗留问题未及时处理导致人员伤害或财产损失	严格执行交接班制度，对上班遗留问题或隐患进行复查，并及时处理
	2. 汇报	2.1 向当班上岗干部汇报输送机运行情况及注意事项。 2.2 向当班上岗干部汇报生产进度及安全隐患排查内容	/	/	/
收班	记录	记录当班生产期间岗位管辖范围内的异常情况	/	/	/

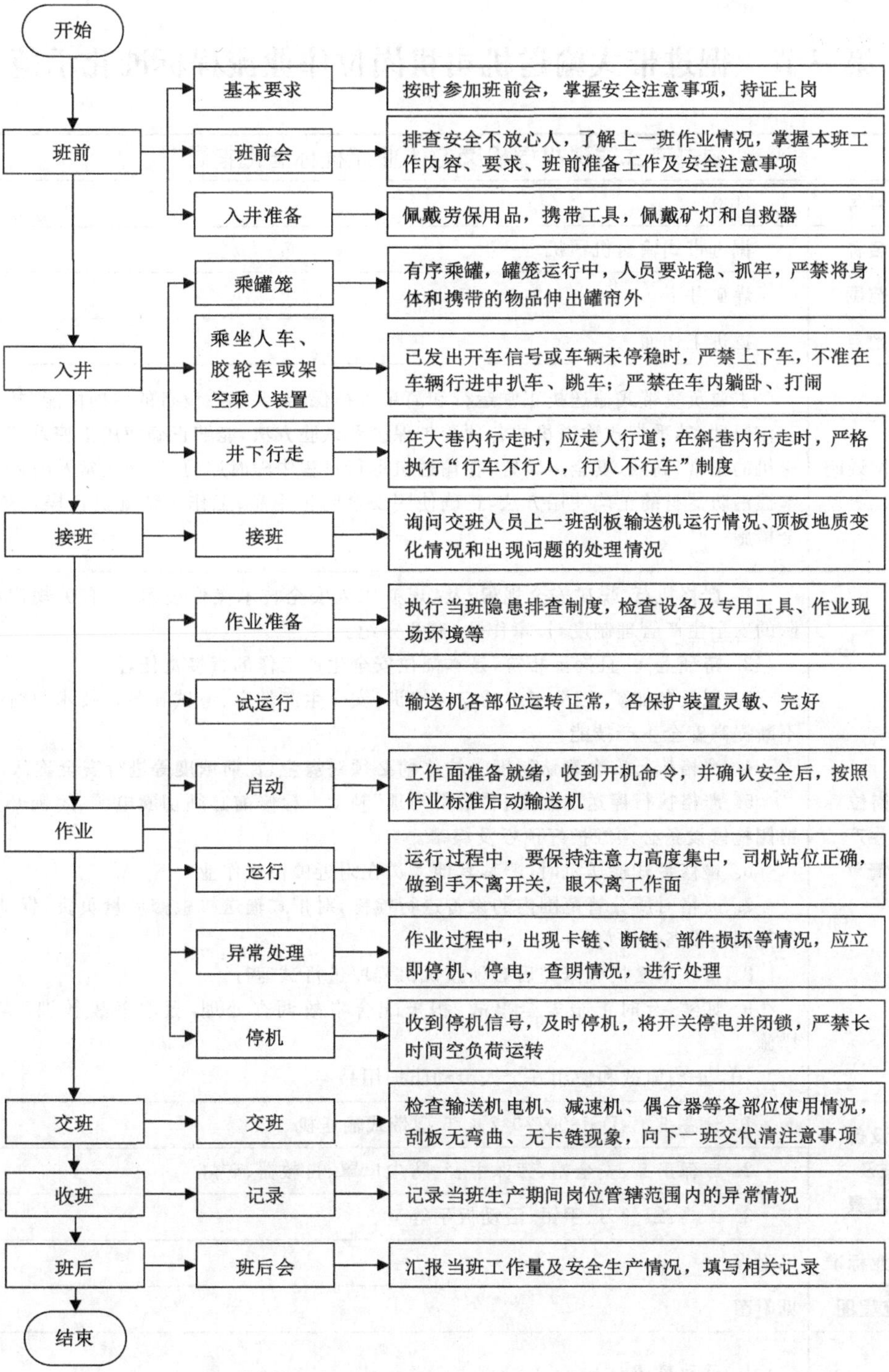

附图：掘进刮板输送机司机岗位作业流程图

第三节　掘进带式输送机司机岗位作业流程标准化示范

掘进带式输送机司机岗位作业流程标准化指导书	
流程编号	JJ003
岗位名称	掘进带式输送机司机
适用范围	煤矿井下
适用地点	掘进工作面
一、岗位说明	主要负责带式输送机正常运行和简单维护保养，要熟悉设备的结构性能、技术特征、工作原理，熟悉带式输送机的各项胶带保护及试验方法，能够正确使用集控系统，确保输送机的正常、高效、安全运转置；在输送机运行过程中随时巡检，发现异常及时停机处理；掌握消防器材的正确使用方法，正确使用安全防护用品；工作中认真执行操作规程和安全措施
二、岗位安全生产责任清单	1. 严格执行《煤矿安全规程》及《煤矿工人安全技术操作规程》的有关规定和矿、区队的安全生产管理制度，按章作业，遵章守纪。 2. 持证上岗，且岗证相符，是本岗位安全生产工作的直接责任者。 3. 积极参加矿、区队组织的安全培训、安全生产教育、考试和各种技术“比武”活动，不断提高安全生产技能。 4. 严格执行安全确认制度。检修前必须对煤尘、瓦斯浓度等进行安全确认。 5. 严格执行停送电制度和“敲帮问顶”制度。检修前必须切断电源、闭锁开关；进入帮侧检修设备必须维护好顶板及煤帮。 6. 检修带式输送机时，严禁其他人员在附近停留或作业。 7. 严格对所分管范围内的设备进行检修，对带式输送机检修质量负责，保证本人包机范围内设备的完好。 8. 带式输送机检修完后必须按试机程序进行试运行。 9. 如实、及时汇报安全事故，积极配合事故调查处理，吸取事故教训，落实防范措施。 10. 正确佩戴和使用好个人劳动防护用品
三、设备设施及劳保工具	1. 设备设施：DSJ800/70/2×75 型带式输送机
	2. 劳保用品：安全帽、劳保手套、防尘口罩、自救器、矿灯
	3. 工具：螺丝刀、手钳、活动扳手等
四、作业标准	见附表
五、流程图	见附图
六、应急处置	1. 行动程序 (1) 预警及信息报告：发生险情或事故时，立即通知受威胁区域人员，并向矿调度室汇报。 (2) 应急响应：行使紧急避险权，并按应急指令或避灾路线撤离险区；在撤离受阻的情况下紧急避险，并按现场处置方案开展自救互救。

续表

六、应急处置	(3) 后期处置:脱险后,立即向指挥部汇报现场采取的应急措施和事故初期情况;参与现场生产恢复;受伤人员积极配合医疗救治。 2. 安全避险注意事项 (1) 井下火灾、瓦斯爆炸、煤尘爆炸、火工品爆炸事故避灾时应迅速佩戴好自救器,迎着新鲜风流撤离灾区,不可任意进入回风巷道。 (2) 井下水灾发生后,避开突出水头向地势高的地点避灾。 (3) 顶板、冲击地压事故:立即停止作业,迅速撤离事故现场至安全地点。 (4) 火灾事故:立即通过灭火器、水、沙等直接灭火,无法扑灭时按程序汇报。 (5) 灾害性天气:立即停止作业,按调度指令迅速撤离升井。 (6) 当遭遇灾害无法撤离时进入就近避难硐室,启用救护设施,等待救援。 (7) 佩戴自救器撤离灾区时绝不能因为吸气干热而把自救器拿掉。 3. 联系电话 本单位值班电话:　　　　　　　　　矿调度室电话:

附表:掘进带式输送机司机岗位作业流程标准

项目	作业步骤	作业标准	风险类型	危害因素	管控措施
接班	1. 进入接班地点接班	1.1 准时进入工作面,对沿途有关设备、支护情况进行检查,在机组位置交接班。 1.2 询问交班司机上一班带式输送机运行情况、工作面的地质变化情况和出现问题的处理情况。 1.3 填写好交接班记录,内容准确、清晰、无涂改、无缺页	/	/	/
作业	1. 作业准备	1.1 作业区域围岩支护良好。 1.2 作业区域卫生整洁。 1.3 工器具齐全、完好。 1.4 转动部位护网、护罩齐全,固定牢靠。 1.5 包胶完好无脱落。 1.6 张紧绞车、储能器、张紧油缸、液压阀组完好,钢丝绳无断丝、润滑良好。 1.7 清扫器、挡煤皮子与带面接触良好、固定牢固。 1.8 各类保护齐全完好	冒顶(片帮)	巷道片帮、危岩,顶板离层、活矸,易脱落砸伤人	严格执行"敲帮问顶"制度,及时对活矸、危岩进行处理
			其他	上一班遗留问题未及时处理存在造成其他伤害的风险	严格执行交接班制度、对上班遗留问题或隐患进行复查,并及时处理
	2. 试运行	2.1 信号预警,点动启动按钮,无异常时,正常开车。 2.2 电机、减速器、偶合器运行无明显升温及振动,减速器接合面密封完好、无漏油,仪表显示正常,油质无变质。 2.3 轴承无异响,温度正常。 2.4 使其空转1周,观察胶带运转情况,发生胶带跑偏、滚筒异响等问题时立即停机处理	机电	(1) 开机前未发出开机信号即开动机器,重载停机或停机不断电、不闭锁	开机前必须发出信号,确保安全无误后方准开机作业,停机必须切断电源并闭锁
				(2) 人员身体部位进入机头转动、传动部位范围内	各传动部位必须加设护罩并保证安全有效
				(3) 人员穿着不规范,被机械绞入,造成伤害	工装穿戴整齐,系好衣扣、扎紧袖口

续表

项目	作业步骤	作业标准	风险类型	危害因素	管控措施
作业	3. 启动	工作面准备就绪，班组长发出开机命令后，先向后输送机司机发开机信号，当收到开机信号时，前面输送机正常运转，确认本输送机上无人作业时，发开机信号开机	机电	开机前未发出开机信号即开动机器，重载停机或停机不断电、不闭锁	开机前必须发出信号，确保安全无误后方准开机作业
	4. 运行	4.1 司机应时刻注意胶带的载荷情况及胶带跑偏情况，发现问题及时按要求进行处理。 4.2 注意听各部运转声音及查看各部油温情况，运行过程中不得出现超温、缺油现象。 4.3 胶带运行过程中，要经常同胶带维护人员进行联系，了解中部及机尾胶带的载荷、跑偏、摩擦及其他意外情况和机尾浮煤清理情况。 4.4 胶带在运行过程中，接到机尾停机信号，必须立即停机，同时向机尾发出停机信号2～3次，提醒后部设备停止运煤，防止堆煤压死机尾胶带或造成胶带跑偏	机电	(1) 胶带打滑跑偏，导致断带发生事故	加强检修质量和巡查，发现问题必须停机处理
				(2) 人员身体部位进入机头转动、传动部位范围内	各传动部位必须加设护罩并保证安全有效
			职业病危害	(1) 现场粉尘浓度超标或喷雾不完好易导致粉尘多	工作人员佩戴好防尘用具，严格执行“开机开喷雾、停机停喷雾”，保证喷雾装置有效、角度合理，定期洒水灭尘，杜绝巷道内煤尘积聚
				(2) 输送机各部位、减速器和电机声响大	对于输送机异响，及时进行检修，作业人员佩戴耳塞等防护用具
			运输	胶带运输“四超”物料易碰伤人	严禁“四超”物料上胶带
	5. 异常处理	5.1 当胶带运行过程中发生紧急异常情况（断带、胶带撕裂、卷胶带等）时，司机立即发出紧急（事故停车）信号2～3次。 5.2 司机扶住操作按钮，立即迅速按下停止按钮，停止胶带运行，同时切断胶带电源，查明事故发生原因。	机电	(1) 输送机停机未切断电源，造成误开机伤人	输送机停止工作时，司机必须切断电源并闭锁
				(2) 人员身体部位进入机头转动、传动部位范围内	各传动部位必须加设护罩并保证安全有效
				(3) 停送电操作制度执行不严格，造成人员触电	严格执行停送电管理制度，悬挂警示牌，执行“谁停电、谁送电”管理制度

续表

项目	作业步骤	作业标准	风险类型	危害因素	管控措施
作业	5. 异常处理	5.3 及时通知胶带维护人员及当班班组长，并立即向队值班人员汇报，如需及时处理事故时，司机要积极配合维护工进行处理。 5.4 问题及故障排除后，立即发出开机信号，接到回铃许可信号后，重新启动	物体打击	搬运、拆卸设备配件时，人员配合不当，造成人员受伤	多人员协同作业时必须统一协调、指挥一致
			起重伤害	起吊使用的钢丝绳、吊带等设施不完好或起吊时，钢丝绳、吊带没有紧固	作业前，检查起吊使用的钢丝绳、吊带的完好，确认钢丝绳、吊带捆绑设备牢固
	6. 停机	6.1 工作要求停机或前面输送机发来停机信号时，要及时停机，严禁长时间空负荷运转。 6.2 提醒后部设备停止运煤，防止堆煤压死机尾胶带或造成胶带跑偏。 6.3 带式输送机开空，将开关停电并闭锁。 6.4 清理输送机周围的浮煤、矸石和杂物，文明生产达标	机电	(1) 输送机停机未切断电源，造成误开机伤人	输送机停止工作时，司机必须切断电源并闭锁
				(2) 人员身体部位进入机头转动、传动部位范围内	各传动部位必须加设护罩并保证安全有效
交班	1. 交班检查	1.1 作业区域围岩支护良好。 1.2 作业区域卫生整洁。 1.3 工器具齐全、完好	冒顶(片帮)	永久支护失效，易造成伤人事故	认真巡查重新补打支护
			其他	上一班遗留问题未及时处理导致人员伤害或财产损失	严格执行交接班制度、对上班遗留问题或隐患进行复查，并及时处理
交班	2. 汇报	2.1 向当班上岗干部汇报运输机运行情况及注意事项	/	/	/
		2.2 向当班上岗干部汇报生产进度及安全隐患排查内容	/	/	/
收班	记录	记录当班生产期间岗位管辖范围内的异常情况	/	/	/

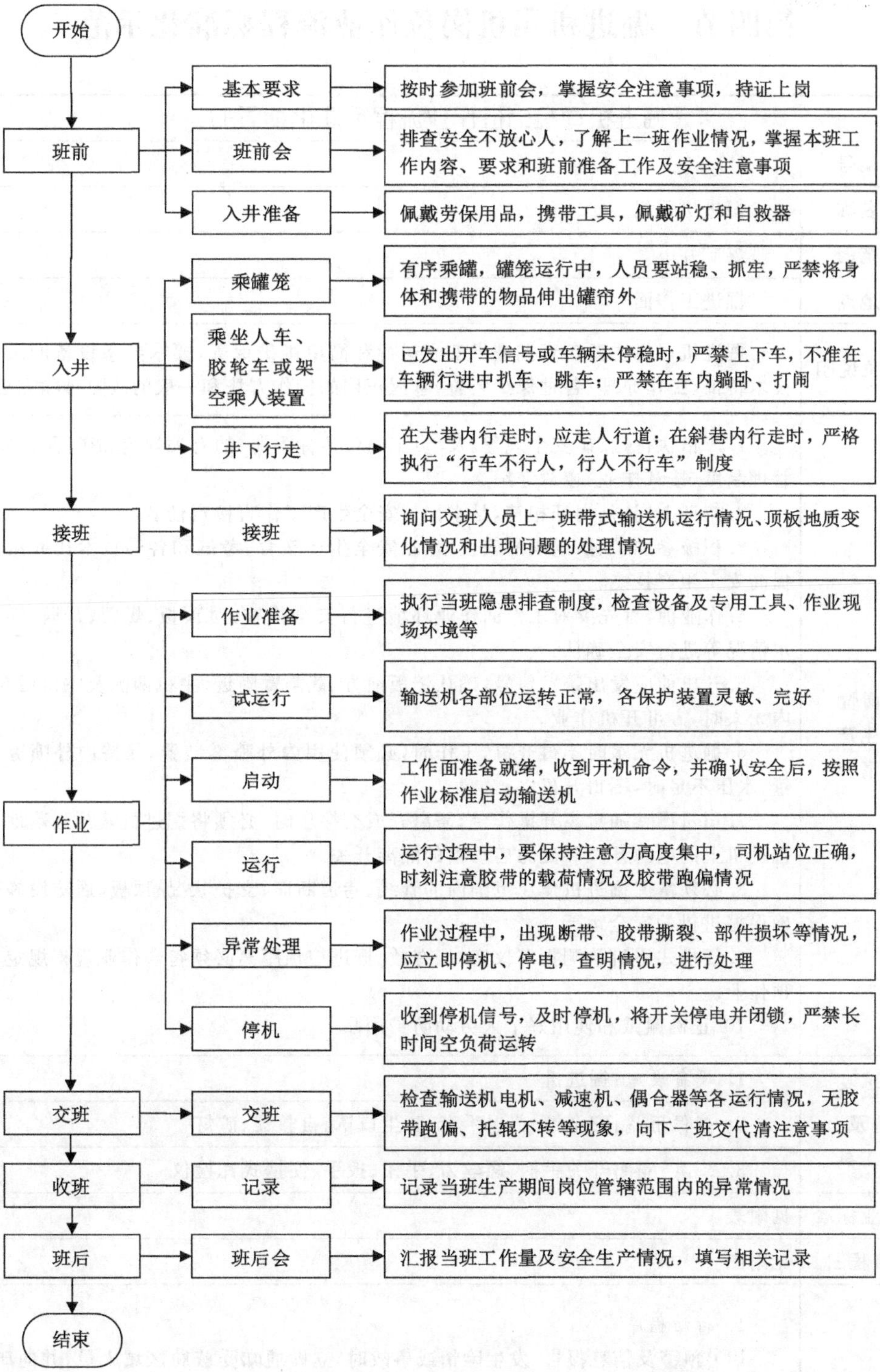

附图：掘进带式输送机司机岗位作业流程图

第四节　掘进机司机岗位作业流程标准化示范

掘进机司机岗位作业流程标准化指导书	
流程编号	JJ004
岗位名称	掘进机司机
适用范围	煤矿井下
适用地点	掘进工作面
一、岗位说明	掘进机司机主要负责掘进机安全运行和简单维护保养，要求熟悉设备的结构性能、技术特征、工作原理、各种保护装置，掌握正确的操作方法和一般的故障排除方法
二、岗位安全生产责任清单	1. 严格执行《煤矿安全规程》及《员工岗位达标手册》的有关规定和矿、队的安全生产管理制度，按章作业，遵章守纪。 2. 持证上岗，且岗证相符，是本岗位安全生产工作直接责任者。 3. 积极参加矿、队组织的安全培训、安全生产教育、考试和各种技术比武活动，不断提高安全生产技能。 4. 作业前，首先要对工作面作业环境进行安全检查，对顶板、煤帮、瓦斯、煤尘、探放水情况等进行安全确认。 5. 开机前应发出警示信号，确认铲板前方、截割臂附近、主机两侧及主机后 5 m 范围内无人时，方可开机作业。 6. 掘进机无水时不得开机，工作时，必须使用内外喷雾装置，保持内外喷雾良好，水量、水压不足时，不得开机。 7. 司机严禁随意离开操作台，需离开或交接班时，必须将掘进机截割头落地，并断开掘进机上的电源开关和磁力启动器的隔离开关。 8. 必须掌握掘进机作业范围内的管线、巷道断面、支护状况、顶板、通防设施等情况，确保掘进机的安全运行。 9. 便携式甲烷检测报警仪完好、有效，掘进控顶距离必须符合作业规程规定，严禁空顶作业。 10. 正确佩戴和使用好个人劳动防护用品
三、设备设施及劳保工具	1. 设备设施：掘进机
	2. 劳保用品：安全帽、劳保手套、防尘口罩、自救器、矿灯
	3. 工具：隔离开关手柄、螺丝刀、手钳、扳手、便携式瓦检仪
四、作业标准	见附表
五、流程图	见附图
六、应急处置	1. 行动程序 (1) 预警及信息报告：发生险情或事故时，立即通知受威胁区域人员，并向矿调度室汇报。 (2) 应急响应：行使紧急避险权，并按应急指令或避灾路线撤离险区；在撤离受阻的情况下紧急避险，并按现场处置方案开展自救互救。

续表

六、应急处置	(3) 后期处置:脱险后,立即向指挥部汇报现场采取的应急措施和事故初期情况;参与现场生产恢复;受伤人员积极配合医疗救治。 2. 安全避险注意事项 (1) 井下火灾、瓦斯爆炸、煤尘爆炸、火工品爆炸事故避灾时应迅速佩戴好自救器,迎着新鲜风流撤离灾区,不可任意进入回风巷道。 (2) 井下水灾发生后,避开突出水头向地势高的地点避灾。 (3) 顶板、冲击地压事故:立即停止作业,迅速撤离事故现场至安全地点。 (4) 火灾事故:立即通过灭火器、水、沙等直接灭火,无法扑灭时按程序汇报。 (5) 灾害性天气:立即停止作业,按调度指令迅速撤离升井。 (6) 当遭遇灾害无法撤离时进入就近避难硐室,启用救护设施,等待救援。 (7) 佩戴自救器撤离灾区时绝不能因为吸气干热而把自救器拿掉。 3. 联系电话 本单位值班电话:　　　　　　　　　　矿调度室电话:

附表：掘进机司机岗位作业流程标准

项目	作业步骤	作业标准	风险类型	危害因素	管控措施
接班	1. 进入接班地点接班	1.1 准时进入工作面，对沿途有关设备、支护情况进行检查，在迎头位置交接班。 1.2 询问交班司机上一班掘进机运行情况、工作面的地质变化情况和出现问题的处理情况。 1.3 填写好交接班记录，内容准确、清晰、无涂改、无缺页	/	/	/
作业	1. 作业准备	1.1 设备及专用工具检查。 1.1.1 设备外壳、护板完好无损坏，截齿规格型号、数量符合要求。 1.1.2 紧固件无松动，连接销子无掉落，截齿与齿套完好，运输机链与履带链完好无松动。 1.1.3 供水管路及液压管路连接可靠，无漏液，油箱油位在上下限范围内，机身整洁。 1.1.4 急停、闭锁和保护动作灵敏可靠，声光信号清晰有效，各操作旋钮、手把处于正常位置，灵活可靠。	冒顶（片帮）	巷道片帮、危岩，顶板离层、活矸，易脱落砸伤人	严格执行敲帮问顶制度，及时对活矸、危岩进行处理
			瓦斯	（1）风筒距迎头超过规定距离，会造成工作面瓦斯积聚，易导致瓦斯窒息或瓦斯爆炸事故	严格执行风筒延伸规定和安全措施
				（2）瓦斯、H_2S、CO、CO_2 等有毒有害气体超限、异常、无计划停风，易造成事故	加强检查，发现问题立即向调度室汇报，采取措施处理，必要时及时组织撤人
			机电	（1）开机前未发出预警信号，易造成人身伤害事故	严格执行掘进机开机操作流程

续表

项目	作业步骤	作业标准	风险类型	危害因素	管控措施
作业	1. 作业准备	1.1.5　综掘机截割头及冷却部,雾化效果达到要求。 1.1.6　专用工具(卸截齿专用工具、手锤、克丝钳、尖嘴钳)齐全完好。 1.2　作业环境检查。 1.2.1　有毒有害气体不超标,风量符合相关规定。 1.2.2　作业场所支护良好,无漏顶、片帮。 1.2.3　截割机头整洁无杂物	机电	(2) 掘进机开机未设置安全警戒,运行时前方及左右两侧有人,易造成伤人事故	设置安全警戒,开机前确认前方及左右两侧没有作业人员方可开机,开机后严禁人员在机头及两侧穿行
				(3) 油管破裂、“U”形卡松动,易崩伤人	定期检查,保持管路完好
				(4) 掘进机的安全保护装置失灵,易造成设备损坏	定期检查、维护、更换
			其他	上一班遗留问题未及时处理导致人员伤害或财产损失	严格执行交接班制度、对上班遗留问题或隐患进行复查,并及时处理
	2. 试运行	2.1　将综掘机断路器打至合位。 2.2　通过语音预警。 2.3　开启抑尘装置和各转载点喷雾装置。 2.4　按设备技术操作规定顺序启动。 2.5　一般启动顺序是液压泵—胶带转载机—刮板输送机(装载机)—截割部	机电	(1) 开机前未发出预警信号,易造成人身伤害事故	严格执行掘进机开机操作流程
				(2) 掘进机开机未设置安全警戒,运行时前方及左右两侧有人,易造成伤人事故	设置安全警戒,开机前确认前方及左右两侧没有作业人员方可开机,开机后严禁人员在机头及两侧穿行
				(3) 掘进机的安全保护装置失灵,易造成设备损坏	定期检查、维护、更换

续表

项目	作业步骤	作业标准	风险类型	危害因素	管控措施
作业	2. 试运行	2.6 电机空转运行 3 min，注意机械各部位、减速器和电机声响、压力及温度变化情况，发现异常立即停机检查处理。 2.7 检查照明灯和尾灯	职业病危害	(1) 掘进机内外喷雾装置不完好，易导致粉尘多。 (2) 掘进机各部位、减速器和电机声响大	及时更换不合格的喷雾元件，保证喷雾装置完好。 对于掘进机异响，及时进行检修，作业人员佩戴耳塞等防护用具
			其他	综掘机照明不良或无照明，视线模糊不清，造成误伤事故	定期对综掘机进行检查、维护，发现问题及时处理
	3. 启动	3.1 将综掘机断路器打至合位。 3.2 通过语音预警。 3.3 开启抑尘装置和各转载点喷雾装置。 3.4 按顺序依次启动：液压泵—胶带转载机—刮板输送机(装载机)—截割部	机电	(1) 开机前未发出预警信号，易造成人身伤害事故	严格执行掘进机开机操作流程
				(2) 掘进机开机未设置安全警戒，运行时前方及左右两侧有人，易造成伤人事故	设置安全警戒，开机前确认前方及左右两侧没有作业人员方可开机，开机后严禁人员在机头及两侧穿行
	4. 截割	4.1 进刀。 4.1.1 一般情况下，应从工作面下部选择进刀。 4.1.2 顶板破碎巷道，应在工作面底部选择进刀。 4.1.3 半煤岩巷道，应在煤岩结合处的煤层选择进刀。 4.2 截割。 4.2.1 切割全煤，先四面刷帮，再破碎中间部分。 4.2.2 对于硬煤，采取自上而下的截割程序。	冒顶(片帮)	(1) 巷道片帮、危岩，顶板离层、活矸，易脱落砸伤人	严格执行“敲帮问顶”制度，及时对活矸、危岩进行处理
				(2) 空顶作业易造成顶板事故	及时按规定进行临时支护、永久支护

续表

项目	作业步骤	作业标准	风险类型	危害因素	管控措施
作业	4. 截割	4.2.3　切割头沿层理方向移动，不能横断层理。 4.2.4　对破碎的顶板，采取留顶煤或截割断面周围的方法。 4.2.5　操作综掘机截割滚筒进刀，当割到设计巷道底板时，开始退综掘机、拉底、修帮。 4.2.6　切割头在最低工作位置时，截割部与铲板间距不得小于300 mm	机电	(1) 油管破裂、“U”形卡松动，易崩伤人	定期检查，保持管路完好
				(2) 掘进机的安全保护装置失灵，易造成设备损坏。	定期检查、维护、更换
			职业病危害	(1) 掘进机内外喷雾装置不完好，易造成粉尘大	及时更换不合格的喷雾元件，保证喷雾装置完好，作业人员佩戴好口罩等防尘保护用具
				(2) 掘进机各部位、减速器和电机声响大	对于掘进机异响，及时进行检修，作业人员佩戴耳塞等防护用具
	5. 异常处理	5.1　更换截齿。 5.1.1　发现截齿短缺或截齿磨损严重必须立即更换。 5.1.2　更换截齿前先将掘进机截割头退至永久支护下，并抬至合适高度，然后停电并闭锁开关。 5.1.3　更换截齿必须用专用工具，带涨圈的用涨钳卸下圈，把坏截齿取出，安上新截齿，用涨圈固定好，带销的必须将销铆圈好。 5.2　当掘进机运行时，遇到片帮冒顶或遇到无炭柱、断层、石包等地质构造，以及瓦斯涌出异常，有透水预兆等特殊情况，应及时停止截割进刀、掘进机，并停止掘进机运行，及时汇报班组长，以便及时组织处理。 5.3　如遇落煤量大而造成过载时，运输机运转失灵，司机必须立即停车，将掘进机退出进行处理。严禁点动开车处理，以免烧毁电动机或损坏液压马达	机电	(1) 掘进机停机未切断电源，造成误开机伤人	掘进机停止工作时，司机必须将切割头落地，并切断电源
				(2) 截割头截齿补装或更换，易挤伤人	断开机组电源开关并闭锁隔离开关
			水灾	顶板淋水增多，巷道雾气增多，出现透水征兆	出现透水预兆，立即撤人，汇报调度室，制定专项技术措施进行处理
			瓦斯	瓦斯、H_2S、CO、CO_2 等有毒有害气体超限、异常，易造成事故	加强检查，发现问题立即向调度室汇报，采取措施处理，必要时及时组织撤人
			其他	退路不畅易出事故	作业施工前进行全面检查，清理好退路

续表

项目	作业步骤	作业标准	风险类型	危害因素	管控措施
作业	6. 停机	6.1 退机至顶板及两帮支护完好位置，将截割头及铲板落地。 6.2 按照以下顺序停机：停泵—断电—闭锁—上锁—挂停电牌	机电	掘进机停机未切断电源，造成误开机伤人	掘进机停止工作时，司机必须将切割头落地，并切断电源
交班	1. 交班检查	1.1 设备外壳、护板完好无损坏。紧固件无松动，连接销子无掉落，截齿与齿套完好。运输机链与履带链完好无松动。 1.2 供水管路及液压管路连接可靠，无漏液，油箱油位在上下限范围内，机身整洁。 1.3 电缆、水管无破损。 1.4 有毒有害气体不超标，风量符合相关规定。 1.5 作业场所支护良好，无漏顶、片帮	机电	掘进机停机未按规定退出迎头，未对截割头加设护罩，发生人员碰撞事故	掘进机停止工作和交班时，司机必须将切割头落地，并切断电源，及时加设护罩
			冒顶（片帮）	(1) 巷道片帮、危岩，顶板离层、活矸，易脱落砸伤人	严格执行“敲帮问顶”制度，及时对活矸、危岩进行处理
				(2) 永久支护失效，易造成伤人事故	认真巡查重新补打支护
	2. 汇报	2.1 向当班上岗干部汇报掘进机运行情况及注意事项。 2.2 向当班上岗干部汇报生产进度及安全隐患排查内容	其他	上一班遗留问题未及时处理导致人员伤害或财产损失	严格执行交接班制度，对上班遗留问题或隐患进行复查，并及时处理
收班	记录	记录当班生产期间岗位管辖范围内的异常情况	/	/	/

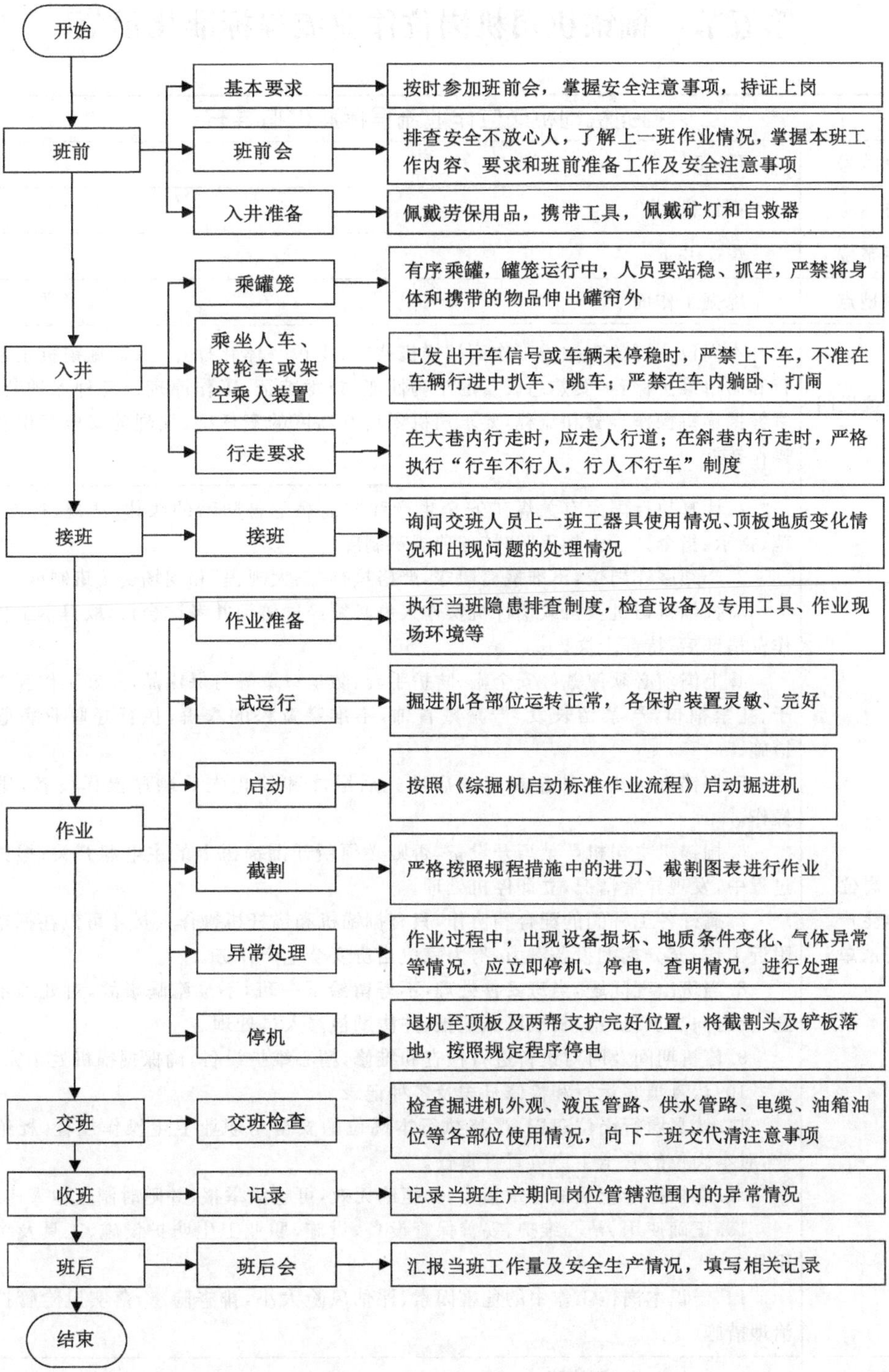

附图：掘进机司机岗位作业流程图

第五节　掘锚机司机岗位作业流程标准化示范

掘锚机司机岗位作业流程标准化指导书	
流程编号	JJ005
岗位名称	掘锚机司机
适用范围	煤矿井下
适用地点	综掘工作面
一、岗位说明	本岗位主要负责掘进工作面掘锚机截割、支护一体化操作，保证掘锚机正常安全运行和简单维护保养，要熟悉设备的结构性能、技术特征、工作原理及各种保护装置，熟练掌握掘锚机操作步骤和流程，要求司机要具有高度的责任感、强烈的安全意识和扎实的操作技能
二、岗位安全生产责任清单	1.认真执行国家有关煤矿安全生产和职业病危害防治的法律、法规、标准、技术规范、指示、指令、“三大规程”和矿各项规章制度。 2.必须坚守岗位，不准擅离职守，严格执行“三大规程”和现场交接班制度。 3.掘锚机司机及机载锚杆机操作人员必须经过培训并考试合格，取得本工种岗位操作资格证后，持证上岗。 4.上岗前必须佩戴好安全帽、防护手套、防尘口罩等劳保用品，穿好工作服并扣全扣子、扎紧袖口，严禁留长发，严禁戴首饰，不准穿宽松的衣裤，执行好职业病危害防治措施。 5.掘锚机司机必须按规定的启动先后顺序和停止先后顺序操作设备，避免越级操作。 6.掘锚机主司机严禁离开设备，否则必须断开掘锚机上的主电源开关；掘锚机运转过程中，发现异常情况，立即停机处理。 7.搞好各工种间的配合和协作，只有掘锚机和锚杆机操作人员才可以在掘锚机上及附近工作；充分挖掘设备潜力，努力完成当班安全生产任务。 8.当班出现问题，当班妥善处理，不得留给下一班，不准隐瞒事故，对处理不了的问题，及时向当班班(组)长或区队汇报，并协助检修人员处理。 9.停机期间及时对设备进行检查和维修，精心维护设备，确保掘锚机处于完好状态。 10.认真填写运行和检修日志及各种记录。 11.认真履行岗位职责，严格执行本岗位的安全与职业卫生操作规程，杜绝违章作业，对本岗位的安全生产负直接责任。 12.有权拒绝上级的违章指挥，如拒绝无效，可越级举报，并随时制止他人违章作业。 13.正确使用、精心维护、妥善保管设备、设施、职业卫生防护设施、工具及个人防护用品。 14.辨识本岗位工作中的危害因素、评估风险大小，排查隐患，落实风险管控和隐患治理措施
三、设备设施及劳保工具	1. 设备设施：掘锚机
	2. 劳保用品：安全帽、劳保手套、防尘口罩、自救器、矿灯
	3. 工具：螺丝刀、手钳、活动扳手等

续表

四、作业标准	见附表
五、流程图	见附图
六、应急处置	1. 行动程序 (1) 预警及信息报告:发生险情或事故时,立即通知受威胁区域人员,并向矿调度室汇报。 (2) 应急响应:行使紧急避险权,并按应急指令或避灾路线撤离险区;在撤离受阻的情况下紧急避险,并按现场处置方案开展自救互救。 (3) 后期处置:脱险后,立即向指挥部汇报现场采取的应急措施和事故初期情况;参与现场生产恢复;受伤人员积极配合医疗救治。 2. 安全避险注意事项 (1) 井下火灾、瓦斯爆炸、煤尘爆炸、火工品爆炸事故避灾时应迅速佩戴好自救器,迎着新鲜风流撤离灾区,不可任意进入回风巷道。 (2) 井下水灾发生后,避开突出水头向地势高的地点避灾。 (3) 顶板、冲击地压事故:立即停止作业,迅速撤离事故现场至安全地点。 (4) 火灾事故:立即通过灭火器、水、沙等直接灭火,无法扑灭时按程序汇报。 (5) 灾害性天气:立即停止作业,按调度指令迅速撤离升井。 (6) 当遭遇灾害无法撤离时进入就近避难硐室,启用救护设施,等待救援。 (7) 佩戴自救器撤离灾区时绝不能因为吸气干热而把自救器拿掉。 3. 联系电话 本单位值班电话:　　　　　　　　矿调度室电话:

附表:掘锚机司机岗位作业流程标准

项目	作业步骤	作业标准	风险类型	危害因素	管控措施
接班	进入掘进工作面接班	1.1 准时进入工作面,在迎头掘锚机位置交接班。 1.2 询问交班司机上一班掘锚机运行情况、工作面的地质变化情况和出现问题的处理情况。 1.3 填写好交接班记录,内容准确、清晰、无涂改、无缺页	/	/	/
作业	1. 现场检查	1.1 作业环境检查。 1.1.1 作业场所支护良好,无漏顶、片帮。 1.1.2 通风防尘设施完善,有害气体浓度是否符合规定,风量符合相关规定。 1.2 设备及专用工具检查。 1.2.1 掘锚机各部件是否齐全、完整、牢靠。 1.2.2 按钮及操作把手是否灵敏可靠,液压系统管路、各控制阀、马达、油泵、油缸等是否完好和有无漏油、被挤压现象。 1.2.3 液压箱、各齿轮箱有无缺油和油脂变质现象。 1.2.4 截齿是否齐全完好;喷雾是否雾化良好。 1.2.5 电缆是否有承受张力、绝缘层被损坏和漏电等现象。 1.2.6 刮板输送机的刮板链条是否完好、涨紧适宜,有无断裂、弯曲、链条错牙、跳链及少螺栓现象。 1.2.7 安全保护装置是否处于良好工作状态。 1.2.8 声音和灯光报警装置是否完好。 1.2.9 专用工具(卸截齿专用工具、手锤、克丝钳、尖嘴钳)齐全完好	冒顶(片帮)	巷道永久支护不完善,空顶、帮面积大,易漏顶、片帮、顶板离层、存在活矸危岩	(1) 加强支护质量管理,永久支护合格。 (2) 严格执行敲帮问顶制度,及时摘除顶帮活矸、危岩
			瓦斯	(1) 通风防尘措施不完善,风筒距迎头超过规定距离,会造成工作面瓦斯积聚,易导致瓦斯窒息或瓦斯爆炸事故	通风防尘措施保证完善,严格执行风筒延伸规定和安全措施

续表

项目	作业步骤	作业标准	风险类型	危害因素	管控措施
作业	1. 现场检查	1.1　作业环境检查。 1.1.1　作业场所支护良好，无漏顶、片帮。 1.1.2　通风防尘设施完善，有害气体浓度是否符合规定，风量符合相关规定。 1.2　设备及专用工具检查。 1.2.1　掘锚机各部件是否齐全、完整、牢靠。 1.2.2　按钮及操作把手是否灵敏可靠，液压系统管路、各控制阀、马达、油泵、油缸等是否完好和有无漏油、被挤压现象。 1.2.3　液压箱、各齿轮箱有无缺油和油脂变质现象。 1.2.4　截齿是否齐全完好；喷雾是否雾化良好。 1.2.5　电缆是否有承受张力、绝缘层被损坏和漏电等现象。 1.2.6　刮板输送机的刮板链条是否完好、涨紧适宜，有无断裂、弯曲、链条错牙、跳链及少螺栓现象。 1.2.7　安全保护装置是否处于良好工作状态。 1.2.8　声音和灯光报警装置是否完好。 1.2.9　专用工具（卸截齿专用工具、手锤、克丝钳、尖嘴钳）齐全完好	瓦斯	(2) 甲烷、H_2S、CO、CO_2 等有毒有害气体超限、异常，易造成中毒事故	加强检查，发现问题立即向调度室汇报，采取措施处理，必要时及时组织撤人
			机电	(1) 开机前未发出预警信号，易造成人身伤害事故	严格执行掘锚机开机操作流程
				(2) 掘锚机开机未设置安全警戒，运行时前方及左右两侧有人，易造成伤人事故	设置安全警戒，开机前确认前方及左右两侧没有作业人员方可开机，开机后严禁人员在机头及两侧穿行
				(3) 油管破裂、"U"形卡松动，易崩伤人	定期检查，保持管路完好
				(4) 掘锚机的安全保护装置失灵，易造成设备损坏	定期检查、维护、更换
			其他	上一班遗留问题未及时处理导致人员伤害或财产损失	严格执行交接班制度，对上班遗留问题或隐患进行复查，并及时处理
	2. 启动	2.1　遥控器或系统开机：确保遥控器所有开关均处于中位，其中"遥控操作"开关为两挡开关，必须保证处于关闭位置，即开关朝下。打开遥控器电源开关，遥控器发出一声蜂鸣声，控器状态指示灯快闪；将主控箱门上的模式开关选择"遥控"位置；掰"F1"开关，遥控器启动。	机电	(1) 开机前未发出预警信号，易造成人身伤害事故	严格执行掘锚机开机操作流程

续表

项目	作业步骤	作业标准	风险类型	危害因素	管控措施
作业	2. 启动	2.2　油泵电机启动：系统进入“系统开机”状态，电控箱显示屏上显示“油泵待启”，在无故障的情况下，掰下遥控器上的“油泵启动”开关，油泵电机进入启动状态，此时锚杆泵电机、截割电机、一运电机、二运电机、风机电机等电机才允许启动。 2.3　启动掘锚机前，必须提前发出警报，只有在铲板前方和截割臂附近无人时，方可启动掘锚机。 2.4　不准带负荷启动	机电	(2) 开机未设置安全警戒，运行时前方及左右两侧有人，易造成伤人事故	设置安全警戒，开机前确认前方及左右两侧没有作业人员方可开机，开机后严禁人员在机头及两侧穿行
	3. 行走	3.1　前进。 向前掰行走操作杆，左右变频器给定左右牵引电机相同的速度，整机两侧履带以相同的速度向前走。 3.2　后退。 向后掰行走操作杆，左右变频器给定左右牵引电机相同的速度，整机两侧履带以相同的速度向后退。 3.3　左转向。 方向轴用于调整两履带速度差异，方向轴向左摆动，随着角度的增加，左履带速度不断减小，角度继续增大时左履带反向牵引，完成转向和原地转向操作。 3.4　右转向。 方向轴用于调整两履带速度差异，方向轴向右摆动，随着角度的增加，右履带速度不断减小，角度继续增大时右履带反向牵引。完成转向和原地转向操作。 3.5　方向调速。 以前进为例，整机在前进过程中，须调整方向，假设向左调整，操作行走摇杆向前的同时，向左偏，此时，控制器控制左履带速度减小，右履带速度不变，以达到整机向左偏的目的。摇杆向左偏动越大，左履带速减小越多。 3.6　注意事项。 3.6.1　只有在掘锚机前方、两侧及附近无人(锚杆机司机必须处于掘锚机上的钻机操作台上并站稳)方可移机。	机电	(1) 掘锚机行走时，掘锚机前方、两侧及附近有人	(1) 行走前发出警报。 (2) 只有确认行进方向无人时，方可行走

续表

项目	作业步骤	作业标准	风险类型	危害因素	管控措施
作业	3. 行走	3.6.2　由专人监护电缆、水管，不得承受自重力以外的张力，以防止电缆、水管拉脱、拉坏和被挤伤。 3.6.3　行走时，要将铲板落下，如履带松弛或发出声响，必须及时张紧履带，防止链条受损	机电	(2) 行走过程中，电缆、水管拉脱、拉坏和被挤伤	行走期间，专人监护电缆、水管，并尽职尽责
	4. 切割	4.1　升刀。 上掰截割摇杆使截割头升到设计高度，伸缩截割头，左(右)掰截割头摇杆将截割头伸(缩)至巷道全宽(注：截割摇杆操作为“上升下降，左伸右缩”。) 4.2　进刀。 掰下截割启动键使截割电机开动，截割滚筒旋转，扫去上一刀预留的 200 mm 左右煤皮圆弧段。将截割头向前切入煤体一排距离(正常 900 mm)。 4.3　割煤。 然后由上向下切入煤体，直至底板。 4.4　拉底。 后退掘锚机割齐底板。 4.5　注意事项。 4.5.1　开机时必须及时开冷却喷雾，严禁不开冷却喷雾开机。 4.5.2　司机在掘锚机运转过程中，必须注意掘锚机运转情况，发现声音异常或其他异常情况时必须及时停机停电，并与维修工联系，查明原因，处理好后方可继续开机。 4.5.3　掘锚机行走期间不准操作锚杆机；当顶部锚杆机处于截割臂活动范围之内时，严禁起落截割，以防截割臂碰坏锚杆机。 4.5.4　严禁将掘锚机用作吊车、履带运输车或是其他用途的设备	冒顶(片帮)	(1) 巷道片帮、危岩，顶板离层、活矸，易脱落砸伤人	严格执行敲帮问顶制度，及时对活矸、危岩进行处理
				(2) 空顶作业易造成顶板事故	及时按规定进行临时支护、永久支护
			机电	(1) 油管破裂、“U”形卡松动，易崩伤人	定期检查，保持管路完好
				(2) 掘锚机的安全保护装置失灵，易造成设备损坏	定期检查、维护、更换
			职业病危害	(1) 掘锚机喷雾装置不完好，易导致粉尘多	及时更换不合格的喷雾元件，保证喷雾装置完好，作业人员佩戴好口罩等防尘保护用具
				(2) 掘锚机各部位、减速器和电机声响大	对于掘锚机异响，及时进行检修，作业人员佩戴耳塞等防护用具

续表

项目	作业步骤	作业标准	风险类型	危害因素	管控措施
作业	5. 支护作业	5.1　支护作业前，将掘锚机调到支护模式。 5.2　顶锚杆支护程序。 5.2.1　调向。一人操作顶锚机八片控制阀左/右倾斜手柄、前/后倾斜手柄将锚杆机调至施工锚杆位置。 5.2.2　放钻杆。将钻杆放在转动部上，操作八片控制阀进给手柄将钻动部伸出至顶板。操作八片控制阀锚杆夹紧手柄将钻杆夹紧至不影响转动。 5.2.3　打钻孔。打开顶锚机供水阀门，将八片控制阀钻动手柄打到正转位置，操作八片控制阀进给手柄打设钻孔。 5.2.4　收钻。钻孔施工完毕，将八片控制阀钻动手柄打到反转位置，操作八片控制阀进给手柄将钻动部缩回。 5.2.5　放锚杆。将锚杆套筒放到帮锚机钻动部上，串好托盘的锚杆放在锚杆套筒内。 5.2.6　送锚固剂。将锚固剂装入孔中，操作八片控制阀进给手柄匀速给进将锚杆送进钻孔内。 5.2.7　注锚杆。将八片控制阀钻动手柄打到正转位置，操作八片控制阀进给手柄匀速给进，直至锚杆深度达到孔底，搅拌 15～20 s，搅拌完毕后将锚杆顶至托盘紧贴顶板，等待凝固。 5.2.8　紧锚杆。操作手动打钻阀使托盘紧贴顶板，直至套筒不再旋转为止。 5.2.9　退钻。将八片控制阀钻动手柄打到反转位置，操作八片控制阀进给手柄匀速缩回钻动部，回撤套筒等。 5.3　顶部锚索支护流程：调向—放钻杆—打钻孔—收钻—送锚固剂、放锚索—注锚索—收钻—紧锚索。 5.4　帮部锚杆支护流程：打开钻架—调向—放钻杆—打钻孔—收钻—放锚杆—注锚杆—紧锚杆	冒顶（片帮）	临时支护、永久支护不合格，空顶面积大	严格按照规程要求进行支护，加强质量检测
			物体打击	钻孔时推动力过大顶弯、折断钻杆，人员站位不正确，断钎伤人	人员站位正确；钻孔时应使用适当的推动力
			职业病危害	支护作业过程中未湿式打眼，易导致粉尘多	严格湿式打眼，禁止干式打眼
			机电	掘锚机的安全保护装置失灵，易造成设备损坏	定期检查、维护、更换

续表

项目	作业步骤	作业标准	风险类型	危害因素	管控措施
作业	6. 异常处理	6.1　更换截齿。 6.1.1　发现截齿短缺或截齿磨损严重必须立即更换。 6.1.2　更换截齿前先将掘锚机截割头退至永久支护下，并抬至合适高度，然后停电并闭锁开关。 6.1.3　更换截齿必须用专用工具，带涨圈的用涨钳卸下圈，把坏截齿取出，安上新截齿，用涨圈固定好，带销的必须将销铆圈好。 6.2　当掘锚机运行时，遇到片帮冒顶或遇到无炭柱、断层、石包等地质构造，以及瓦斯涌出异常，有透水预兆等特殊情况，应及时停止截割进刀，并停止运行，及时汇报处理。 6.3　钻眼过程中如发现煤(岩)松软、片帮、来压或钻孔中有水压，水量突然增大或出现其他异常现象时，要停止打眼，向有关部门汇报，必要时应立即将人员撤至安全地点	职业病危害	(1) 掘锚机停机未切断电源，造成误动作伤人	掘锚机停止工作时，司机必须将切割头落地，并切断电源
				(2) 截割头截齿补装或更换，易挤伤人	断开机组电源开关并闭锁隔离开关
			水灾	钻孔时水量增大、淋水增多，巷道雾气增多，出现透水征兆	出现透水预兆，停止钻进，立即撤人，汇报调度室，制定专项技术措施进行处理
			瓦斯	瓦斯、H_2S、CO、CO_2 等有毒有害气体超限、异常，易造成瓦斯爆炸、气体中毒和窒息事故	加强检查，发现问题立即向调度室汇报，采取措施处理，必要时及时组织撤人
			其他	退路不畅易出事故	作业施工前进行全面检查，清理好退路
	7. 停机	7.1　在所有工作已经完成后，掘锚机司机操作遥控，将所有电机关掉，将油泵电机关掉，“遥控操作”开关打至关闭位置，将掘锚机隔离开关打至断开位置，并挂警示牌。 7.2　掘锚机停机时，必须停在安全位置，截割头应放至地面，将铲板与底板接触，将刮板输送机和转载机上的煤(岩)运输干净。 7.3　将所有控制阀和操作手柄位置置于零位或空挡。	机电	掘锚机停机未切断电源，造成误动作伤人	掘锚机停止工作时，司机必须将切割头落地，并切断电源
		7.4　班中临时停机，在未断开电气控制回路开关的情况下，司机不得离开岗位，其他各种开关手柄必须恢复到停止位置	/	/	/

续表

项目	作业步骤	作业标准	风险类型	危害因素	管控措施
交班	1. 交班检查	1.1 设备外壳、护板完好无损坏。紧固件无松动,连接销子无掉落,截齿与齿套完好。运输机链与履带链完好无松动。 1.2 供水管路及液压管路连接可靠,无漏液,油箱油位在上下限范围内,机身整洁。 1.3 电缆、水管无破损。 1.4 有毒有害气体不超标,风量符合相关规定。 1.5 作业场所支护良好,无漏顶、片帮	机电	掘锚机停机未按规定退出迎头,未对截割头加设护罩,发生人员碰撞事故	掘锚机停止工作和交班时,司机必须将切割头落地,并切断电源,及时加设护罩
			冒顶(片帮)	(1) 巷道片帮、危岩,顶板离层、活矸,易脱落砸伤人	严格执行"敲帮问顶"制度,及时对活矸、危岩进行处理
				(2) 永久支护失效,易造成伤人事故	认真巡查重新补打支护
	2. 汇报	2.1 向当班上岗干部汇报掘进机运行情况及注意事项; 2.2 向当班上岗干部汇报生产进度及安全隐患排查内容	其他	上一班遗留问题未及时处理导致人员伤害或财产损失	严格执行交接班制度、对上班遗留问题或隐患进行复查,并及时处理
收班	记录	记录当班生产期间岗位管辖范围内的异常情况	/	/	/

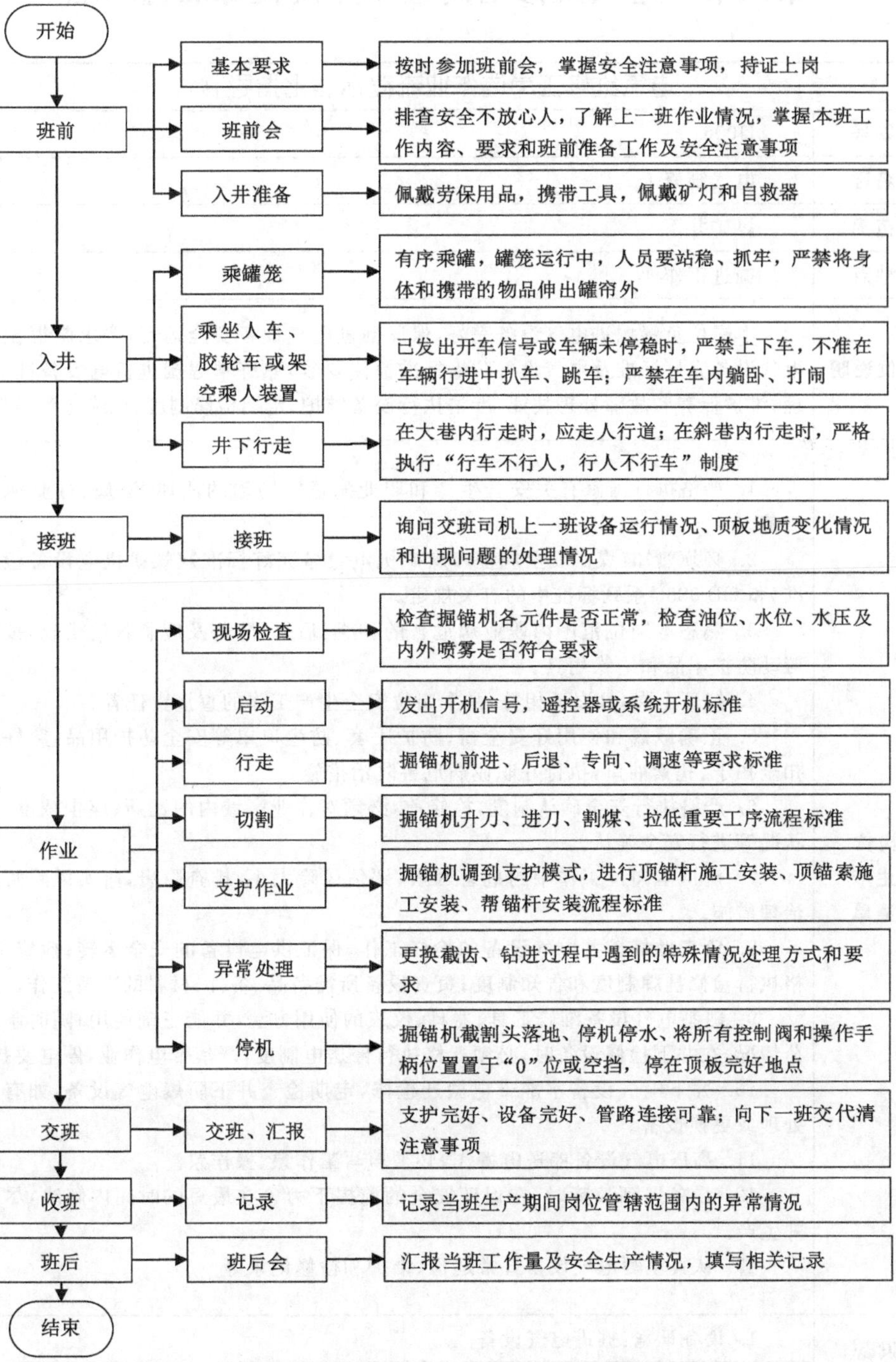

附图:掘锚机司机岗位作业流程图

第六节　电气维修工岗位作业流程标准化示范

<table>
<tr><td colspan="2">电气维修工岗位作业流程标准化指导书</td></tr>
<tr><td>流程编号</td><td>JJ006</td></tr>
<tr><td>岗位名称</td><td>电气维修工</td></tr>
<tr><td>适用范围</td><td>煤矿井下</td></tr>
<tr><td>适用地点</td><td>掘进工作面</td></tr>
<tr><td>一、岗位说明</td><td>本岗位负责掘进电气设备完好，保证掘进电气设备安全运行，要求掌握掘进工作面电气设备完好标准及电气设备防爆标准检修要领，熟练掌握掘进机电设备性能、结构原理、维护保养和故障处理技能，严格执行设备维护、定期检修制度，杜绝违章操作</td></tr>
<tr><td>二、岗位安全生产责任清单</td><td>1. 严格执行国家有关安全生产和职业病危害防治的法律、法规、行业标准和技术规范。
2. 必须熟知《煤矿安全规程》《煤矿机电设备完好标准》《煤矿机电设备检修质量标准》和 GB 3836 系列标准中的有关规定。
3. 熟悉本岗位范围内职业病危害的种类、后果、防范及应急救治措施，按要求佩戴劳动防护用品和绝缘用具。
4. 持证上岗，且岗证相符，是本岗位安全生产工作的直接责任者。
5. 正确佩戴和使用好安全帽、防护手套、防尘口罩等安全防护用品，穿好工作服并扣全扣子、扎紧袖口，执行好职业病危害防治措施。
6. 严格执行安全确认制度，检修前，必须对作业区域内的瓦斯、煤尘浓度、顶板支护状况等进行安全确认。
7. 辨识本岗位工作中的危害因素、评估风险大小，排查隐患，落实风险管控和隐患治理措施。
8. 负责做好矿井电气设备的检修工作，保证供电设备的安全运转；检修工作前，严格执行检修挂牌制度和告知制度；负责设备所需备品、备件、材料的准备工作。
9. 熟悉电气设备维修工具、器具、仪表的使用方法，并能正确使用；随时掌握设备负荷情况，在井下检修设备时，必须严格执行停送电制度，严禁带电作业，停电要挂警示牌。
10. 井下电气设备不准带电搬迁检修，定期检查井下防爆电气设备，如有问题及时处理或更换设备。
11. 高压电气设备停送电操作，必须填写工作票、操作票。
12. 设备遇到故障时，在保证安全的前提下力争在最短的时间内解决，尽快恢复矿井生产。
13. 认真填写电气设备日常巡检、维护和检修记录等</td></tr>
<tr><td rowspan="3">三、设备设施及劳保工具</td><td>1. 设备设施：掘进电气设备</td></tr>
<tr><td>2. 劳保用品：矿灯、自救器、安全帽、防尘口罩、防静电工作服、绝缘手套、绝缘靴</td></tr>
<tr><td>3. 工具：验电笔、瓦检仪、电工刀、手钳、活动扳手等</td></tr>
</table>

续表

四、作业标准	见附表
五、流程图	见附图
六、应急处置	1. 行动程序 (1) 预警及信息报告:发生险情或事故时,立即通知受威胁区域人员,并向矿调度室汇报。 (2) 应急响应:行使紧急避险权,并按应急指令或避灾路线撤离险区;在撤离受阻的情况下紧急避险,并按现场处置方案开展自救互救。 (3) 后期处置:脱险后,立即向指挥部汇报现场采取的应急措施和事故初期情况;参与现场生产恢复;受伤人员积极配合医疗救治。 2. 安全避险注意事项 (1) 井下火灾、瓦斯爆炸、煤尘爆炸、火工品爆炸事故避灾时应迅速佩戴好自救器,迎着新鲜风流撤离灾区,不可任意进入回风巷道。 (2) 井下水灾发生后,避开突出水头向地势高的地点避灾。 (3) 顶板、冲击地压事故:立即停止作业,迅速撤离事故现场至安全地点。 (4) 火灾事故:立即通过灭火器、水、沙等直接灭火,无法扑灭时按程序汇报。 (5) 灾害性天气:立即停止作业,按调度指令迅速撤离升井。 (6) 当遭遇灾害无法撤离时进入就近避难硐室,启用救护设施,等待救援。 (7) 佩戴自救器撤离灾区时绝不能因为吸气干热而把自救器拿掉。 3. 联系电话 本单位值班电话:　　　　　　　　　　矿调度室电话:

附表:电气维修工岗位作业流程标准

项目	作业步骤	作业标准	风险类型	危害因素	管控措施
接班	1. 进入工作面	1.1 及时进入掘进工作面,观察好工作地点的顶帮支护及周边环境情况。 1.2 询问设备运行情况和出现故障问题的处理情况。 1.3 若电气设备存在故障,要与上一班维修人员做好交接,确认安全措施实施情况和遗留故障问题	/	/	/
作业	1. 现场检查	1.1 对上一班处理的问题进行复查,并执行当班隐患排查制度。 1.2 检查作业区域内顶板、两帮支护情况。 1.3 检查电气设备的安全情况,瓦斯浓度不超1%。 1.4 对掘进工作面电气设备进行全面防爆,完好检查,检查进线电源接头有无松动、发热现象。 1.5 检查电气设备连接螺栓、螺帽、弹簧垫是否齐全、紧固、无锈蚀。 1.6 检查各种仪表、指示灯是否正确指示;各按钮、手柄是否完好,动作是否灵敏可靠,接地装置是否完好并符合规定。 1.7 检查操作机构、闭锁机构是否灵活、完好。 1.8 检查漏电保护动作灵敏可靠,过载和短路等整定值是否正确。 1.9 检查各开关,电机,“五小”电气设备,大、小喇叭嘴,单手正拧不松动,啮合不低于6扣,挡板挡圈合格。	冒顶(片帮)	顶板破碎、煤壁片帮致使煤岩伤人或设备损坏	加强现场支护管理和顶帮控制,及时支护并支护完好
			瓦斯	未检查瓦斯浓度进行验电放电等违规作业,存在瓦斯爆炸的风险	检修前必须先检查瓦斯赋存情况,严格验电、放电后方准操作
			机电	(1)检修设备未按规定进行停电、闭锁、挂停电警示牌、检查,造成触电伤人事故	严格执行停送电管理制度,悬挂警示牌,执行“谁停电、谁送电”管理制度
				(2)电气设备及电机接地不良,易造成触电伤人	定期检查接地极的完好情况,发现问题及时处理

续表

项目	作业步骤	作业标准	风险类型	危害因素	管控措施
作业	1. 现场检查	1.10　检查电缆的悬挂及连接是否符合规定，有无明接头和破皮现象。 1.11　检查电气设备摆放位置是否规范标准，设备间空隙是否符合要求，设备上是否有杂物。 1.12　检查设备运行和检修记录是否记录齐全、清晰	机电	(3) 检修作业将物件遗留在设备内，易造成短路伤人事故 (4) 未佩戴绝缘防护用具或佩戴不规范	加强责任心，闭盖时详细检查盖内情况，并及时处理 认真检查、规范佩戴合格的防护用具
	2. 保护装置检查	2.1　运行中馈电开关的短路、过负荷和漏电保护应齐全完好，整定值正确，动作灵敏可靠。 2.2　电气设备的漏电保护、过流保护、保护接地严格按《煤矿井下供电的三大保护细则》要求试验、检查。 2.3　各类电机综合保护器、线路脱扣器按产品技术要求和负载的有关参数正确整定和定期校验	机电	电气设备保护不全面或漏电保护失效，电气设备外壳带电	(1) 必须按要求佩戴合格的绝缘用具。 (2) 电气设备的各种保护齐全，漏电保护每天试验一次
	3. 接地电阻摇测	3.1　用摇表测试接地电阻，必须符合下列要求：接地网上任一保护接地点测得接地电阻值不得超过 2 Ω，每一移动式和手持式电气设备同接地网之间的保护接地电缆芯线，电阻值都不超过 1 Ω，当接地电阻值达不到要求时，应检查处理接地连接导线和接地连接及螺栓，必要时重新装设，更换接地极，使其阻值符合要求。 3.2　检查局部接地极，局部接地极截面不小于 0.6 mm^2，厚度不小于 3 mm，钢板或用等效面积的钢管制成，也可用直径 35 mm，长度不小于 15 m 的钢管制成，管上钻 20 个直径不小于 5 mm 的透眼，并垂直埋入地下；也可用直径不小于 222 m，长度为 1 m 的两根钢管制成，每根管子上应钻 10 个直径不小于 5 mm 的透孔，两根钢管相距不得小于 5 m，并联后垂直埋入底板，垂直埋深不得小于 0.75 m。 3.3　电气设备的外壳同接地母线或局部接地板的连接应用截面不小于 25 mm^2 的铜线	机电	设备接地电阻过大或未有效接地	认真检查、摇测接地电阻，确保设备规范接地

续表

项目	作业步骤	作业标准	风险类型	危害因素	管控措施
作业	4. 停送电	4.1 停电。 4.1.1 断开所检修设备电源，拉出隔离开关。 4.1.2 断开与检修设备有关的设备电器，防止向检修设备反送电。 4.1.3 检查断开后的开关是否在断开位置，并在操作机构上挂“有人工作，禁止合闸”警示牌。 4.1.4 根据需要装设必要的栅栏或警示装置。 4.2 验电。 4.2.1 检查瓦斯，在其巷道风流中 CH_4 浓度低于1.0%。 4.2.2 使用与验电电压相符且合格的验电器进行验电。 4.2.3 高压验电时，必须戴上绝缘手套。 4.3 放电。 4.3.1 使用专用放电装置，先接接地端、后接导电体对地放电。 4.4 接地(根据现场需求或票证要求)。 4.4.1 当验明确无电压后，在验电的地点挂好三相短路接地线。 4.4.2 挂接地线应先接接地端，后接导体端。接地线连接要可靠，不准缠绕；接地线应用多股软裸铜线，其截面不得小于25 mm^2。 4.5 送电。 4.5.1 坚持“谁停电、谁送电”原则，送电前检查撤除导体放电接地位置，无误后方可送电；高低压送电前，必须确认送电线路及开关无人作业。 4.5.2 送电顺序：取下上级停电开关的“有人工作，严禁送电”标志牌—解除闭锁(高压防爆开关要送进隔离小车)—开关合闸—挂送电标志牌，停电顺序与之相反。 4.5.3 送电空试开关，检查各仪表指示正常，送电时动作要快速、准确，严禁动作过猛，以防损坏设备；空试无误后，带负荷运转注意各电气参数变化和运行声响	机电	(1) 停送电操作制度执行不严格，误操作易造成设备损坏或人员伤害	电气设备停电后挂停电牌，严格执行“谁停电谁挂牌，谁挂牌谁摘牌”的规定
				(2) 验电不戴绝缘手套	高压验电时，必须按规定佩戴绝缘手套
			瓦斯	瓦斯浓度超限，未检查瓦斯	开关验电前，严格检查瓦斯在其巷道风流中 CH_4 浓度低于1.0%

续表

项目	作业步骤	作业标准	风险类型	危害因素	管控措施
作业	5. 检维修设备	5.1　断开所检修电气设备前一级开关电源和相关设备的电源并闭锁，悬挂“有人工作，严禁送电”标志牌；检修高压设备时，必须执行工作票制度。 5.2　停电后用与验电电压相适应的验电笔进行验电，验电时，绝缘棒的验电部位应逐渐接近导体，听其有无放电声音，确定线路有电压，验电顺序为先验低压，后验高压。 5.3　对所要检修的电气设备进行详细的外观检查，确定设备的故障点，按组装的相反顺序拆卸损坏部件及相关部件；需要在电气设备放置机架上作业时，要站坐平稳。 5.4　在检修开关时，不准任意改动原设备上的端子位序和标记，要保护好隔爆面。当开关腔内有煤尘、水汽、金属屑、棉纱等异物时，检修中要认真清理，检修完毕后，必须将隔爆面用于净棉纱擦净，有锈迹时应用砂纸打平打亮，然后均匀涂抹一层凡士林油。 5.5　关上开关门，将闭锁机构锁定，紧固螺栓时要对称，均匀用力，并压平弹簧垫。 5.6　严禁带电移动和搬迁电气设备。 5.7　当检修完毕后，必须利用机壳上的试验开关，对保护电路，控制电路，信号电路及各种保护进行一次全面检查，确认一切正常后方可试行	机电	(1) 检修设备未按规定进行停电、闭锁、挂停电警示牌、检查，存在触电伤人的风险	严格执行停送电管理制度，悬挂警示牌，执行“谁停电谁送电”管理制度
				(2) 带电迁移设备、电气设备及电机接地不良，存在触电伤人的风险	定期检查接地极的完好情况，发现问题及时处理
				(3) 检修作业将物件遗留在设备内，易造成短路伤人事故	加强员工责任心教育，闭盖时详细检查盖内情况，并及时处理
				(4) 停送电操作制度执行不严格，误操作易造成设备损坏或人员伤害	严格执行停送电管理制度，悬挂警示牌，执行“谁停电谁送电”管理制度
				(5) 外露的转动和传动部位易绞伤人	所有外露传动部位必须加设护罩，并保证有效、完好
			高空作业	高空作业扶梯不稳，不佩戴安全带	高空作业必须专人监护扶梯，正确使用安全带等防护设施
	6. 试运转	6.1　措施撤除。 6.1.1　清点材料、工具、配件，要求数量相符。 6.1.2　检维修完毕后拆掉警示牌、接地线。	机电	(1) 接地线未撤除恢复送电	安全措施拆除到位，确认接地线已撤除后方可联系送电

续表

项目	作业步骤	作业标准	风险类型	危害因素	管控措施
作业	6. 试运转	6.2 试运转。 6.2.1 对各种保护进行试验。按下开关的保护试验按钮，相应的故障指示灯亮，然后复位，开关显示正常后，继续试验其他保护，直至全部试验完毕。 6.2.2 各种保护、信号、接地装置完好、有效，运行正常。 6.2.3 空试运转无误后，方可带负荷运转	机电	(2) 漏电保护未试验恢复送电	电气设备的闭锁、联锁装置必须保证完好
				(3) 送电流程不规范。	严格规范执行送电流程
交班	1. 准备交班	1.1 整理现场的工具、材料、配件。 1.2 检查设备运行正常，电缆吊挂整齐。 1.3 提前 20 min 进行责任区卫生打扫	/	/	/
	2. 交班	2.1 向区队汇报本班工作及设备运行情况。 2.2 向接班人汇报当班工作情况、机电设备运行情况、隐患处理情况及遗留问题	其他	遗留问题未交代清楚	严格执行交接班制度、对本班遗留问题交代清楚，并要求及时处理
收班	记录	填写当班设备巡检或设备检维修记录	/	/	/

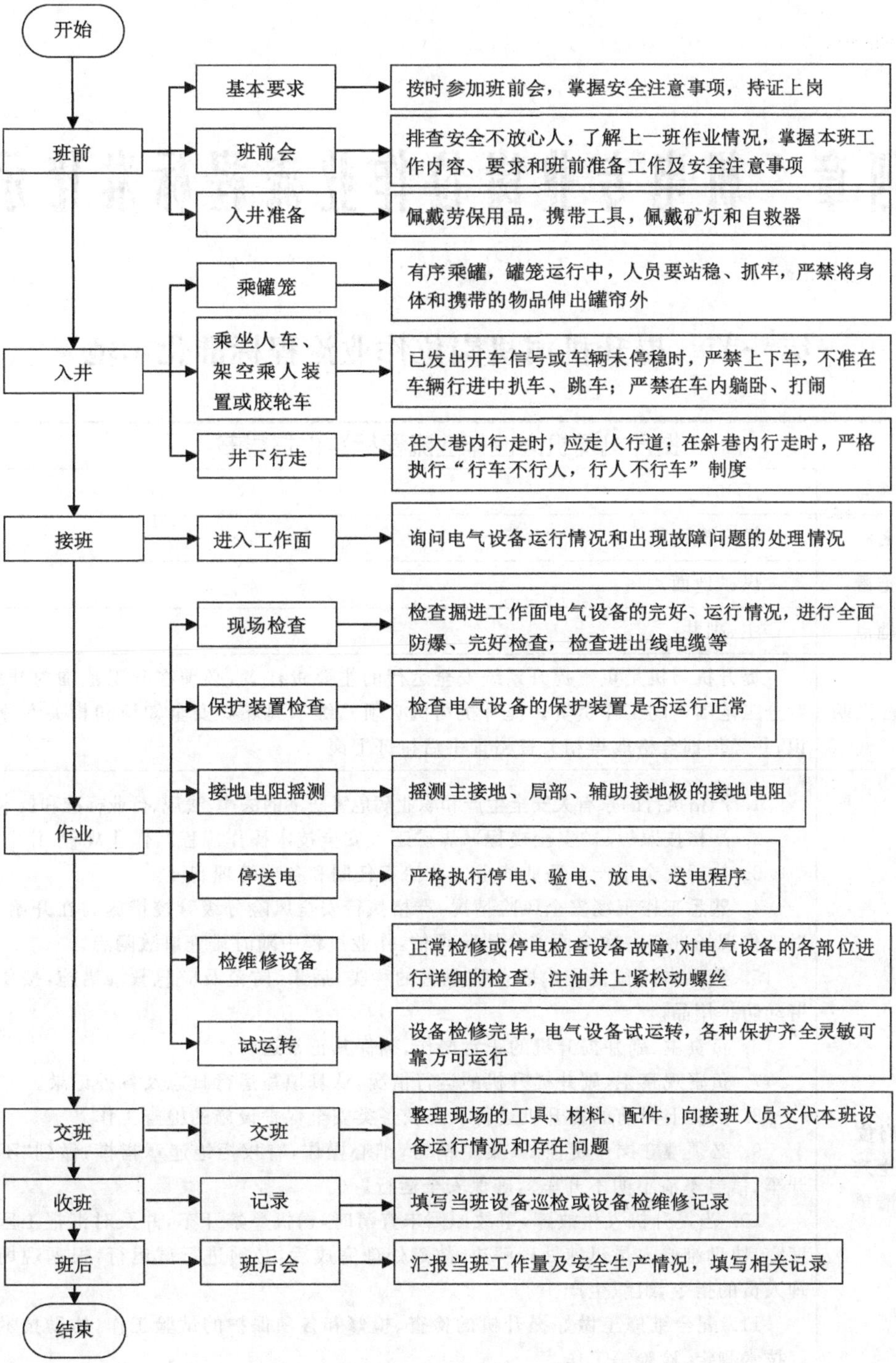

附图：电气维修工岗位作业流程图

第四章　机电专业岗位作业流程标准化示范

第一节　提升机司机岗位作业流程标准化示范

提升机司机岗位作业流程标准化指导书	
流程编号	JD001
岗位名称	提升机司机
适用范围	煤矿地面
适用地点	主、副井
一、岗位说明	提升机司机是负责提升系统安全运行的主要责任者，必须在分工范围内开展工作，对分工范围内的工作负责。提升机司机必须熟练掌握煤矿安全知识和相关专业技术知识，并经培训合格取得相关资格证书后持证上岗
二、岗位安全生产责任清单	1. 严格执行国家有关安全生产和职业病危害防治的法律、法规、行业标准和技术规范。 2. 严格按照《煤矿安全规程》《煤矿工人安全技术操作规程》《作业规程》作业。 3. 执行安全生产与职业病危害防治责任制和各项管理制度。 4. 熟悉工作现场安全风险情况，严格执行安全风险分级管控措施。在开始工作前，对工作现场进行一次全面安全风险评估，作业过程中随时排查事故隐患。 5. 熟悉本岗位范围内职业病危害的种类、后果、防范及应急救治措施，按要求佩戴劳动防护用品。 6. 负责主、副井提升机的正常操作，确保其正常运转。 7. 负责观察主、副井提升机的运行情况，认真填写运行日志及各种记录。 8. 负责上岗前的提升机运行状况及各类安全保护设施的检查工作。 9. 必须遵守岗位责任制，集中精力，细心操作，有权拒绝违章指挥，做到“不安全不开车、信号不清不明不开车”，确保安全运行。 10. 当提升机发生故障、事故原因未查清时，司机严禁开车，并及时汇报工区和矿调度室，协助维修人员迅速处理解决，故障处理完成后，必须进行试运行，根据现场跟班管理人员的指令，组织生产。 11. 配合维修工做好提升机的检查、检修和各项保护的试验工作，协助技术人员搞好技术测定、检验等工作。 12. 认真参加班前会，学习安全办公知识，提高安全意识。 13. 严格执行要害场所管理规定。 14. 积极参与应急培训和应急演练。落实消防管理办法，熟悉消防设备、设施、器材性能，每天对消防设施进行检查，做好消防管理工作。 15. 工作中杜绝违章行为

续表

<table>
<tr><td rowspan="3">三、设备设施及劳保工具</td><td>1. 设备设施：提升机</td></tr>
<tr><td>2. 劳保用品：防护帽、劳保手套、耳塞、工作服</td></tr>
<tr><td>3. 工具：螺丝刀、手钳、活动扳手、内六角扳手、套管等</td></tr>
<tr><td>四、作业标准</td><td>见附表</td></tr>
<tr><td>五、流程图</td><td>见附图</td></tr>
<tr><td>六、应急处置</td><td>1. 行动程序
(1) 预警及信息报告：发生险情或事故时，立即通知受威胁区域人员，并向矿调度室汇报。
(2) 应急响应：行使紧急避险权，并按应急指令或避灾路线撤离险区；在撤离受阻的情况下紧急避险，并按现场处置方案开展自救互救。
(3) 后期处置：脱险后，立即向指挥部汇报现场采取的应急措施和事故初期情况；参与现场生产恢复；受伤人员积极配合医疗救治。
2. 安全避险注意事项
(1) 火灾事故：立即通过灭火器、水、沙等直接灭火，无法扑灭时按程序汇报。
(2) 灾害性天气：立即停止作业，按调度指令迅速撤离升井。
3. 联系电话
本单位值班电话：　　　　矿调度室电话：</td></tr>
</table>

附表：提升机司机岗位作业流程标准

项目	作业步骤	作业标准	风险类型	危害因素	管控措施
接班	1. 进入接班地点接班	1.1 准时进入提升机房进行交接班。 1.2 询问交班司机上一班设备运行情况、机房卫生、消防设施等情况和出现问题的处理情况	/	/	/
	2. 现场检查	2.1 进行岗点风险评估和隐患排查。 2.2 各紧固螺栓不得松动，连接件应齐全、牢固。 2.3 主电机、减速器温度、声音无异常，联轴器间隙应符合规定，防护罩应可靠。 2.4 轴承润滑油油质清洁，油量适当，油环转动灵活、平稳；制动液压站、强迫润滑系统的泵站、管路完好可靠。 2.5 各种保护装置及电气闭锁，必须完整可靠；声光和警铃都必须灵敏可靠。 2.6 盘式制动器不得漏油。 2.7 各种仪表指示应准确。 2.8 安全保护和闭锁装置正常，监控系统正常，信号系统正常，仪表指示准确	/	/	/
作业	1. 试运转	1.1 各水平位置无人员作业及障碍物。 1.2 启动提升机试运转 2～3 个循环。 1.3 观察提升机电控系统、冷却系统、润滑系统运行情况	机电	提升机试运转时，人员未及时撤离现场，运行通道内有杂物未清理，造成人身伤害和设备损坏	试运转前必须确认各水平位置无人员作业及障碍物

续表

项目	作业步骤	作业标准	风险类型	危害因素	管控措施
作业	2. 启动	2.1　司机不得无信号动车。 2.2　当司机所接收信号不清或有疑问时，应立即用电话与井口信号工联系，重发信号再进行操作。 2.3　司机接到信号因故未能执行时，应通知井口信号工，申请原信号作废，重发信号，再进行操作	机电	未发出开机信号启动提升机，信号不清造成动车方向错误，导致人身伤害和设备损坏	提升机启动前必须收到清晰的动车信号，与信号工复述确认后方可启动
	3. 运行	3.1　提升机司机应熟悉各种信号，操作时必须严格按信号执行。 3.2　司机不得无信号动车，信号不明严禁进行提升。 3.3　每次动车前与信号工联系，复述运行方向、停止位置和速度。 3.4　集中精力，认真观察操作台各指示、显示情况，发现异常及时停机进行处理，事故原因未查清时，司机严禁开车。 3.5　各保护装置动作灵敏可靠，保护动作后先查明原因，处理完好后方可开始提升。 3.6　使用罐笼运送硝化甘油类炸药或雷管时，运行速度不得超过 2 m/s；运送其他火药时，不得超过 4 m/s。 3.7　使用吊桶运送任何火药时，其速度不得超过 1m /s。 3.8　运送以上物品时，应缓慢启动和停止提机，避免罐笼或吊桶发生振动。 3.9　吊运特殊大型设备（物品）及长材料时，其运行速度不应超过 1 m/s。 3.10　人工验绳的速度，不大于 0.3 m/s。 3.11　因检修井筒装备或处理事故人员需站在提升容器顶上工作时，其提升容器的运行速度一般为 0.3～0.5 m/s，最大不超过 2 m/s。	职业病危害	提升机运转产生的机械噪声较大，且持续时间较长，造成职业病的发生	配备合格的耳塞，定期对现场噪声进行检测，确保环境噪声不超过 85 dB(A)
			机电	未发出开机信号启动提升机，信号不清造成动车方向错误，导致人身伤害和设备损坏	提升机启动前必须收到清晰的动车信号，与信号工复述确认后方可启动

续表

项目	作业步骤	作业标准	风险类型	危害因素	管控措施
作业	4. 动态巡查	4.1　提升机运行时，各部件无异常，电流无波动，匀速提升，钢丝绳排列整齐。 4.2　运行中，电机、减速器、滚筒、传动装置、供电设备及其他部位的声音、温度正常，液压制动系统、润滑系统运行正常。 4.3　运行中严禁靠近旋转部位，严禁对旋转部位进行清理	机电	巡检人员未佩戴劳动防护用品；未采取措施进入危险区域；现场安全防护设施缺失或损坏；操作高低压电气设备，未使用合格的绝缘用具	巡检时必须按要求佩戴合格的劳动防护用品，与转动部位和带电设备保持安全距离；确保机械外露的转动部位，容易碰到的、裸露的带电体的护罩和遮拦等防护设施完好。操作高低压电气设备时，必须按要求佩戴合格绝缘用品，严格按照规范进行操作，做好安全监护工作，绝缘用具必须保证完好才可使用，电气设备绝缘须定期进行检查
	5. 异常处理	5.1　运行过程中出现电流波动等异常情况。 5.1.1　绞车在运行过程中，如发现异常情况，司机可按下紧急停车按钮，断开安全回路，停车后立刻汇报区队值班室并协助维修工进行处理。 5.2　提升机故障急停。 5.2.1　检查提升机监控画面，记录当前故障名称并判断故障性质后向区队值班室和维修工汇报。 5.2.2　配合维修工进行故障处理，得到区队值班室或维修人员的许可后方能复位提升机。 5.3　事故原因未查明，司机严禁动车。 5.4　处理完故障复位后，提升机必须试运行 2 个循环无异常后方可投入正常运行	高处坠落	提升系统故障停机后未查明事故原因，消除故障进行动车，造成设备损坏	司机认真观察运行中钢丝绳及电流情况，加强现场巡回检查，认真填写各项记录，发现异常及时停车，并汇报处理，事故原因未查明严禁动车

续表

项目	作业步骤	作业标准	风险类型	危害因素	管控措施
作业	6. 停机	6.1　运行方式转换开关置于“手动”位。 6.2　速度给定手柄置于“0”位，施闸手柄置于施闸位。 6.3　切断主控回路电源。 6.4　按下紧停按钮	/	/	/
交班	1. 交班前的准备	搞好设备及机房内外环境卫生，将工具、器材清点清楚并排列整齐	/	/	/
	2. 交班	向下一班岗点工交代清设备运转情况、隐患和遗留问题	/	/	/
收班	记录	填写当班设备运行及巡回检查等记录	/	/	/

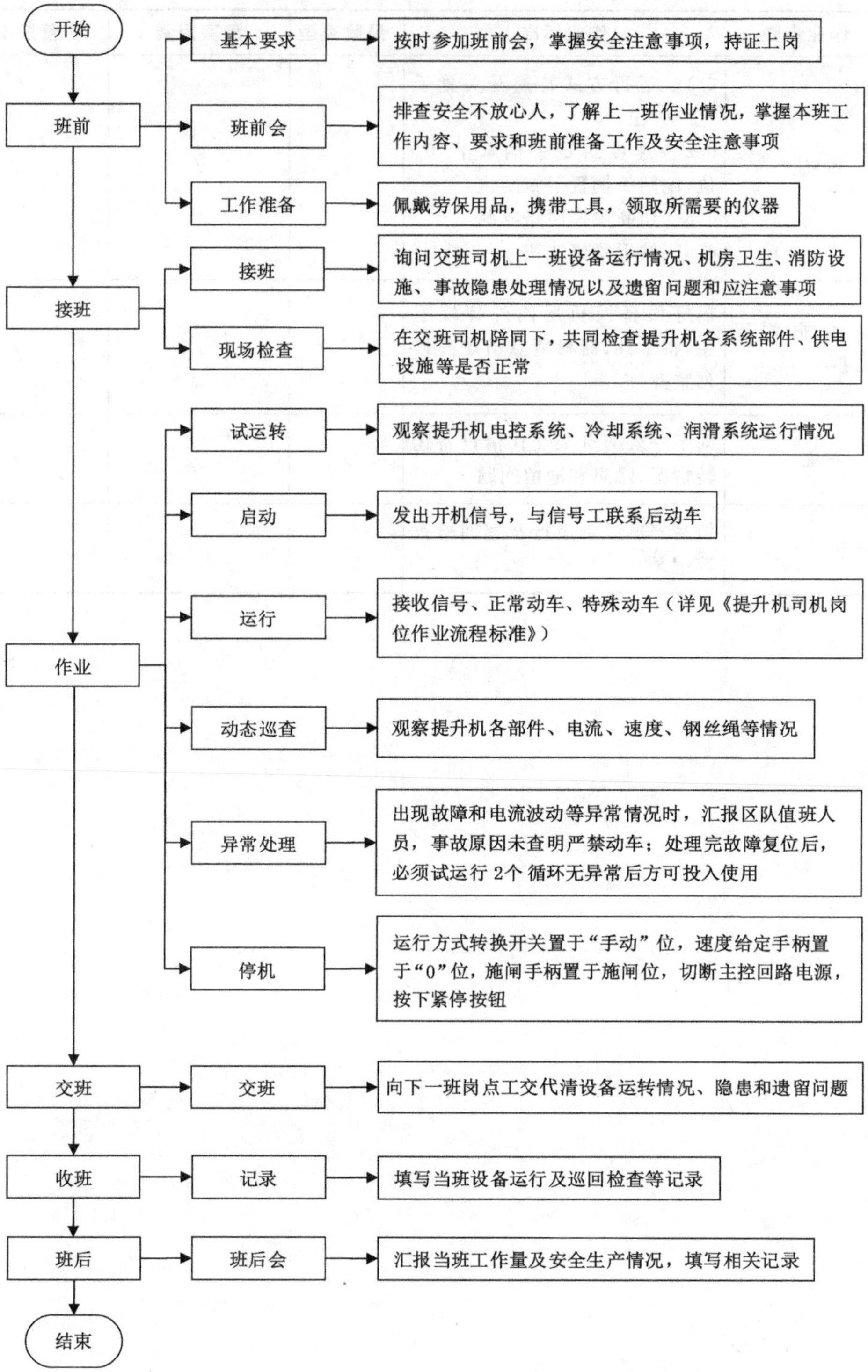

附图:提升机司机岗位作业流程图

第二节　主通风机司机岗位作业流程标准化示范

主通风机司机岗位作业流程标准化指导书	
流程编号	JD002
岗位名称	主通风机司机
适用范围	煤矿地面
适用地点	通风机房
一、岗位说明	主通风机司机是负责主通风机安全运行的主要责任者，严格按主通风机司机操作规程和安全生产标准化要求进行主通风机的操作和巡检，并认真填写好各项记录，确保主风机正常有效的运转。主通风机司机必须熟练掌握煤矿安全知识和相关专业技术知识并经培训合格，取得相关资格证书后持证上岗
二、岗位安全生产责任清单	1．严格执行国家有关安全生产和职业病危害防治的法律、法规、行业标准和技术规范。 2．严格按照《煤矿安全规程》《煤矿工人安全技术操作规程》《作业规程》作业，及时汇报、处理现场存在的问题，并熟悉作业地点的避灾路线及灾害防护知识。 3．执行安全生产与职业病危害防治责任制和各项管理制度。 4．熟悉工作现场安全风险情况，严格执行安全风险分级管控措施。在开始工作前，对工作现场进行一次全面安全风险评估，作业过程中随时排查事故隐患。 5．熟悉本岗位范围内职业病危害的种类、后果、防范及应急救治措施，按要求佩戴劳动防护用品。 6．司机应掌握通风机的结构、工作原理、技术特征、控制回路、地面风道系统和各风门的用途，具备设备故障时应急操作的工作技能和基础知识。 7．掌握正确的操作方法和常见故障的判断、处理，确保检修、切换以及反风操作时必须在10 min内完成。 8．司机必须严格执行交接班制度和岗位责任制，负责通风设备的巡回检查和记录填写。 9．配合维修人员做好主通风机的检查、检修和各项保护的试验工作，协助技术人员搞好技术测定、检验等工作。 10．认真参加班前会，学习安全办公知识，提高安全意识。 11．严格执行要害场所管理规定，严禁闲杂人员出入，履行来客登记制度，做好通风机房安保防范工作。 12．严格执行矿井各类安全管理制度，负责落实分管范围内现场质量标准化建设工作。 13．积极参与应急培训和应急演练。落实消防管理办法，熟悉消防设备、设施、器材性能，每天对消防设施进行检查，做好消防管理工作。 14．如实、及时汇报安全隐患，对出现的生产安全事故不得隐瞒不报、谎报或者拖延不报。 15．认真参加班前会，按时参加工区组织的安全学习教育活动，提高安全意识

续表

三、设备设施及劳保工具	1. 设备设施：主通风机
	2. 劳保用品：安全帽、劳保手套、耳塞、工作服等
	3. 工具：螺丝刀、手钳、活动扳手、内六角扳手、套管等
四、作业标准	见附表
五、流程图	见附图
六、应急处置	1. 行动程序 (1) 预警及信息报告：发生险情或事故时，立即通知受威胁区域人员，并向矿调度室汇报。 (2) 应急响应：行使紧急避险权，并按应急指令或避灾路线撤离险区；在撤离受阻的情况下紧急避险，并按现场处置方案开展自救互救。 (3) 后期处置：脱险后，立即向指挥部汇报现场采取的应急措施和事故初期情况；参与现场生产恢复；受伤人员积极配合医疗救治。 2. 安全避险注意事项 (1) 火灾事故：除电气设备着火时立即通过灭火器、水、沙等直接灭火，电气设备着火时，必须先切断电源后灭火，不能使用水直接灭火，无法扑灭时按程序汇报。 (2) 供电事故时，立即查明故障原因，并向调度信息中心和区队值班室进行详细汇报。 (3) 灾害性天气：严格岗位值守，听从调度指令。 (4) 触电事故时，立即切断电源或用绝缘工具使触电者脱离电源。 3. 联系电话 本单位值班电话：　　　　矿调度室电话：

附表：主通风机司机岗位作业流程标准

项目	作业步骤	作业标准	风险类型	危害因素	管控措施
接班	1. 进入接班地点接班	1.1　准时进入主通风机房进行交接班。 1.2　询问交班司机上一班工作情况、设备运行情况、机房卫生、消防设施、事故隐患处理情况以及遗留问题和应注意的事项。 1.3　查看上一班的记录情况	/	/	/
	2. 现场检查	在交班司机陪同下，进行现场检查： 2.1　对上一班处理的问题进行复查，并执行当班隐患排查制度。 2.2　检查高压柜、直流屏、PLC柜/变频器保护齐全，完好。 2.3　运行回路供电正常，备用回路供电正常。 2.4　电动机润滑良好，无异响，无异常振动。 2.5　检查风机紧固件螺栓齐全、无松动。 2.6　风门启闭装置完好、不失爆。 2.7　风压监测系统运行正常。 2.8　后台监控系统运行正常。 2.9　轴承温升不超限、无异常，振动无异常、不超限，无异响。 2.10　蝶阀开、合运行正常。 2.11　备用风机风门启闭装置完好、不失爆。 2.12　校对工具、材料、配件，保安用具及消防器材数量是否相符，有无损坏	火灾	现场存在可燃物未及时发现或清理	(1) 做好火源管理，严禁把点火物品及烟草带入施工现场。 (2) 每天对现场排查是否有易燃物，若有及时清理。 (3) 现场配齐消防器材，定期对防火沙箱、灭火器材进行检查，保证合格
	3. 接班	现场检查无问题后，在交接班记录上签字，接班上岗	/	/	/

续表

项目	作业步骤	作业标准	风险类型	危害因素	管控措施
作业	1. 启动前准备	1.1 必须取得主管部门准许的开车命令。 1.2 通风机启动前应做必要的检查和准备,要求做到: 1.2.1 轴承润滑油油量合适,油质清冽,油环完整灵活。 1.2.2 各紧固件及联轴器防护外罩齐全、紧固牢靠。 1.2.3 冷却水系统正常。 1.2.4 前导器可调的风机前导器在停机位置,叶片可调的风机叶片在停机位置。 1.2.5 防爆门锁紧装置应在开启位置。 1.2.6 有碳刷的电动机碳刷完整,接触良好;滑环清洁无烧伤。 1.2.7 各指示仪表、保护装置齐全可靠。 1.2.8 启动开关位于断开位置。 1.2.9 高、低压电器完好,电压在允许范围内。 1.2.10 检查门必须关严。 1.3 检查风机风门在停机位置。 1.4 启动冷却系统和润滑泵站等辅助设备。 1.5 人工盘车 1～2 圈,应灵活无卡阻现象	高处坠落	(1) 登高检查安全措施不到位,现场护栏等防护设施不齐全	(1) 现场做好风险辨识工作及隐患排查,并对排查处的隐患进行处理。 (2) 登高作业超过 2 m,现场无防护措施时必须佩戴合格保安带,保安带“高挂低用”。 (3) 检查地点防护设施齐全,有效防止人员坠落
				(2) 登高人员精力不集中或未穿防滑鞋	检查人员精力集中,穿防滑鞋
	2. 启动	2.1 绕线式异步电动机采用串级调速时的启动操作: 2.1.1 依序投入高低压柜、逆变柜、启动柜。 2.1.2 将串调柜上选择开关打到“串调”位置。 2.1.3 将串调装置投入运行。 2.1.4 将调速旋钮旋至规定转速位置。 2.1.5 轴流式风机打开风门。 2.1.6 按下启动按钮启动风机。 2.2 鼠笼式异步电动机采用变频调速时的启动操作:	火灾	电气设备保护不齐全,故障点放电拉弧	(1) 定期检查供电设备的继电保护整定值正确。 (2) 启动前观察电气设备的运行参数正常。 (3) 作业人员发现电气设备着火时,应首先切断其电源

续表

项目	作业步骤	作业标准	风险类型	危害因素	管控措施
作业	2. 启动	2.2.1　风叶静可调的风机调整风叶角度至正常运行位置。 2.2.2　依序投入高低压柜、变频柜。 2.2.3　调整变频器至规定值。 2.2.4　轴流式风机打开风门。 2.2.5　按下启动按钮启动风机。 2.3　同步电动机的启动操作： 2.3.1　将励磁柜上的转换开关打到调试位置。 2.3.2　调整励磁输出电压和励磁输出电流旋钮，将励磁电压和电流调整到要求的规定值。 2.3.3　按试验按钮，看是否正常。 2.3.4　将励磁柜上的转换开关打到工作位置。 2.3.5　轴流式风机打开风门。 2.3.6　按下启动按钮启动风机。 2.4　同步电动机允许连续启动两次，如需进行第三次启动，必须查明前两次未能 启动的原因及设备状况后，再决定是否启动。 2.5　通风机启动稳定后进行以下操作： 2.5.1　轴流式通风机：风叶动可调的风机调整风叶至规定位置。 2.5.2　离心式通风机：按规定进行有关的风门操作，打开前导器至规定位置；风叶动可 调的风机调整风叶至规定位置	火灾	电气设备保护不齐全，故障点放电拉弧	(1) 定期检查供电设备的继电保护整定值正确。 (2) 启动前观察电气设备的运行参数正常。 (3) 作业人员发现电气设备着火时，应首先切断其电源。 (4) 每天对现场排查是否有易燃物，及时清理。 (5) 现场配齐消防器材，定期对防火沙箱、灭火器材进行检查，保证合格
	3. 运行	3.1　风机在运行中，司机应每小时对电动机的温度、风机各轴承的温度各仪表指示(电流、电压、负压计)进行检查，并做好运行记录。 3.2　注意倾听风机各部声音，特别是叶轮部分的声音是否正常。 3.3　检查风机各部有无振动，电动机滑环有无冒火现象。 3.4　当负压计的读数有较大的增减时，应立即向矿调度室汇报。	职业病危害	现场设备运转振动及现场隔音设施缺少	(1) 配备合格的耳塞。 (2) 定期对现场噪声进行检测，确保环境噪声不超过 85 dB(A)

续表

项目	作业步骤	作业标准	风险类型	危害因素	管控措施
作业	3. 运行	3.5 风机在运行中,发生故障或发现重大隐患时,应立即停机,并迅速倒换备用风机,启动完毕后,立即向队值班室、矿调度室及主管部门汇报,并做好事故记录	/	/	/
	4. 反风操作	4.1 反风应在矿长或总工程师指挥下进行。 4.2 用反风道反风时的操作: 4.2.1 保持通风机正常运转。 4.2.2 将防爆门或防爆盖固定牢固。 4.2.3 根据现场指挥的指令操作风机前导器和各风门,改变风流方向,使抽出式通风机风流由通风机压入井下。 4.3 电动机反转反风时的操作: 4.3.1 停止风机运转,风叶动叶可调风机调整风叶至关闭位置。 4.3.2 将防爆门(盖)固定牢固。 4.3.3 用换向装置启动电动机反转。 4.3.4 各风门保持原状不变。 4.3.5 对于前导器固定的通风机直接反转启动通风机;对于前导器可调角度的通风机,则先调整前导器角度,然后反转启动电动机。 4.3.6 动叶可调风机根据反风命令调整风叶至反风角度。 4.4 对改变叶片角度反风的风机的反风操作: 4.4.1 停止风机运转。 4.4.2 将防爆门(盖)固定牢固。 4.4.3 调整叶片角度在反风状态。 4.4.4 各风门保持原状不变。 4.4.5 对于前导器固定的通风机直接反转启动通风机;对于前导器可调角度的通风机,则先调整导翼调整器,改变导翼角度,然后启动电动机。 4.5 反风操作必须在 10 min 内完成	/	/	/

续表

项目	作业步骤	作业标准	风险类型	危害因素	管控措施
作业	5. 倒机	5.1　倒换风机运转时,必须按程序首先开启备用风机。 5.2　待备用风机运行稳定后再进行倒换风门操作。 5.3　由备用风机带通风负荷,运行 10 min 正常后,方可停下另一台风机,确保井下通风正常。 5.4　倒机操作必须在 10 min 内完成	/	/	/
	6. 动态巡查	6.1　应对主通风机进行班中巡回检查,巡回检查的时间一般为每小时一次。 6.2　巡回检查内容为: 6.2.1　各转动部位应无异响。 6.2.2　轴承温度不得超限。 6.2.3　电动机温升不超过允许范围。 6.2.4　各仪表指示正常。 6.2.5　电压应在允许范围内。 6.2.6　地面进风侧进风门固定牢固	机电	(1) 巡检机械运转部位未保持安全距离	巡检时必须按要求佩戴劳动防护用品,与转动部位保持安全距离,对现场进行检查,确保机械外露的转动和传动部位护罩和遮拦等防护设施完好
				(2) 操作和巡检高低压电气设备时未佩戴合格的绝缘用具	操作和巡检时,必须按要求佩戴劳动防护用品,与带电设备保持安全距离,严格按照规范进行操作,做好安全监护工作,绝缘用具必须保证完好才可使用,电气设备绝缘须定期进行检查,对现场进行检查,确保容易碰到的、裸露的带电体遮拦等防护设施完好,电气设备的闭锁、联锁装置必须保证完好

续表

项目	作业步骤	作业标准	风险类型	危害因素	管控措施
作业	7. 异常处理	7.1 运行过程中出现异常情况，记录当前故障名称并判断故障性质后立刻汇报区队值班。 7.2 配合维修工进行故障处理。 7.3 主要通风机有以下情况之一时，允许先停机后汇报： 7.3.1 各主要传动部件有严重异响、意外振动或温度急剧升高。 7.3.2 电动机缺相运转或冒烟、冒火。 7.3.3 进风闸门掉落关闭，无法立即恢复。 7.3.4 突然停电或电源故障停电造成停机，先拉下风机电源开关后汇报。 7.3.5 其他紧急事故或故障。 7.4 主要通风机紧急停机的操作： 7.4.1 直接断电停机，先后拉开断路器和隔离开关。 7.4.2 立即报告矿井调度室和主管部门。 7.4.3 按领导命令，关闭和开启有关风门。 7.4.4 电源失电停机时，应依次拉开断路器和隔离开关，按程序开启备用风机，再立即报告矿井调度室和主管部门，待查明原因并处理后，再行试开机以备用。 7.4.5 根据现场需要或命令进行其他操作。 7.5 运行风机因故障或其他原因突然停机时，应立即开启备用风机，然后再汇报主管部门和矿井调度室	瓦斯	主通风机故障停机，造成井下无风、瓦斯积聚	(1) 司机严格执行巡回检查制度，加强主通风机的巡检。 (2) 维修人员加强主通风机设备的维护，至少每月检查 1 次主要通风机。 (3) 安装 2 套同等能力的主要通风机装置，其中 1 套作为备用，备用通风机必须能在 10 min 内开动，每月倒机运行。 (4) 安装的主要通风机投入使用前，必须进行试运转和通风机性能测定，以后每 5 年至少进行 1 次性能测定。 (5) 矿井必须制订主要通风机停止运转的应急预案。 (6) 主要通风机停止运转期间，必须打开井口防爆门和有关风门，利用自然风压通风
	8. 停机	8.1 接到主管部门的停机命令。 8.2 叶动可调风机调整风叶至关闭位置；前导器可调风机调整前导器至关闭位置。 8.3 断电停机。 8.4 关闭所停风机的进风门。 8.5 根据停机命令决定是否开动备用通风机。	/	/	/

续表

项目	作业步骤	作业标准	风险类型	危害因素	管控措施
作业	8. 停机	8.6　如需开动备用风机，应进行检查。 8.7　不开备用通风机，则要根据命令打开井口防爆门或有关风门，以充分利用自然通风	/	/	/
交班	1. 交班前的准备	搞好设备及机房内外环境卫生，将工具、器材清点清楚并排列整齐	/	/	/
	2. 交班	2.1　向下一班岗点工交代清设备运转情况、隐患和遗留问题。 2.2　与接班人员共同现场检查。 2.3　无问题后，与接班人员共同在交接班记录上签字，方可离岗	/	/	/
收班	记录	填写当班设备运行及巡回检查等记录	/	/	/

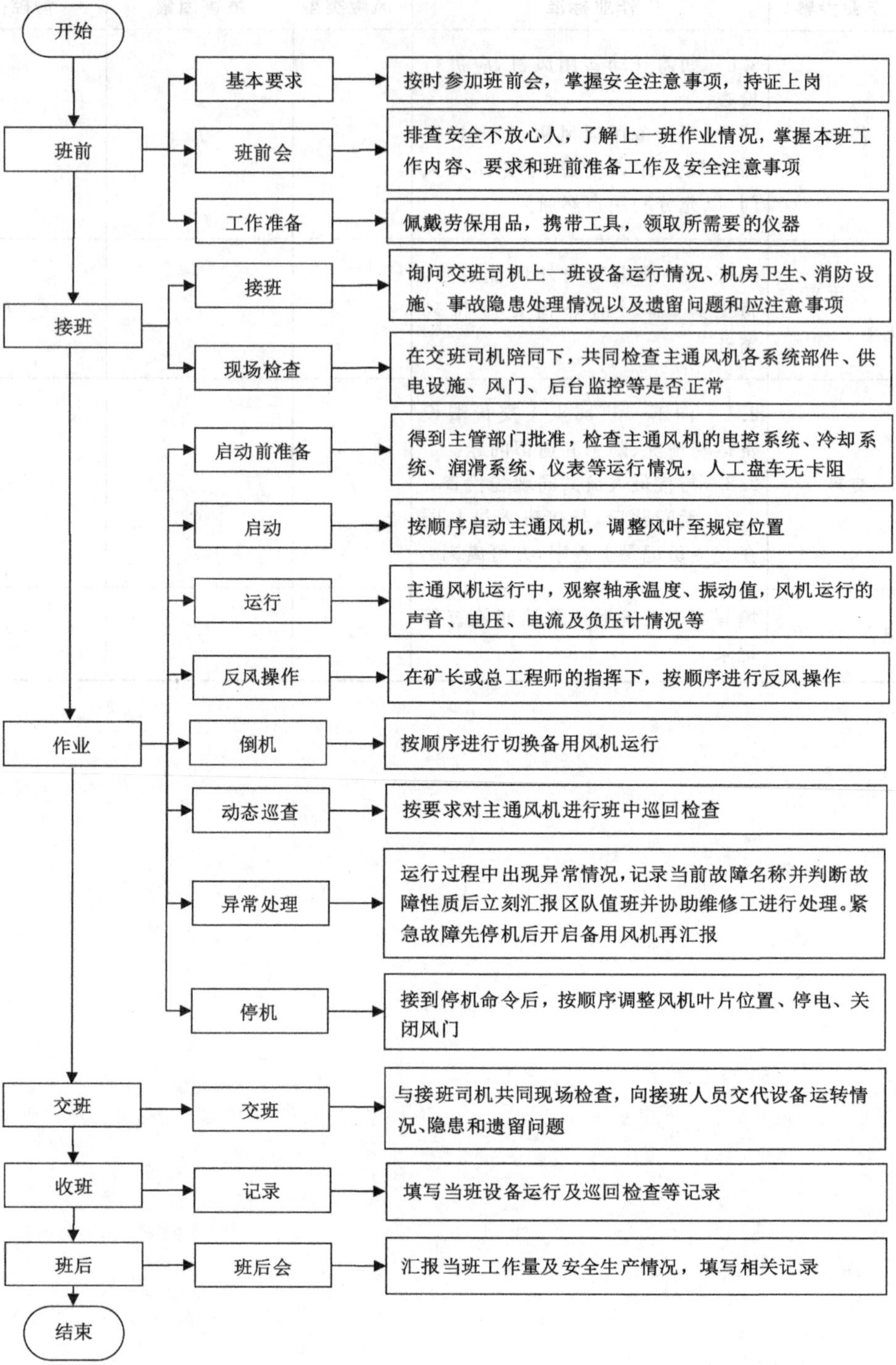

附图：主通风机司机岗位作业流程图

第三节　主排水泵司机岗位作业流程标准化示范

主排水泵司机岗位作业流程标准化指导书	
流程编号	JD003
岗位名称	主排水泵司机
适用范围	煤矿井下
适用地点	中央泵房、采区泵房
一、岗位说明	主排水泵司机是负责煤矿井下主排水泵的运行操作人员，必须熟练掌握煤矿安全知识和相关专业技术知识，并经培训合格取得相关资格证书后持证上岗。主排水泵司机严格按主排水泵司机操作规程的要求，必须熟悉、掌握排水设备的构造、性能、技术特点、工作原理，并做到会使用、会保养、会排除一般性故障
二、岗位安全生产责任清单	1. 严格执行国家有关安全生产和职业病危害防治的法律、法规、行业标准和技术规范。 2. 严格按照《煤矿安全规程》《煤矿工人安全技术操作规程》《作业规程》作业，及时汇报、处理现场存在的问题，并熟悉作业地点的避灾路线及灾害防护知识。 3. 执行安全生产与职业病危害防治责任制和各项管理制度。 4. 熟悉工作现场安全风险情况，严格执行安全风险分级管控措施。在开始工作前，对工作现场进行一次全面安全风险评估，作业过程中随时排查事故隐患。 5. 熟悉本岗位范围内职业病危害的种类、后果、防范及应急救治措施，按要求佩戴劳动防护用品。 6. 司机必须熟悉掌握排水设备的构造、性能、技术特点、工作原理，并做到会使用、会保养、会排除一般性故障。 7. 司机必须严格执行岗位责任制。上岗前不得饮酒，在岗期间遵守劳动纪律管理，规范佩戴劳保用品。 8. 严格执行巡回检查制度，认真观察水泵运行情况及水位变化情况，发现异常情况立即向调度室和值班领导汇报。 9. 配合维修人员做好主排水泵的检查、检修、各项保护的试验和事故处理工作。 10. 认真参加班前会，学习安全办公知识，提高安全意识。 11. 严格执行要害场所的管理工作制度，严禁无关人员进入主排水泵房。 12. 严格执行矿井各类安全管理制度，负责落实分管范围内现场安全生产标准化建设工作。 13. 积极参与应急培训和应急演练。落实消防管理办法，熟悉消防设备、设施、器材性能，每天对消防设施进行检查，做好消防管理工作。 14. 如实、及时汇报安全隐患，对出现的生产安全事故不得隐瞒不报、谎报或者拖延不报。 15. 认真参加班前会，按时参加工区组织的安全学习教育活动，提高安全意识

续表

<table>
<tr><td rowspan="3">三、设备设施及劳保工具</td><td>1. 设备设施：主排水泵</td></tr>
<tr><td>2. 劳保用品：安全帽、劳保手套、耳塞、矿灯、自救器等</td></tr>
<tr><td>3. 工具：螺丝刀、手钳、活动扳手、内六角、套管等</td></tr>
<tr><td>四、作业标准</td><td>见附表</td></tr>
<tr><td>五、流程图</td><td>见附图</td></tr>
<tr><td>六、应急处置</td><td>1. 行动程序
(1) 预警及信息报告：发生险情或事故时，立即通知受威胁区域人员，并向矿调度室汇报。
(2) 应急响应：行使紧急避险权，并按应急指令或避灾路线撤离险区；在撤离受阻的情况下紧急避险，并按现场处置方案开展自救互救。
(3) 后期处置：脱险后，立即向指挥部汇报现场采取的应急措施和事故初期情况；参与现场生产恢复；受伤人员积极配合医疗救治。
2. 安全避险注意事项
(1) 井下火灾、瓦斯爆炸、煤尘爆炸、火工品爆炸事故避灾时应迅速佩戴好自救器，迎着新鲜风流撤离灾区，不可任意进入回风巷道。
(2) 井下水灾发生后迅速佩戴自救器，避开突出水头向地势高的地点避灾。
(3) 顶板、冲击地压事故：立即停止作业，迅速撤离事故现场至安全地点。
(4) 火灾事故：立即通过灭火器、水、沙等直接灭火，无法扑灭时按程序汇报。
(5) 灾害性天气：立即停止作业，按调度指令迅速撤离升井。
(6) 当遭遇灾害无法撤离时进入就近避难硐室，启用救护设施，等待救援。
(7) 佩戴自救器撤离灾区时绝不能因为吸气干热而把自救器拿掉。
3. 联系电话
本单位值班电话：　　　　　　矿调度室电话：</td></tr>
</table>

附表:主排水泵司机岗位作业流程标准

项目	作业步骤	作业标准	风险类型	危害因素	管控措施
接班	1. 进入工作地点	1.1　按规定时间准时进入主排水泵房,现场交接班,观察好工作地点的顶板及周边环境情况。 1.2　询问上班司机水泵的运转情况并检查工具,材料配件及消防器材是否完好齐全	冒顶（片帮）	未发现现场有冒顶或片帮隐患	(1) 工作前,必须对作业地点的顶板、帮壁进行检查,发现问题及时汇报。 (2) 现场发现冒顶(片帮)问题,严格执行敲帮问顶制度。 (3) 远离冒顶(片帮)的危险区域。 (4) 按要求佩戴合格的安全帽等劳动防护用具
作业	1. 现场检查	1.1　检查吸水井是否有杂物。 1.2　检查防护罩、进出水管路、联轴器的连接螺栓及轴向间隙是否妥当,接地装置是否完整,各部螺栓是否齐全、紧固。 1.3　检查轴承润滑油油质合格,油量适当、油环转动平稳、灵活;强迫润滑系统的油泵、泵站、管路完好可靠。 1.4　检查待开排水泵的高低压柜是否正常,电源电压应在规定范围内。 1.5　检查待开水泵控制柜的各种显示是否正常,且无故障显示。 1.6　真空表、压力表指针是否在零位。 1.7　盘车 2～3 转,泵组转动灵活无卡阻现象	机电	盘车不规范	(1) 盘车作业佩戴好合格的劳动防护用具。 (2) 盘车前确定高低压控制柜已停电,防止突然启动

续表

项目	作业步骤	作业标准	风险类型	危害因素	管控措施
作业	2. 启动	2.1　手动模式： 2.1.1　灌水、抽真空。有底阀泵先打开排气阀，然后打开灌水阀向泵体内灌水，直至泵体内空气完全排出，放气阀不冒气而完全冒水时，依次关闭放气阀和灌水阀；无底阀泵应先打开真空表阀门，然后打开射流装置阀门，将泵体及吸水管抽真空，真空表指针稳定在规定范围之内，关闭以上各阀。 2.1.2　合上控制排水泵的高压开关，启动水泵电动机。 2.1.3　泵组启动后，待出水压力达到要求后缓缓打开出水阀门，排水泵投入正常运行。 2.1.4　若采用无底阀排水泵时，观察电机、水泵运转后，应关闭真空泵或射流泵。 2.2　半自动模式： 2.2.1　将模式转换成就地半自动模式。 2.2.2　通过启动和停止按钮，PLC 将按照设定好的运行程序，自动启动待开水泵。 2.3　自动模式： 2.3.1　将模式转换成就地自动模式。 2.3.2　当水仓水位高于设定上限水位时，将自动按照设定好的运行程序，自动启动待开水泵	机电	(1) 电气设备的停电操作不规范	(1) 操作井下高压电气设备主回路时，操作人员必须戴绝缘手套，穿电工绝缘靴或站在绝缘台上
				(2) 作业人员未佩戴绝缘防护用具或佩戴不规范	(2) 电气设备的各种保护齐全。 (3) 绝缘用具合格，定期检验
	3. 运行	3.1　主排水泵司机班中应进行巡回检查，一般每小时巡回检查一次。 3.2　电压不得超过额定值的正负5%，电流不得超过额定值。 3.3　观察压力表、真空表和流量指示的变化情况。 3.4　观察控制柜的盘面显示和水仓水位的变化情况。	机电	巡视设备未保持安全距离	(1) 佩戴合格的劳动防护用具。 (2) 水泵机械外露的转动和传动部分必须加装护罩或者遮栏等防护设施

续表

项目	作业步骤	作业标准	风险类型	危害因素	管控措施
作业	3. 运行	3.5　电机和水泵有无异状、异响或异振。 3.6　检查进、出水管路、泵体、闸门密封等有无漏水现象，盘根应松紧合适，不进气、滴水不成线。 3.7　各紧固件及防松装置应齐全，无松动。 3.8　各发热部位的温度不超限（滑动轴承温度不大于 65 ℃、滚动轴承温度不大于 75 ℃，电机温度不大于规定温度）	职业病危害	现场设备运转振动声音较大	(1) 配备合格的耳塞。 (2) 定期对现场噪声进行检测，确保环境噪声不超过 85 dB(A)
	4. 停泵	4.1　手动模式。 4.1.1　应关闭压力表和真空表阀门，缓缓关闭水泵的出水阀门，严禁阀门在开通位置停机。 4.1.2　待阀门关闭到位后，停电动机。 4.2　半自动模式。 4.2.1　将模式转换成就地半自动模式。 4.2.2　通过启动和停止按钮，PLC 将按照设定好的运行程序，自动停止运行水泵。 4.3　自动模式。 4.3.1　将模式转换成就地自动模式。 4.3.2　当水仓水位低于设定下限水位时，将自动按照设定好的运行程序，自动停止运行水泵	机电	(1) 电气设备的停电操作不规范。 (2) 作业人员未佩戴绝缘防护用具或佩戴不规范	(1) 操作井下高压电气设备主回路时，操作人员必须戴绝缘手套，穿电工绝缘靴或站在绝缘台上。 (2) 电气设备的各种保护齐全。 (3) 绝缘用具合格，定期检验
	5. 紧急停泵	泵组运行中出现下列情况时，必须紧急停机，切断电源，关闭出水闸阀。 (1) 泵组异常振动或有故障性异响。 (2) 水泵不吸水。 (3) 泵体间阀、法兰漏水严重。	火灾	未及时停泵造成电气设备火灾	(1) 主排水泵司机班中加强巡回检查，发现异常及时处置。 (2) 司机接班后不得睡岗，不得进行与工作无关的事情。 (3) 佩戴合格的劳动防护用具。 (4) 作业人员发现电气设备着火时，应首先切断其电源后灭火。

续表

项目	作业步骤	作业标准	风险类型	危害因素	管控措施
作业	5. 紧急停泵	(4) 启动时间过长,电流不返回。 (5) 电动机冒烟、冒火。 (6) 电流值明显超限。 (7) 其他紧急事故	火灾	未及时停泵造成电气设备火灾	(5) 消防器材的放置要根据场所的需要合理摆放,禁止随意变动
			机电	未及时发现泵组出现故障,未及时停泵	(1) 主排水泵司机班中加强巡回检查,发现异常及时处置。 (2) 司机接班后不得睡岗,不得进行与工作无关的事情。 (3) 佩戴合格的劳动防护用具
交班	1. 交班前的准备	1.1　整理现场的工具、材料、配件。 1.2　检查设备运行正常	/	/	/
	2. 交班	2.1　向区队汇报本班工作及设备运行情况。 2.2　向接班人员交代清设备运行和故障处理情况	/	/	/
收班	记录	填写当班设备巡检、水泵运行日志等	/	/	/

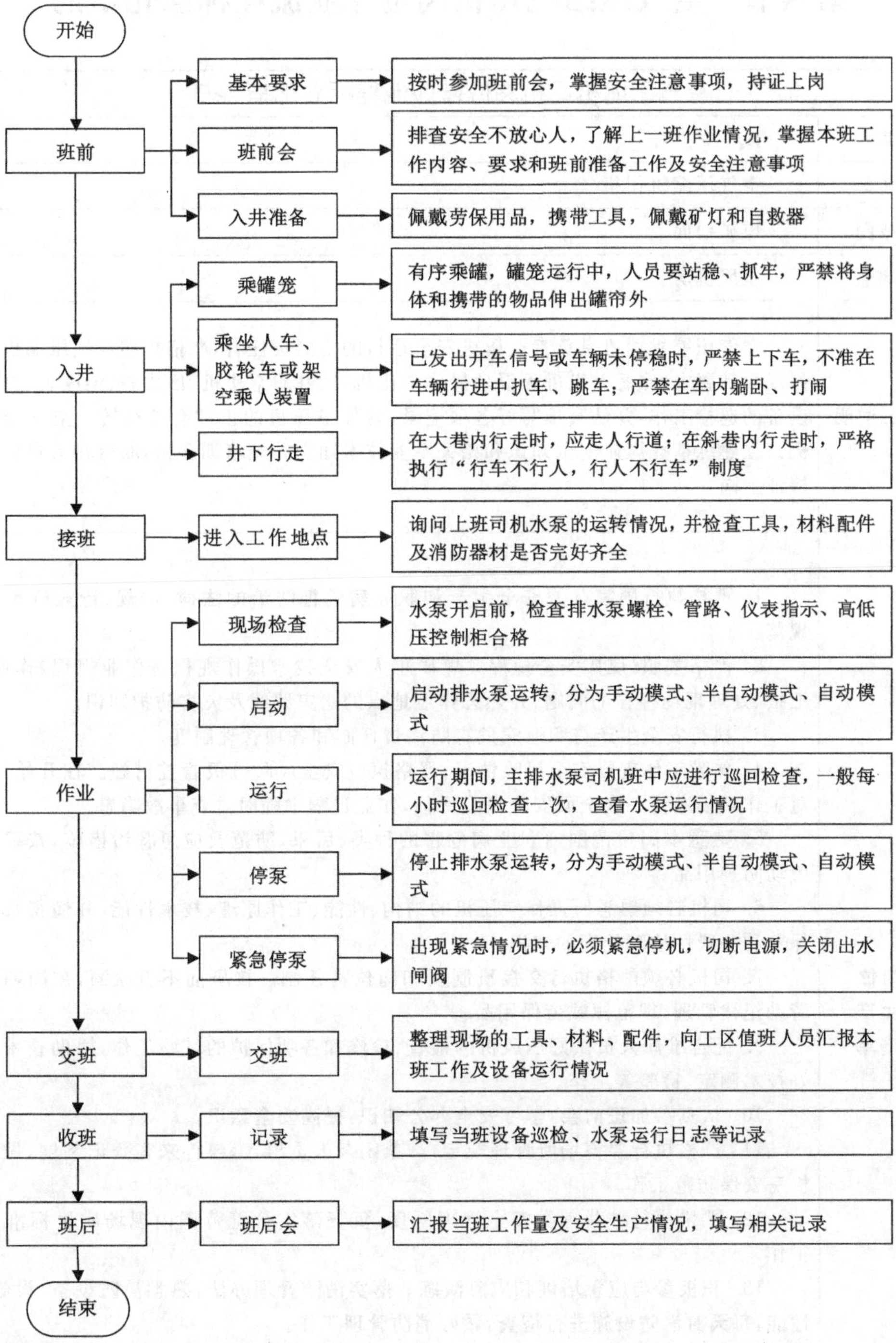

附图：主排水泵司机岗位作业流程图

第四节　空气压缩机司机岗位作业流程标准化示范

空气压缩机司机岗位作业流程标准化指导书	
流程编号	JD004
岗位名称	空气压缩机司机
适用范围	煤矿地面
适用地点	压风机房
一、岗位说明	空气压缩机司机是负责空压机安全运行的主要责任者，严格按照空气压缩机司机操作规程和要求，熟悉并准确无误地操作空压机，做好对空压机、压力表、温度表、安全阀等设备的巡检工作，并认真填写好各项记录，确保空压机的正常有效运转。空气压缩机司机必须熟练掌握煤矿安全知识和相关专业技术知识并经培训合格，取得相关资格证书后持证上岗
二、岗位安全生产责任清单	1. 严格执行国家有关安全生产和职业病危害防治的法律、法规、行业标准和技术规范。 2. 严格按照《煤矿安全规程》《煤矿工人安全技术操作规程》《作业规程》作业，及时汇报、处理现场存在的问题，并熟悉作业地点的避灾路线及灾害防护知识。 3. 执行安全生产与职业病危害防治责任制和各项管理制度。 4. 熟悉工作现场安全风险情况，严格执行安全风险分级管控措施。在开始工作前，对工作现场进行一次全面安全风险评估，作业过程中随时排查事故隐患。 5. 熟悉本岗位范围内职业病危害的种类、后果、防范及应急救治措施，按要求佩戴劳动防护用品。 6. 司机必须熟悉所操作空压机的结构、性能、工作原理、技术性能，并懂得日常维修保养和一般性故障处理的知识。 7. 司机必须严格执行交接班制度和岗位责任制。接班前不得饮酒，在岗期间遵守劳动纪律管理，规范佩戴劳保用品。 9. 配合维修人员做好压风机的检查、检修和各项保护的试验工作，协助技术人员搞好技术测定、检验等工作。 10. 认真参加班前会，学习安全办公知识，提高安全意识。 11. 严格执行要害场所管理规定，严禁闲杂人员出入，履行来客登记制度，做好通风机房安保防范工作。 12. 严格执行矿井各类安全管理制度，负责落实分管范围内现场质量标准化建设工作。 13. 积极参与应急培训和应急演练。落实消防管理办法，熟悉消防设备、设施、器材性能，每天对消防设施进行检查，做好消防管理工作。 14. 如实、及时汇报安全隐患，对出现的生产安全事故不得隐瞒不报、谎报或者拖延不报。 15. 认真参加班前会，按时参加工区组织的安全学习教育活动，提高安全意识

续表

三、设备设施及劳保工具	1. 设备设施:空气压缩机
	2. 劳保用品:安全帽、劳保手套、耳塞、工作服等
	3. 工具:螺丝刀、手钳、活动扳手、内六角、套管等
四、作业标准	见附表
五、流程图	见附图
六、应急处置	1. 行动程序 (1) 预警及信息报告:发生险情或事故时,立即通知受威胁区域人员,并向矿调度室汇报。 (2) 应急响应:行使紧急避险权,并按应急指令或避灾路线撤离险区;在撤离受阻的情况下紧急避险,并按现场处置方案开展自救互救。 (3) 后期处置:脱险后,立即向指挥部汇报现场采取的应急措施和事故初期情况;参与现场生产恢复;受伤人员积极配合医疗救治。 2. 安全避险注意事项 (1) 火灾事故:除电气设备着火时立即通过灭火器、水、沙等直接灭火,电气设备着火时,必须先切断电源后灭火,不能使用水直接灭火,遇有无法扑灭时按程序汇报。 (2) 供电事故时,立即查明故障原因,并向调度信息中心和区队值班室进行详细汇报。 (3) 灾害性天气:严格岗位值守,听从调度指令。 (4) 触电事故时,立即切断电源或用绝缘工具使触电者脱离电源。 3. 联系电话 本单位值班电话:　　　　　　　　　　矿调度室电话:

附表:空气压缩机司机岗位作业流程标准

项目	作业步骤	作业标准	风险类型	危害因素	管控措施
接班	1. 进入接班地点接班	1.1　准时进入主通风机房进行交接班。 1.2　询问交班司机上一班工作情况、设备运行情况、机房卫生、消防设施、事故隐患处理情况以及遗留问题和应注意的事项。 1.3　查看上一班的记录情况	/	/	/
	2. 现场检查(夜班司机陪同)	2.1　对上一班处理的问题或遗留的问题进行检查。 2.2　检查压风机各部是否完好,各处螺栓有无松动。 2.3　检查油位是否在标尺规定的范围内。 2.4　检查设备有无漏油、现场有无油迹现象。 2.5　检查压力表、温度表、指示灯及各种仪表有无损坏,指示是否正确。 2.6　检查监控画面各保护及信号装置是否正常。 2.7　配电设备是否完好,电压是否满足要求。 2.8　检查消防器材、保护用具、工具、材料、配件等是否完好齐全	火灾	现场存在可燃物未及时发现或清理	(1) 做好火源管理,严禁把点火物品及烟草带入施工现场。 (2) 每天对现场排查是否有易燃物,及时清理。 (3) 现场配齐消防器材,定期对防火沙箱、灭火器材进行检查,保证合格
	3. 接班	现场检查无问题后,在交接班记录上签字,接班上岗	/	/	/

续表

项目	作业步骤	作业标准	风险类型	危害因素	管控措施
作业	1. 启动前准备	1.1　检查油位，确保油位在高低位之间。 1.2　确认主回路电压正常。 1.3　每次开启前，排出冷凝水。 1.4　检查机箱内有无调试或维修遗留下的工具、标志等物品，确保开机时机箱内无杂物。 1.5　检查排气管路是否畅通，确保排气阀处于开启位置。 1.6　检查高、低压柜开关、刀闸位置正常，旋钮在“远控”位置，具备合闸条件。 1.7　若有水冷却系统，打开冷却水进水阀门及回水阀门，确认水压正常	/	/	/
	2. 启动	2.1　螺杆式空压机的启动操作： 2.1.1　先合高压隔离开关，再合高压柜低压自动开关。检查螺杆式空压机面板侧“高压柜电源”指示灯是否已亮。 2.1.2　在确认主电机转向正确后，按下“ON”按钮，高压启动柜合闸，电机运转。 2.2　离心式空气压缩机启动操作： 2.2.1　离心机就地控制柜内空气开关处于合闸位置，控制面板得电。此时，进气阀开度为0%，旁通阀开度为100%。 2.2.2　按面板中间绿色启动按钮，离心机电机启动，等待规定时间后按“加载”按键，系统自动进行加载运行。 2.2.3　管网压力达到规定压力时，根据矿井生产用风量进气阀自动调节开度	机电	压风机电机反转	对于首次启动螺杆式空压机或电缆接头变动后，必须核实电机运转方向，切勿反转

续表

项目	作业步骤	作业标准	风险类型	危害因素	管控措施
作业	3. 运行	3.1 压风机各系统工作正常，无漏油、漏气和漏水现象、无异响。 3.2 空压机运转电流、电压正常。 3.3 排气压力及排气温度正常	/	/	/
	4. 动态巡检	4.1 耳听压风机电动机的转动声音是否正常。 4.2 检查各系统工作是否正常，是否有漏油、漏气和漏水现象。 4.3 观测、记录螺杆式空压机运转电流、电压是否正常。 4.4 检查排气压力、排气温度是否正常。 4.5 检查控制面板指示灯显示是否正常。 4.6 检查高压柜合闸后有无异响及异味	职业病危害	现场设备运转振动及现场隔音设施缺少	(1) 配备合格的耳塞。 (2) 定期对现场噪声进行检测，确保环境噪声不超过 85 dB(A)
			机电	(1) 巡检机械运转部位未保持安全距离	巡检时必须按要求佩戴劳动防护用品，与转动部位保持安全距离，对现场进行检查，确保机械外露的转动和传动部位护罩和遮拦等防护设施完好
				(2) 未安装超温报警装置	螺杆式空气压缩机的排气温度不得超过 120 ℃，离心式空气压缩机的排气温度不得超过 130 ℃，必须装设温度保护装置，在超温时能自动切断电源并报警
	5. 停机	5.1 螺杆式空压机正常停机：按动"OFF"后（点动），泄放阀立即自动排气，机组自动延时后，切断 6 kV 电机电源。 5.2 螺杆式空压机故障停机：直接按"紧急停车"按钮。 5.3 离心式空压机正常停机：	机电	操作高压电气设备不规范	(1) 操作高压电气设备时，必须按要求佩戴绝缘用具。 (2) 绝缘用具完好，电气设备绝缘需定期检验

续表

项目	作业步骤	作业标准	风险类型	危害因素	管控措施
作业	5. 停机	5.3.1 按下控制面板最右侧的“卸载”按钮，机组卸载。 5.3.2 机组压力卸载完成，按下停机按钮，完成停机。 5.3.3 电机停止 30 min 后，停止冷却水。 5.4 离心式空压机故障停机： 5.4.1 当机器运行出现异常时，立即按下就地控制箱控制面板红色急停按钮，机器强制性停机。 5.4.2 当高压柜出现异常时，立即按下高压柜停止按钮，高压柜分闸，机器强制性停机。 5.4.3 当外围原因引起高、低压柜跳闸时，机器会自动停机	机电	操作高压电气设备不规范	(1) 操作高压电气设备时，必须按要求佩戴绝缘用具。 (2) 绝缘用具完好，电气设备绝缘需定期检验
交班	1. 交班前的准备	搞好设备及机房内外环境卫生，将工具、器材清点清楚并排列整齐	/	/	/
	2. 交班	2.1 向下一班岗点工交代清设备运转情况、隐患和遗留问题。 2.2 与接班人员共同现场检查。 2.3 无问题后，与接班人员共同在交接班记录上签字，方可离岗	/	/	/
收班	记录	填写当班设备运行及巡回检查等记录	/	/	/

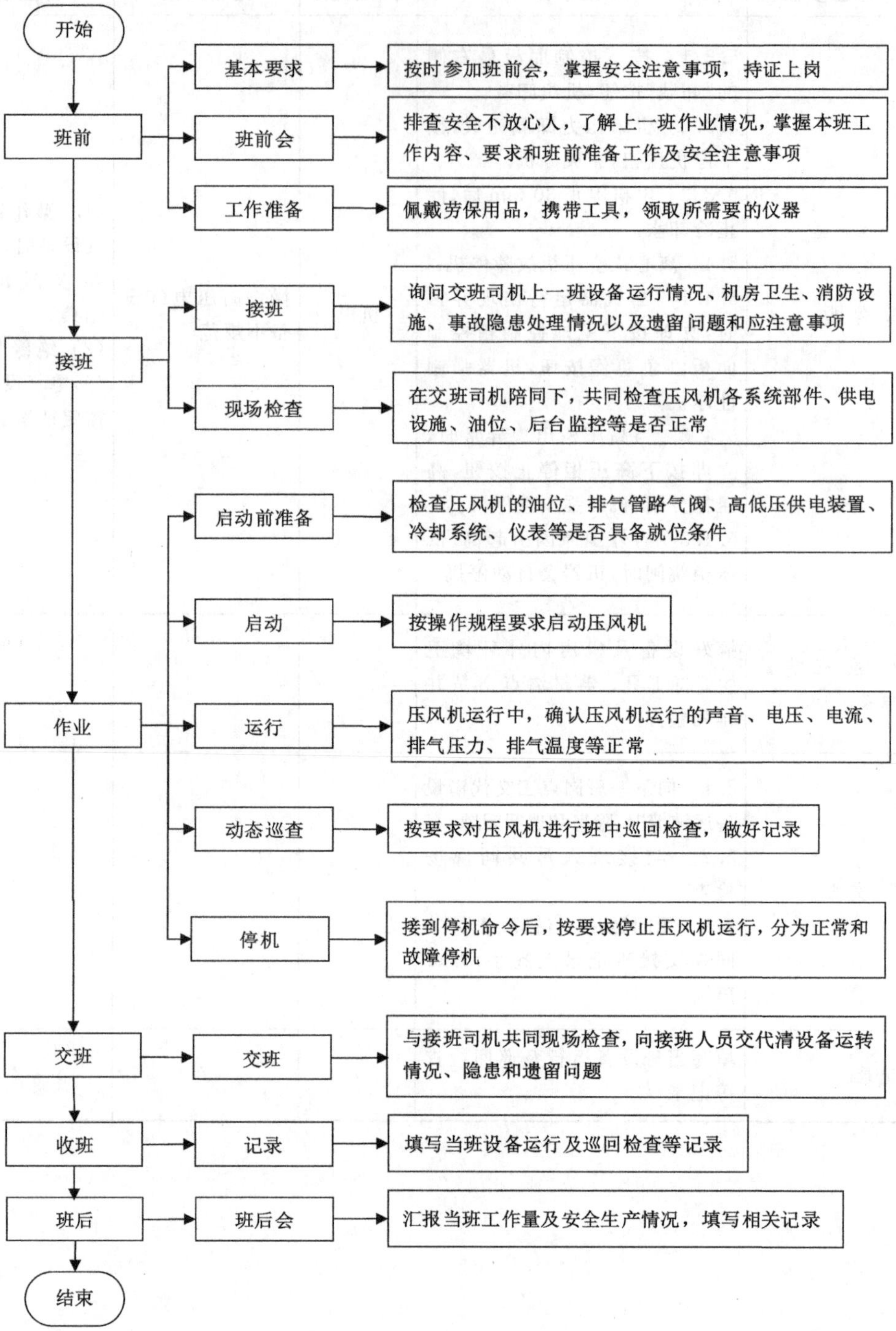

附图:空气压缩机司机岗位作业流程图

第五节　变配电工岗位作业流程标准化示范

变配电工岗位作业流程标准化指导书	
流程编号	JD005
岗位名称	变配电工
适用范围	煤矿地面
适用地点	变配电所
一、岗位说明	变配电工是变配电所非常重要的工作岗位,主要负责停送电操作及电气设备的巡检工作,及时发现供电系统中存在的隐患或缺陷,其工作性质影响着供电系统的安全运行,因此必须具备一定的电工基础知识,熟知变电所变配电设备的特性、一般构造及工作原理,并熟练掌握电气设备的操作及供电应急预案
二、岗位安全生产责任清单	1. 严格执行国家有关安全生产和职业病危害防治的法律、法规、行业标准和技术规范。 2. 严格按照《煤矿安全规程》《煤矿工人安全技术操作规程》《作业规程》《电力安全工作规程》等作业。 3. 执行安全生产与职业病危害防治责任制和各项管理制度,熟悉本岗位范围内职业病危害的种类、后果、防范及应急救治措施,按要求佩戴劳动防护用品。 4. 熟悉工作现场安全风险情况,严格执行安全风险分级管控措施。在开始工作前,对工作现场进行一次全面安全风险评估,作业过程中随时排查事故隐患。 5. 变配电工必须经过培训,考试合格,持证上岗。 6. 变配电工必须掌握本变配电所系统电源和负荷性质、容量、运行方式,掌握设备运行及事故处理规程,增强事故应变能力等。 7. 变配电工必须掌握触电急救方法,并具有电气设备防、灭火知识。 8. 高压停送电操作必须执行检修作业停送电管理规定和"两票"管理规定等相关供电管理制度。 9. 根据停(送)电申请、工作票进行倒闸操作票的填写或生成,并严格按操作票进行倒闸操作。 10. 严格执行电气设备的定期巡检,发现设备存在的隐患、设备运行参数发生变化、保护装置报警等及时汇报。 11. 配合维修工做好电气设备的检查、维护、检修的倒闸操作,认真参与设备故障处理、检修后及送电前的验收工作。 12. 在供电系统出现事故时,应立即启动变电所应急处置方案,防止事故扩大。 13. 严格执行要害场所管理规定。 14. 积极参与应急培训和应急演练。落实消防管理办法,熟悉消防设备、设施、器材性能,每天对消防设施进行检查,做好消防管理工作。 15. 严格执行现场交接班制度,工作中杜绝违章行为

续表

三、设备设施及劳保工具	1. 设备设施:高低压开关柜、变压器等
	2. 劳保用品:安全帽、绝缘手套、绝缘靴、工作服
	3. 工具:验电笔、绝缘杆、绝缘垫等
四、作业标准	见附表
五、流程图	见附图
六、应急处置	1. 行动程序 (1) 预警及信息报告:发生险情或事故时,立即通知受威胁区域人员,并向矿调度室汇报。 (2) 应急响应:行使紧急避险权,并按应急指令或避灾路线撤离险区;在撤离受阻的情况下紧急避险,并按现场处置方案开展自救互救。 (3) 后期处置:脱险后,立即向指挥部汇报现场采取的应急措施和事故初期情况;参与现场生产恢复;受伤人员积极配合医疗救治。 2. 安全避险注意事项 (1) 火灾事故:除电气设备着火时立即通过灭火器、水、沙等直接灭火,电气设备着火时,必须先切断电源后灭火,不能使用水直接灭火,遇有无法扑灭时按程序汇报。 (2) 发生供电事故时,立即查明故障原因,并向调度信息中心和区队值班进行详细汇报。 (3) 灾害性天气:严格岗位值守,听从调度指令。 (4) 发生触电事故时,立即切断电源或用绝缘工具使触电者脱离电源。 3. 联系电话 本单位值班电话:　　　　　　　　矿调度室电话:

附表:变配电工岗位作业流程标准

项目	作业步骤	作业标准	风险类型	危害因素	管控措施
接班	1. 进入岗点	准时进入变配电所进行交接班	/	/	/
	2. 更衣	按规定更换工作服,佩戴好劳动保护用品	/	/	/
	3. 现场接班检查	3.1　了解系统运行方式及电气设备运行情况及负荷分配情况。 3.2　上岗时要与区队值班人员通话一次,汇报已到岗并验证通话是否畅通、电话录音系统是否正常。 3.3　了解上一班设备异常、事故处理及缺陷处理情况。 3.4　了解上一班未完成的工作及注意事项,特别是上一班停电检修线路情况、装设接地线(或合接地刀闸)情况。 3.5　了解上一班"两票"的执行情况,有无等待执行的工作票、操作票。 3.6　清点并检查安全工器具、"五防"钥匙、消防器材、各种记录等是否齐全、有效。 3.7　检查环境及设备、设施卫生情况	/	/	/
	4. 办理接班手续	4.1　交接班应在上一班完成倒闸操作或事故处理完毕后进行。 4.2　交接班双方进行交接手续,确认无问题后,交接班记录上签字,接班人上岗作业	/	/	/

续表

项目	作业步骤	作业标准	风险类型	危害因素	管控措施
作业	1. 作业前准备	1.1 检查使用的绝缘用具、安全用具。 1.2 作业前必须认真核对倒闸操作任务和核对操作票内容。 1.3 倒闸操作必须根据审批合格的停电工作票或值班调控人员的指令,在受令人检查停电工作票或复诵指令无误后执行。 1.4 倒闸操作必须填写操作票,一张操作票只准填写一个操作任务	/	/	/
	2. 倒闸操作	2.1 模拟操作。 2.1.1 现场开始操作前,应先在模拟图(或微机防误装置、微机监控装置)上进行核对性模拟预演,无误后再进行操作。 2.2 停电。 2.2.1 操作前核对系统方式、设备名称、编号和位置。 2.2.2 操作过程中应按操作票填写的顺序逐项操作。每操作完一步,应检查无误后做一个"√"记号。 2.2.3 倒闸操作必须由两人执行,认真执行监护复诵制度,其中对设备较为熟悉者作监护。 2.2.4 停电拉闸操作应按照断路器(开关)—负隔离开关(刀闸)—电源侧隔离开关(刀闸)[或断路器(开关)—断路器手车]的顺序依次进行,送电合闸操作应按与上述相反的顺序进行。	机电	(1) 倒闸操作时离带电设备安全距离不够	倒闸操作时,必须与带电设备保持足够的安全距离,10 kV及以下不小于0.7 m;35 kV不小于1.0 m;110 kV不小于1.5 m
				(2) 绝缘用具不合格	(1) 绝缘用具定期预防性试验。 (2) 使用前必须进行检查

续表

项目	作业步骤	作业标准	风险类型	危害因素	管控措施
作业	2. 倒闸操作	2.3　验电。 2.3.1　验电前，应先在有电设备上进行试验，确认验电器良好。 2.3.2　验电时，应使用相应电压等级而且合格的接触式验电器，在装设接地线或合接地刀闸(装置)处对各相分别验电。 2.3.3　对无法进行直接验电的设备和雨雪天气时的户外设备，可以进行间接验电，即通过设备的机械指示位置、电气指示、带电显示装置、仪表及各种遥测、遥信等信号的变化来判断。判断时，至少应有两个非同样原理或非同源的指示发生对应变化，且所有这些确定的指示均已同时发生对应变化，才能确认该设备已无电。 2.4　放电。 2.4.1　验明检修的设备确无电压后，对检修停电的设备进行放电，放电装置先接接地端、后接导电体对地放电。	机电	(3) 停电不彻底，导致反供电	(1) 具有来电危险的上级电源、联络开关等有可能反送电的开关必须做好隔离措施，开关上应有“注意，防止反送电”或“小心反电”警示标识。 (2) 双回路电源供电的下级负荷，其中一回路电源停电时，必须由下级用电单位专职电工将与停电回路对应的开关拉开，拉开其隔离刀闸并闭锁牢靠，并在其操作机构上挂“禁止合闸，有人工作”标示牌
				(4) 禁止带负荷拉合隔离开关(刀闸)或推拉断路器手车	(1) 高压电气设备操作严格执行工作票、操作票。 (2) 操作票填写完毕后，认真检查、核对，无误后执行。 (3) 严格执行一人操作、一人监护
				(5) 操作高压电气设备未穿戴绝缘用具	(1) 高压电气设备操作必须穿戴绝缘用具。 (2) 用绝缘棒拉合隔离开关(刀闸)、高压熔断器或经传动机构拉合断路器(开关)和隔离开关(刀闸)，均应戴绝缘手套
				(6) 验电前未检验验电笔的完好	验电前，必须对验电笔进行检验
				(7) 验电未穿戴绝缘用具	验电操作时要戴绝缘手套、穿绝缘靴或站在绝缘垫上

续表

项目	作业步骤	作业标准	风险类型	危害因素	管控措施
作业	2. 倒闸操作	2.5　接地。 2.5.1　当验明确无电压后，在验电的地点挂好三相短路接地线。 2.5.2　装设接地线应由两人进行。 2.5.3　挂接地线应先接接地端后接导体端。接地线连接要可靠，不准缠绕。 2.6　悬挂标示牌和装设遮栏（围栏）。 2.6.1　在工作地点停电的断路器（开关）和隔离开关（刀闸）的操作把手上，均应悬挂"禁止合闸，有人工作！"的标示牌。 2.6.2　线路上有人工作，应在线路断路器（开关）和隔离开关（刀闸）操作把手上悬挂"禁止合闸，线路有人工作"的标示牌。	机电	(8) 验电笔使用不规范	(1) 验电器的伸缩式绝缘棒长度应拉足，验电时手应握在手柄处不得超过护环，人体应与验电设备保护足够的距离。 (2) 雨雪天气时不得进行室外直接验电
				(9) 拆卸高压熔断器不规范	装卸高压熔断器，应戴护目眼镜和绝缘手套，必要时使用绝缘夹钳，并站在绝缘垫或绝缘台上
				(10) 电容器、电缆未充分放电	电缆及电容器接地前应逐相充分放电，星形接线电容器的中性点应接地、串联电容器及与整组电容器脱离的电容器应逐个多次放电，装在绝缘支架上的电容器外壳也应放电
				(11) 装设接地线不合格	(1) 接地线应装在该装置导电部分的规定地点，应去除这些地点的油漆或绝缘层。 (2) 装设接地线应先接接地端，后接导体端，接地线应接触良好，连接应可靠。拆接地线的顺序与此相反。 (3) 装、拆接地线导体端均应戴绝缘手套。 (4) 禁止使用其他导线作为接地线或短路线。接地线应使用专用的线夹固定在导体上，禁止用缠绕的方法进行接地或短路

续表

项目	作业步骤	作业标准	风险类型	危害因素	管控措施
作业	2. 倒闸操作	2.6.3　部分停电的工作，安全距离小于规定距离以内的未停电设备应装设临时遮栏，临时遮栏与带电部分的距离符合《电力安全工作规程》规定，且装设必须牢固，并悬挂"止步，高压危险"的标示牌	机电	(12) 雷电天气进行倒闸操作	雷电时，禁止进行倒闸操作
				(13) 随意使用解锁钥匙，随意解除闭锁	不准擅自更改操作，确需更改时应汇报工作负责人
	3. 巡回检查	3.1　巡回检查按规定时间定时巡检。 3.2　巡回检查内容包括：主变压器、高低压开关柜、隔离开关、电抗器、电容器、所变及二次仪表、继电保护装置、指示灯等。 3.3　耳听设备运行的声音是否正常。 3.4　目测油浸变压器有无渗油漏油现象；油位是否正常，温度是否升高。 3.5　使用测温工具测量各引入、引出线接头等裸露部位有无过热现象。 3.6　注视各后台监控、监视上位机的监测数据变化、仪表指示，随时注意各参数变化	机电	(1) 巡回检查高压设备时安全距离不够	巡视设备时必须与带电设备保持足够的安全距离，10 kV 及以下不小于 0.7 m；35 kV 不小于 1.0 m；110 kV 不小于 1.5 m
				(2) 检查电抗器带铁磁性物质	检查电抗器设备时，不得带铁磁性物质
				(3) 雷雨天气靠近避雷针巡检	雷雨天气巡视室外高压设备时，应穿绝缘靴，并不得靠近避雷器和避雷针
	4. 故障处置	4.1　首先判定故障点的位置、故障种类和停电范围。 4.2　执行汇报程序，将现场现状进行逐级汇报。 4.3　配合好维修人员的故障处置工作，进行相应的倒闸操作。 4.4　发生大面积跳闸事故时，严格按照变配电所内的应急预案执行	机电	操作高压电气设备未穿戴绝缘用具	(1) 高压电气设备操作必须穿戴绝缘用具。 (2) 用绝缘棒拉合隔离开关(刀闸)、高压熔断器或经传动机构拉合断路器(开关)和隔离开关(刀闸)，均应戴绝缘手套

续表

项目	作业步骤	作业标准	风险类型	危害因素	管控措施
作业	5. 其他操作	5.1 切换电源的倒回路操作。 5.1.1 备用电源开关应处于完好状态。 5.1.2 合上备用电源的隔离开关及断路器,检查确认负荷分配情况正常。 5.1.3 拉开原运行回路的断路器及隔离开关。 5.2 倒变操作。 5.2.1 检查备用变压器完好。 5.2.2 备用变压器高低压侧开关及控制回路应完好。 5.2.3 合上备用变压器高压侧隔离开关及断路器。 5.2.4 合上备用变压器低压侧隔离开关及断路器。 5.2.5 观察新投运变压器与正在运行变压器的负荷分配情况,新投运的变压器电流、电压指示正常。 5.2.6 拉开运行变压器低压侧断路器及隔离开关。 5.2.7 拉开运行变压器高压侧断路器及隔离开关	机电	操作高压电气设备未穿戴绝缘用具	(1) 高压电气设备操作必须穿戴绝缘用具。 (2) 用绝缘棒拉合隔离开关(刀闸)、高压熔断器或经传动机构拉合断路器(开关)和隔离开关(刀闸),均应戴绝缘手套
交班	1. 交班前的准备	1.1 清点好工具、仪表并排列整齐,做好环境卫生清理工作。 1.2 检查整理各种记录,并将工具及其他用品摆放整齐	/	/	/
	2. 交班	2.1 当接班人员进入接班地点后,先将本班情况向接班人口头交代清楚。 2.2 当变配电所有检修任务或改变运行方式时,对检修中尚未完成的工作,变配电工必须记录好,会同接班人进入现场交代清楚。	/	/	/

续表

项目	作业步骤	作业标准	风险类型	危害因素	管控措施
交班	2. 交班	2.3　变配电所事故处理过程中，发生事故的当班变配电工必须待事故处理完毕，方准交接班。 2.4　查出问题共同处理，遗留问题落实责任，向上汇报。 2.5　确认交接无问题后，履行交接班手续，填写交接班记录	/	/	/
收班	记录	按要求及时、清晰、完整、正确地填写好巡回检查、运行等各种记录，并将记录摆放整齐	/	/	/

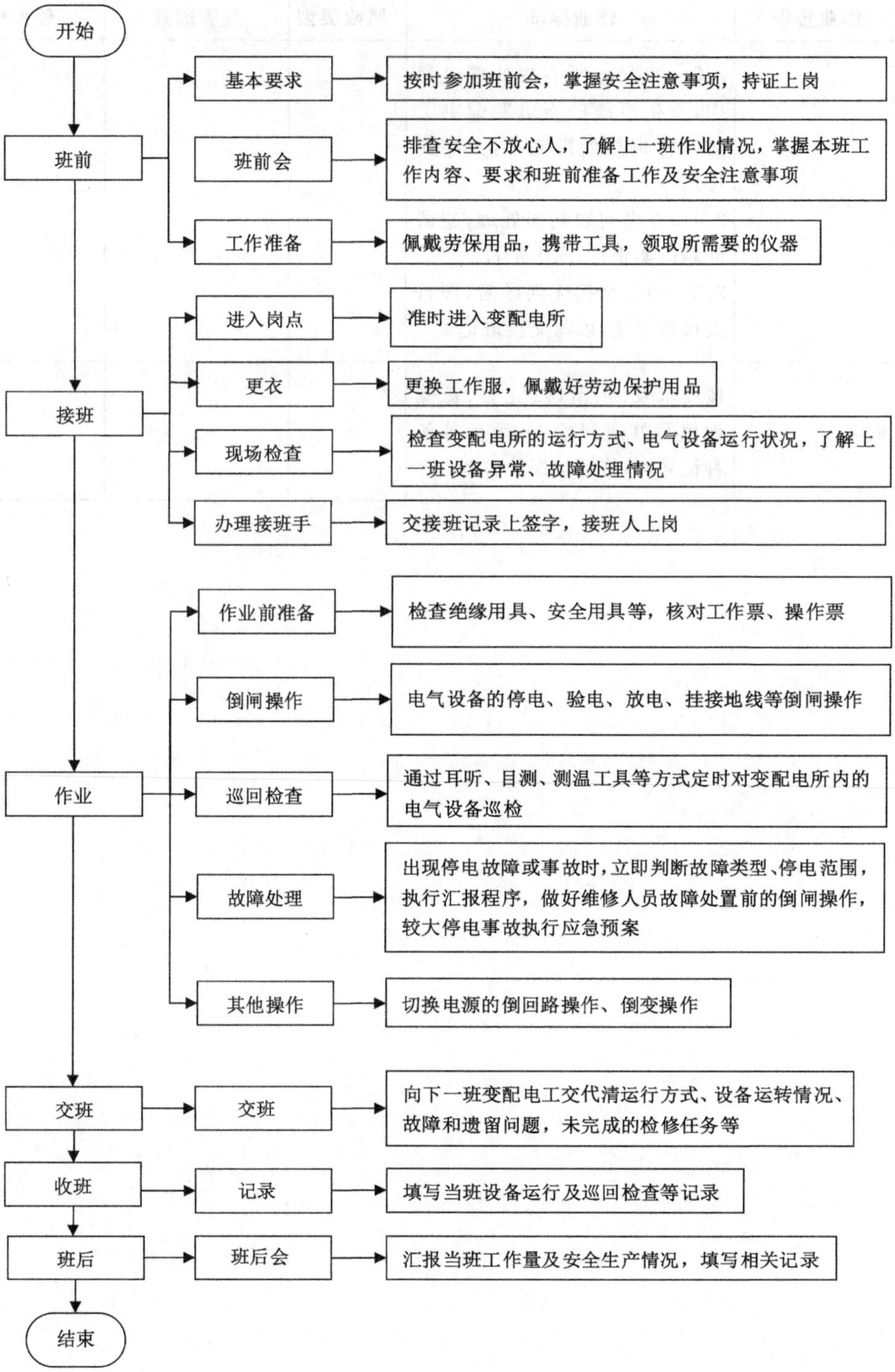

附图：变配电工岗位作业流程图

第六节 矿井维修电工岗位作业流程标准化示范

<table>
<tr><td colspan="2">矿井维修电工岗位作业流程标准化指导书</td></tr>
<tr><td>流程编号</td><td>JD006</td></tr>
<tr><td>岗位名称</td><td>矿井维修电工</td></tr>
<tr><td>适用范围</td><td>煤矿井下</td></tr>
<tr><td>适用地点</td><td>煤矿井下</td></tr>
<tr><td>一、岗位说明</td><td>矿井维修电工是维修煤矿井下电气设备的工作岗位，负责井下范围内电气设备的检查、维护工作，其工作质量影响着井下电气设备正常运行的安全和可靠，因此必须熟练掌握煤矿安全知识、电气维修专业技术知识，有较高的业务技能水平和熟练的操作技能</td></tr>
<tr><td>二、岗位安全生产责任清单</td><td>1. 严格执行国家有关安全生产和职业病危害防治的法律、法规、行业标准和技术规范。
2. 无妨碍本职工作的病症，职业健康检查符合要求，身体状况适应本工种要求。
3. 必须经过培训，考试合格并持证上岗。
4. 必须熟知《煤矿安全规程》《煤矿机电设备完好标准》《煤矿机电设备检修质量标准》和 GB 3836 系列标准中的有关规定。
5.应熟悉矿井巷道布置，熟悉在灾害情况下的停电顺序及人员撤离路线。
6. 高压电气设备停送电操作，必须填写工作票、操作票。
7. 上岗前必须佩戴好安全帽、防护手套、防尘口罩等劳保用品，穿好工作服并扣全扣子、扎紧袖口，执行好职业病危害防治措施。
8. 熟悉工作现场安全风险情况，严格执行安全风险分级管控措施。在开始工作前，对工作现场进行一次全面安全风险评估，作业过程中随时排查事故隐患。
9. 熟悉本岗位范围内职业病危害的种类、后果、防范及应急救治措施，按要求佩戴劳动防护用品和绝缘用具。
10. 负责分管设备的运行、维护、检修、应急问题处理等工作。熟悉所辖范围内的所有电气设备的用途及性能，熟悉一、二次系统的原理和所辖变配电所的供电运行方式。
11. 负责做好设备日常巡检，发现问题及时进行处理。检修班处理不完时应及时向值班人员汇报、请示。
12. 负责做好矿井电气设备的检修工作，保证供电设备的安全运转。检修工作前，严格执行检修挂牌制度和告知制度。负责设备所需备品、备件、材料的准备工作。
13. 设备遇到故障时，在保证安全的前提下力争在最短的时间内解决，尽快恢复矿井生产。
14. 认真填写电气设备日常巡检、维护和检修记录等。
15. 辨识本岗位工作中的危害因素、评估风险大小，排查隐患，落实风险管控和隐患治理措施</td></tr>
<tr><td rowspan="3">三、设备设施及劳保工具</td><td>1. 设备设施：井下电气设备、电缆、接地极等</td></tr>
<tr><td>2. 劳保用品：防静电工作服、安全帽、绝缘靴、绝缘手套、自救器、矿灯</td></tr>
<tr><td>3. 工具：验电笔、接地线、螺丝刀、手钳、活动扳手等</td></tr>
</table>

续表

四、作业标准	见附表
五、流程图	见附图
六、应急处置	1. 行动程序 (1) 预警及信息报告:发生险情或事故时,立即通知受威胁区域人员,并向矿调度室汇报。 (2) 应急响应:行使紧急避险权,并按应急指令或避灾路线撤离险区;在撤离受阻的情况下紧急避险,并按现场处置方案开展自救互救。 (3) 后期处置:脱险后,立即向指挥部汇报现场采取的应急措施和事故初期情况;参与现场生产恢复;受伤人员积极配合医疗救治。 2. 安全避险注意事项 (1) 井下火灾、瓦斯爆炸、煤尘爆炸、火工品爆炸事故避灾时应迅速佩戴好自救器,迎着新鲜风流撤离灾区,不可任意进入回风巷道。 (2) 井下水灾发生后迅速佩戴自救器,避开突出水头向地势高的地点避灾。 (3) 顶板、冲击地压事故:立即停止作业,迅速撤离事故现场至安全地点。 (4) 火灾事故:立即通过灭火器、水、沙等直接灭火,无法扑灭时按程序汇报。 (5) 灾害性天气:立即停止作业,按调度指令迅速撤离升井。 (6) 当遭遇灾害无法撤离时进入就近避难硐室,启用救护设施,等待救援。 (7) 佩戴自救器撤离灾区时绝不能因为吸气干热而把自救器拿掉。 3. 联系电话 本单位值班电话: 矿调度室电话:

附表:矿井维修电工岗位作业流程标准

项目	作业步骤	作业标准	风险类型	危害因素	管控措施
接班	1. 进入工作地点	1.1　及时进入工作地点,观察好工作地点的顶板及周边环境情况。 1.2　询问设备运行情况和出现故障问题的处理情况。 1.3　若电气设备存在故障,要与上一班维修人员做好交接,确认安全措施实施情况和遗留故障问题	/	/	/
作业	1. 现场检查	1.1　对管辖范围内电气设备进行全面防爆、完好检查,检查进线电源接头有无松动、发热现象。 1.2　检查电气设备连接螺栓、螺帽、弹簧垫是否齐全、紧固、无锈蚀。 1.3　检查各种仪表、指示灯是否正确指示;各按钮、手柄是否完好,动作是否灵敏可靠,接地装置是否完好,并符合规定。	机电	(1) 带电搬迁电气设备	(1) 非专职电气作业人员严禁操作电气设备。 (2) 严禁带电搬迁非本安型电气设备、电缆,采用电缆供电的移动式用电设备不受此限。 (3) 检修或者搬迁前,必须切断上级电源,检查瓦斯,在其巷道风流中 CH_4 浓度低于1.0%时,再用与电源电压相适应当的验电笔检验;检验无电后,方可进行导体对地放电。所有开关把手在切断电源时必须闭锁,并悬挂"有人工作,不准送电"字样的警示牌,只有执行这项工作的人员才有权取下此牌送电

续表

项目	作业步骤	作业标准	风险类型	危害因素	管控措施
作业	1. 现场检查	1.4 检查操作机构、闭锁机构是否灵活、完好。 1.5 检查漏电保护动作灵敏可靠，过载和短路等整定值是否正确。 1.6 检查各开关，电机，“五小”电气设备，大、小喇叭嘴，单手正拧不松动，啮合不低于6扣，挡板挡圈合格。 1.7 检查变电所内电气设备的安全情况，瓦斯浓度不超1%	机电	(2) 电气设备保护不全面或漏电保护失效，电气设备外壳带电	(1) 非专职电气作业人员严禁操作电气设备。 (2) 容易碰到的、裸露的带电体必须加装护罩或者遮栏等防护设施。 (3) 手持式电气设备的操作手柄和工作中必须接触的部分须有良好绝缘。 (4) 电气设备的闭锁、联锁装置必须保证完好。 (5) 井下高压电动机、动力变压器的高压控制设备，应当具有短路、过负荷、接地和欠压释放保护。井下由采区变电所、移动变电站或者配电点引出的馈电线上，必须具有短路、过负荷和漏电保护。低压电动机的控制设备，必须具备短路、过负荷、单相断线、漏电闭锁保护及远程控制功能
	2. 保护装置检查	2.1 检查电缆的悬挂及连接是否符合规定，有无明接头和破皮现象。 2.2 各类电机综合保护器、线路脱扣器按产品技术要求和负载的有关参数正确整定和定期校验		(1) 电气设备保护不全面或漏电保护失效，电气设备外壳带电	(1) 非专职电气作业人员严禁操作电气设备。 (2) 现场检查，矿井维修电工必须按要求佩戴合格的绝缘用具

续表

项目	作业步骤	作业标准	风险类型	危害因素	管控措施
作业	2. 保护装置检查	2.1　检查电缆的悬挂及连接是否符合规定，有无明接头和破皮现象。 2.2　各类电机综合保护器、线路脱扣器按产品技术要求和负载的有关参数正确整定和定期校验	机电	(2) 作业人员未佩戴绝缘防护用具或佩戴不规范	(3) 电气设备的各种保护齐全，漏电保护每天试验一次
	3 接地电阻摇测	使用ZC-18型测量仪测量接地电阻。 3.1　按直线距被测接地极E′20 m和40 m处分别埋入电位探测针P′和电流探测针C′。 3.2　用导线将E′、P′、C′分别与摇表相应的E、P、C相连接。 3.3　仪表水平放置，调“0”位调节器使检流计指针指在黑线上。 3.4　将倍率标度盘拨至乘10挡，慢慢转动发电机手把，同时转动测量标度盘，使检流计指针指在黑线上。 3.5　当检流计指针接近平衡时，加快发电机手把转速至120转/min以上，调整测量标度盘使指针指在黑线上。 3.6　当测量标度盘读数小于1时，将倍率标度盘置于“×1”挡，再重新调测量标度盘。 3.7　标度盘读数乘以倍率即为所测量接地电阻值	/	/	/
	4. 停电	4.1　准备工作 4.1.1　对电气设备存在的故障问题进行确认。 4.1.2　熟悉故障维修作业的程序及工艺，准备好所需的工具、材料、配件及绝缘防护用具。	机电	(1) 电气设备的停电操作不规范	(1) 规范停送电流程，检查停电安全措施到位无来电可能性后，方可检维修作业。 (2) 电气设备停电后挂停电牌，严格执行“谁停电谁挂牌，谁挂牌谁摘牌”的规定

续表

项目	作业步骤	作业标准	风险类型	危害因素	管控措施
作业	4. 停电	4.1.3 高压电气设备作业执行工作票制度，由工作负责人向变配电所的变配电工交代停电范围和检修内容，并经变配电工核实、签字，若无变配电工，由现场的矿井维修电工担任。 4.1.4 工作负责人向参加检维修人员宣读工作票、布置任务、贯彻安全措施及注意事项。 4.2 停电。 4.2.1 断开所检修设备电源，拉出隔离开关。 4.2.2 断开与检修设备有关的设备电器，防止向检修设备反送电。 4.2.3 检查断开后的开关是否在断开位置，并在操作机构上挂“有人工作，禁止合闸”警示牌。 4.2.4 根据需要装设必要的栅栏或警示装置。 4.3 验电。 4.3.1 检查瓦斯，在其巷道风流中 CH_4 浓度低于 1.0%。 4.3.2 使用与验电电压相符且合格的验电器进行验电。 4.3.3 高压验电时，必须戴上绝缘手套。 4.4 放电。使用专用放电装置，先接接地端、后接导电体对地放电。	机电	(2) 停电完毕后未执行挂牌措施	(3) 非专职电气作业人员严禁操作井下电气设备。 (4) 操作井下高压电气设备主回路时，操作人员必须戴绝缘手套，穿电工绝缘靴或站在绝缘台上。 (5) 现场施工，必须按要求佩戴劳动防护用品和绝缘用具。 (6) 做好现场安全重点管控，做好安全不放心人排查。 (7) 高压电气设备作业，严格执行“两票”规定。 (8) 高压电气设备的停送电操作，严格执行唱票复诵制度，一人操作，一人监护
				(3) 作业人员未佩戴绝缘防护用具或佩戴不规范	(1) 非专职人员或者非值班电气人员不得操作电气设备

续表

项目	作业步骤	作业标准	风险类型	危害因素	管控措施
作业	4. 停电	4.5　接地(根据现场需求或票证要求)。 4.5.1　当验明确无电压后,在验电的地点挂好三相短路接地线。 4.5.2　挂接地线应先接接地端,后接导体端。接地线连接要可靠,不准缠绕;接地线应用多股软裸铜线,其截面面积不得小于 25 mm^2	机电	(3) 作业人员未佩戴绝缘防护用具或佩戴不规范	(2) 操作高压电气设备主回路时,操作人员必须戴绝缘手套,并穿电工绝缘靴或者站在绝缘台上。 (3) 手持式电气设备的操作手柄和工作中必须接触的部分必须有良好绝缘。 (4) 绝缘用具必须定期进行检验,张贴合格证。 (5) 使用绝缘用具前必须检查完好性及绝缘手套的气密性,检查合格后方可使用
			瓦斯	开关验电前未检查瓦斯浓度	开关验电前,严格检查瓦斯在其巷道风流中 CH_4 浓度低于 1.0%
	5. 检维修作业	5.1　检维修作业。 5.1.1　对检修设备各部位进行详细的检查。 5.1.2　确定设备故障点后,应按组装的相反顺序拆卸损坏部件及相关部件。 5.1.3　按顺序妥善旋转拆卸部件。 5.1.4　更换或修理损坏部件时,应按质量要求修复和组装。 5.1.5　对所检修设备进行详细检查,紧固件、绝缘阻值、防爆性能、接线工艺、接地保护装置必须符合《矿井机电设备完好标准》	机电	(1) 检修过程中任意改变设备的接线方式	(1) 电气设备检修中,不得任意改变原有端子序号、接线方式
				(2) 控制回路更改二次接线	(2) 不得甩掉原有的保护装置,整定值不得任意修改。 (3) 电流互感器二次回路不得开路,电压互感器的二次回路不得短路,二次侧接地线不准断路。在电压互感器二次回路进行通电试验时,应采取措施防止由二次向一次反送电

续表

项目	作业步骤	作业标准	风险类型	危害因素	管控措施
作业	6. 绝缘电阻摇测	井下使用普通型仪表进行测量时，应严格执行以下规定。 6.1 普通携带式电气测量仪表，只准在瓦斯浓度为1%以下的地点使用。 6.2 在测定设备或电缆绝缘电阻后，必须将导体完全放电。 6.3 被测设备中有电子插件时，在测量绝缘电阻之前，必须取下电子插件	机电	绝缘电阻摇测完毕未及时放电	(1) 非专职电气作业人员严禁操作电气设备。 (2) 现场检查，矿井维修电工必须按要求佩戴合格的绝缘用具。 (3) 摇测绝缘电阻后及时放电
	7. 试运转	7.1 措施撤除。 7.1.1 清点材料、工具、配件，要求数量相符。 7.1.2 检维修完毕后拆掉警示牌、接地线。 7.2 试运转。 7.2.1 对各种保护进行试验。按下开关的保护试验按钮，相应的故障指示灯亮，然后复位，开关显示正常后，继续试验其他保护，直至全部试验完毕。 7.2.2 各种保护、信号、接地装置完好、有效，运行正常。 7.2.3 空试运转无误后，方可带负荷运转。 7.3 恢复送电。 7.3.1 带负荷运行30 min无误后，矿井维修电工方可离开	机电	(1) 接地线未撤除恢复送电	(1) 检维修作业完成后，必须先撤除安全措施。 (2) 安全措施拆除到位，检查、确认接地线已撤除后方可联系送电
				(2) 送电流程不规范	(1) 严格执行送电流程，先联系后送电。 (2) 操作井下高压电气设备主回路时，操作人员必须戴绝缘手套，穿电工绝缘靴或站在绝缘台上。 (3) 规范送电流程，严格执行唱票复诵制度，一人操作，一人监护
交班	1. 交班前的准备	1.1 整理现场的工具、材料、配件。 1.2 检查设备运行正常	/	/	/
	2. 交班	2.1 向区队汇报本班工作及设备运行情况。 2.2 向岗位人员交情设备运行和故障处理情况	/	/	/
收班	记录	填写当班设备巡检或设备检维修记录	/	/	/

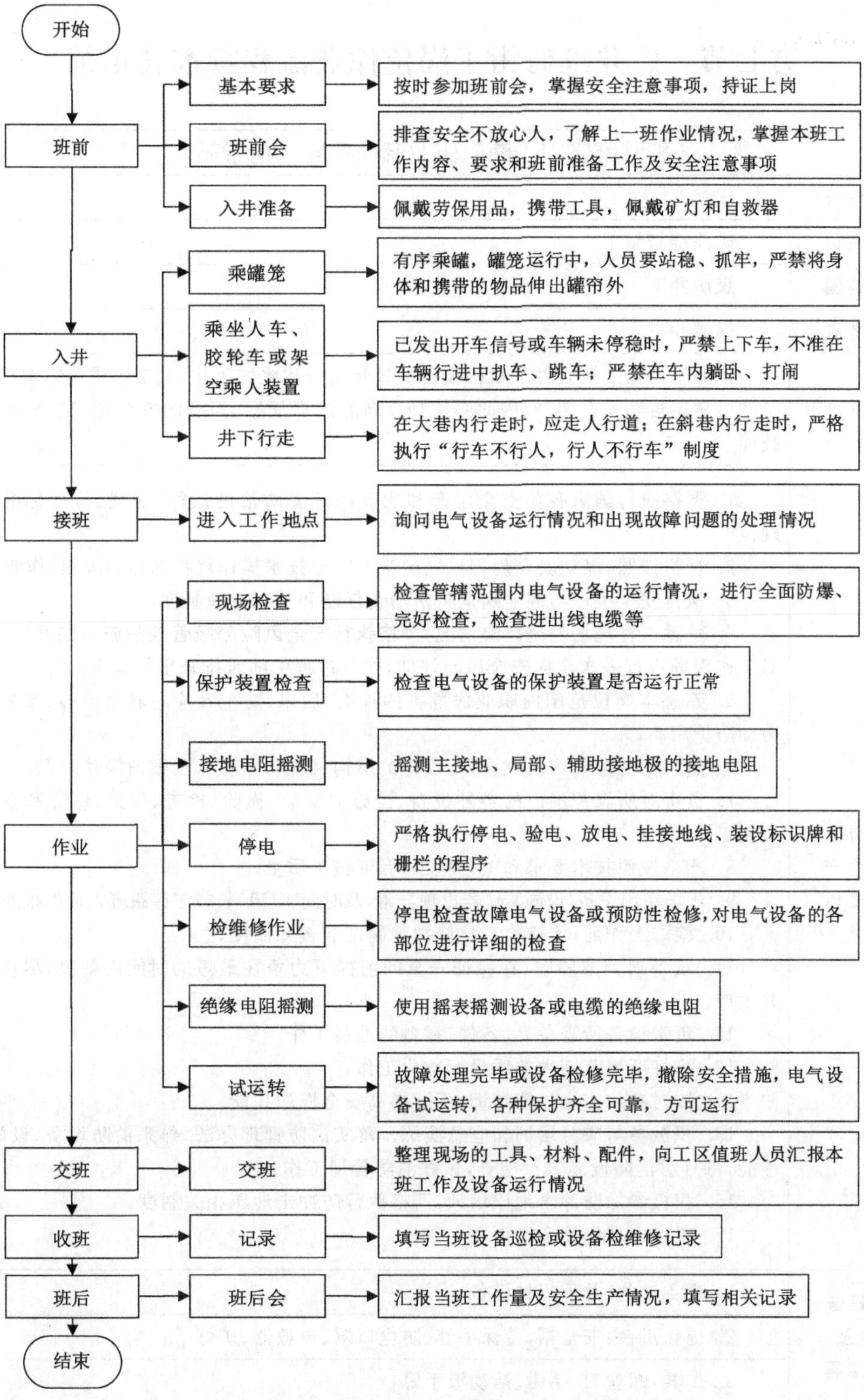

附图：矿井维修电工岗位作业流程图

第七节 矿井维修钳工岗位作业流程标准化示范

矿井维修钳工岗位作业流程标准化指导书	
流程编号	JD007
岗位名称	矿井维修钳工
适用范围	煤矿井下
适用地点	煤矿井下
一、岗位说明	矿井维修钳工负责井下机械设备的日常检查和维修工作，其工作质量影响着机械设备的可靠运行和安全生产，因此必须具有高度的责任感、强烈的安全意识和熟练的操作技能
二、岗位安全生产责任清单	1. 严格执行国家有关安全生产和职业病危害防治的法律、法规、行业标准和技术规范。 2. 严格按照《煤矿安全规程》《煤矿工人安全技术操作规程》《作业规程》作业。 3. 执行安全生产与职业病危害防治责任制和各项管理制度。 4. 熟悉工作现场安全风险情况，严格执行安全风险分级管控措施。在开始工作前，对工作现场进行一次全面安全风险评估，作业过程中随时排查事故隐患。 5. 熟悉本岗位范围内职业病危害的种类、后果、防范及应急救治措施，按要求佩戴劳动防护用品。 6. 熟悉作业范围内机械设备、设施的结构、性能、原理以及维护保养知识。 7. 负责对所属范围内的各种设备、设施的安装、撤除、检查、维护、保养和定期检修更换工作。 8. 严格按照技术要求和工艺施工，保证施工质量。 9. 现场在用设备(设施)、仪器出现异常，及时向工(班)长或工区跟班人员汇报处理。 10. 检修工作前，严格执行检修挂牌制度和告知制度。 11. 设备遇到故障时，在保证安全的前提下力争在最短的时间内解决，尽快恢复矿井生产。 12. 负责设备所需备品、备件、材料的准备工作。 13. 搞好所属范围内的质量标准化工作。 14. 按时参加安全技能培训，不断提高安全操作技能。 15. 积极参与应急培训和应急演练。落实消防管理办法，熟悉消防设备、设施、器材性能，每月对消防设施进行检查，做好消防管理工作。 16. 积极参加防冲击地压培训，严格执行防冲击地压相关制度。 17. 工作中杜绝违章行为
三、设备设施及劳保工具	1. 设备设施：井下机械设备、设施
	2. 劳保用品：安全帽、劳保手套、防尘口罩、自救器、矿灯
	3. 工具：螺丝刀、手钳、活动扳手等
四、作业标准	见附表
五、流程图	见附图

续表

六、应急处置	1. 行动程序 (1) 预警及信息报告:发生险情或事故时,立即通知受威胁区域人员,并向矿调度室汇报。 (2) 应急响应:行使紧急避险权,并按应急指令或避灾路线撤离险区;在撤离受阻的情况下紧急避险,并按现场处置方案开展自救互救。 (3) 后期处置:脱险后,立即向指挥部汇报现场采取的应急措施和事故初期情况;参与现场生产恢复;受伤人员积极配合医疗救治。 2. 安全避险注意事项 (1) 井下火灾、瓦斯爆炸、煤尘爆炸、火工品爆炸事故避灾时应迅速佩戴好自救器,迎着新鲜风流撤离灾区,不可任意进入回风巷道。 (2) 井下水灾发生后迅速佩戴自救器,避开突出水头向地势高的地点避灾。 (3) 顶板、冲击地压事故:立即停止作业,迅速撤离事故现场至安全地点。 (4) 火灾事故:立即通过灭火器、水、沙等直接灭火,无法扑灭时按程序汇报。 (5) 灾害性天气:立即停止作业,按调度指令迅速撤离升井。 (6) 当遭遇灾害无法撤离时进入就近避难硐室,启用救护设施,等待救援。 (7) 佩戴自救器撤离灾区时绝不能因为吸气干热而把自救器拿掉。 3. 联系电话 本单位值班电话:　　　　　　　　矿调度室电话:

附表:矿井维修钳工岗位作业流程标准

项目	作业步骤	作业标准	风险类型	危害因素	管控措施
作业	1. 检修前准备	1.1 设备检修前要将检修用的配件、材料、工具、量具、安全保护用具准备齐全,并认真检查和试验,确保合格。 1.2 作业前要分断或关闭所检修设备的电源、水源、气源,挂作业警示牌,并对电气设备进行验放电,对压力容器进行压力释放;作业警示牌应由专人负责摘挂。 1.3 作业前要对作业场所的实施条件进行认真检查,以确保作业人员与设备的安全。 1.4 检修作业时应不少于2人,必须指定施工负责人和安全监护人	/	/	/
	2. 检修作业	2.1 维修人员对所负责范围内的设备进行日常检查维护的内容如下。 2.1.1 检查设备的紧固件、连接件等是否齐全完好。 2.1.2 各转动部位有无异响、异振。 2.1.3 减速器、液压站等各轴承温度是否超过规定。 2.1.4 检查设备各部位液压油、润滑油的油量、油质、油温是否符合规定要求。 2.1.5 对易损零部件作重点检查维护。 2.1.6 对有关的安全保护装置要定期调整试验,确保灵敏可靠	机电	(1) 作业人员未按要求佩戴合格的劳动防护用品	作业人员根据工作需要,佩戴齐全、合格的劳动防护用品并正确使用
				(2) 作业人员登高未佩戴安全带	登高作业必须佩戴合格的安全带,高挂低用且生根在相对固定的地方

续表

项目	作业步骤	作业标准	风险类型	危害因素	管控措施
作业	2. 检修作业	2.2 按规定的检查周期、内容对设备进行维护检修,不得漏检漏项。 2.3 卸下的机件要放在指定的位置,不得有碍作业和通行,物件放置要稳妥,物件超过规定高度必须设置防倒装置。 2.4 拆卸设备时,必须按预定的顺序进行,有相对固定的位置或对号入座的零部件,拆卸时应做好标记。 2.5 拆卸较大的零部件时,必须采取可靠的防止下落和下滑的措施。 2.6 拆卸有弹性、偏重或易滚动的机件时,应有安全防护措施。 2.7 组装机件时,不准用铸铁、铸铜等脆性材料或比机件硬度大的材料作锤击或顶压垫。 2.8 检修时需要打开机盖、箱盖和换油时,必须遮盖好,以防落入杂物、淋水等。 2.9 装配滚动轴承且无条件进行轴承预热处理时,应有软金属衬垫进行锤击或顶压装配。 2.10 对设备进行换油或加油时,油脂的牌号和油质应符合规定,并做好有关数据的记录工作。 2.11 禁止在设备运转中调整制动闸。 2.12 禁止擅自拆卸成套设备的零、部件去装备其他机械。 2.13 传递工具、工件时,必须等对方接妥后,送件人方可松手;远距离传递必须拴好吊绳、禁止抛掷。	机电	(3) 起吊作业未选择合适的起吊工具,未对起吊工具进行检查	起吊作业时,根据所起吊物件的重量,选择合适的起重工具;使用前应认真检查起重工具,确保合格;运输及起吊所用的绳索、连环、插销等安全系数不得小于6
				(4) 现场未指定施工负责人和安全监护人	检修作业时应不少于2人,必须指定施工负责人和安全监护人
				(5) 未断开和释放能量源	检修作业要分断或关闭所检修设备的电源、水源、气源,对电气设备进行验放电,压力容器进行压力释放

续表

项目	作业步骤	作业标准	风险类型	危害因素	管控措施
作业	2. 检修作业	2.14 登高作业时,作业人员应必须佩戴合格的安全带,高挂低用并且生根在相对固定的地方。在高空时工具应拴好保险绳,防止坠落。 2.15 合理选择起重工具;使用前应认真检查,确保合格;运输及起吊所用的绳索、连环、插销等安全系数不得小于6。 2.16 特种安全保护装置、监测仪表和警戒标志,未经主管领导允许,不准随意拆除和改动。 2.17 2个或2个以上工种联合作业时,必须指定施工负责人和安全负责人	机电	(6) 未悬挂作业警示牌	专人负责对检修设备摘挂作业警示牌
	3. 工作收尾	3.1 检修后应将工具、材料、换下的零部件等进行清点。对设备内部进行全面检查,不得把无关的零件、工具等物品留在机腔内,在试运转前应由专人复查一次。 3.2 检修中被拆除或甩掉的安全保护装置,由指定专人进行恢复、检查,并确保动作可靠。 3.3 运转前必须清除设备上的浮放物件;检修清洗零部件的废液应倒入指定的容器内,严禁随便乱倒。 3.4 检修后的设备,要进行全面的验收;需盘车的设备必须做盘车试验。 3.5 设备检修后应进行试运转,并应有负责人统一指挥,在主要部位应设专人进行监视,并特别注意轴承等转动部分的温度、振动情况、转动声响及润滑情况,发现问题及时处理。 3.6 检修结束,应对本班工作情况进行验收;验收中发现检修质量不合格时,应及时加以处理。 3.7 搞好检修现场的环境卫生	机电	(1) 工具、零件等物品留在机腔内	由专人负责检查设备机腔内是否留有工具、零件等物品
				(2) 未及时恢复安全防护装置	由专人负责对安全保护装置进行恢复、检查,并确保动作可靠
				(3) 试运转时,人员未及时撤离现场	试运行前,所有人员撤离施工现场,经施工负责人确认后方可进行试运行

续表

项目	作业步骤	作业标准	风险类型	危害因素	管控措施
收班	记录	认真填写检修记录，填写清楚检修部位、检修内容、检修结果及遗留问题等	/	/	/

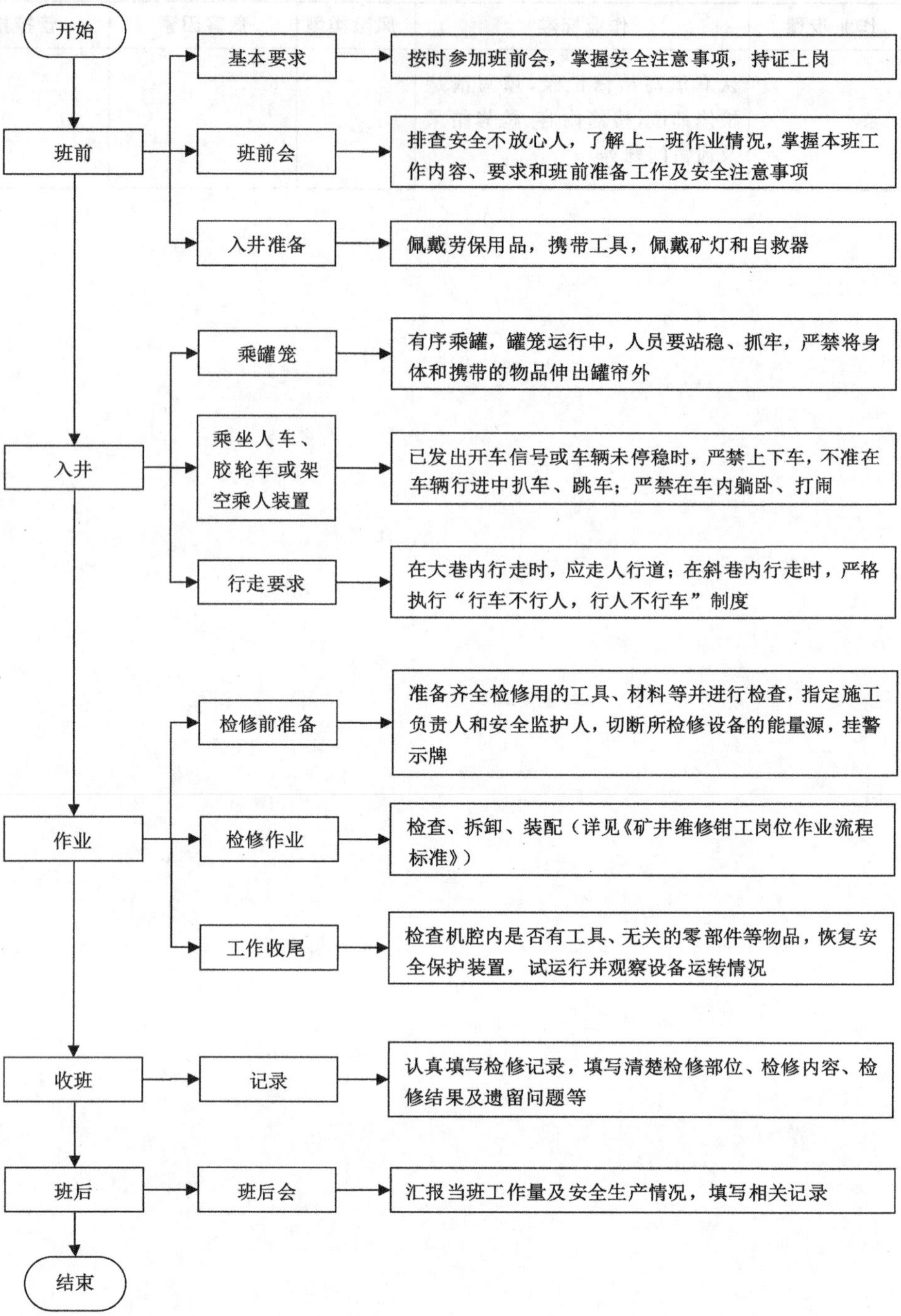

附图:矿井维修钳工岗位作业流程图

第八节　井下机械安装工岗位作业流程标准化示范

井下机械安装工岗位作业流程标准化指导书	
流程编号	JD008
岗位名称	井下机械安装工
适用范围	煤矿井下
适用地点	煤矿井下
一、岗位说明	井下机械安装工主要负责井下机械设备的安装和撤除工作，必须在分工范围内开展工作，对分工范围内的工作负责。应熟练掌握煤矿安全知识和相关专业技术知识并经培训合格，取得相关资格证书后持证上岗
二、岗位安全生产责任清单	1. 严格执行国家有关安全生产和职业病危害防治的法律、法规、行业标准和技术规范。 2. 严格按照《煤矿安全规程》《煤矿工人安全技术操作规程》《作业规程》作业。 3. 执行安全生产与职业病危害防治责任制和各项管理制度。 4. 熟悉工作现场安全风险情况，严格执行安全风险分级管控措施。在开始工作前，对工作现场进行一次全面安全风险评估，作业过程中随时排查事故隐患。 5. 熟悉本岗位范围内职业病危害的种类、后果、防范及应急救治措施，按要求佩戴劳动防护用品。 6. 熟悉作业范围内机械设备（设施）、管路系统的结构、性能、原理以及维护、保养知识。 7. 负责矿井机械设备、管路系统的安装、撤除、改造工作。 8. 负责机械设备、管路系统的安装、撤除、提升、运输、起吊所用的设备（设施）、器具符合规定要求，正确选设起吊点，装封车符合标准要求。 9. 严格按照技术要求和工艺施工，保证施工质量。 10. 现场在用设备（设施）、仪器出现异常，及时向工（班）长或工区跟班人员汇报处理。 11. 在机械设备、管路系统的安装、撤除、改造过程中对顶板实施监控。 12. 按时参加安全技能培训，不断提高安全操作技能。 13. 积极参与应急培训和应急演练。落实消防管理办法，熟悉消防设备、设施、器材性能，每月对消防设施进行检查，做好消防管理工作。 14. 积极参加防冲击地压培训，严格执行防冲击地压相关制度。 15. 工作中杜绝违章行为
三、设备设施及劳保工具	1. 设备设施：井下机械设备、设施
	2. 劳保用品：安全帽、劳保手套、防尘口罩、自救器、矿灯
	3. 工具：螺丝刀、手钳、活动扳手等
四、作业标准	见附表
五、流程图	见附图

续表

六、应急处置	1. 行动程序 (1) 预警及信息报告：发生险情或事故时，立即通知受威胁区域人员，并向矿调度室汇报。 (2) 应急响应：行使紧急避险权，并按应急指令或避灾路线撤离险区；在撤离受阻的情况下紧急避险，并按现场处置方案开展自救互救。 (3) 后期处置：脱险后，立即向指挥部汇报现场采取的应急措施和事故初期情况；参与现场生产恢复；受伤人员积极配合医疗救治。 2. 安全避险注意事项 (1) 井下火灾、瓦斯爆炸、煤尘爆炸、火工品爆炸事故避灾时应迅速佩戴好自救器，迎着新鲜风流撤离灾区，不可任意进入回风巷道。 (2) 井下水灾发生后迅速佩戴自救器，避开突出水头向地势高的地点避灾。 (3) 顶板、冲击地压事故：立即停止作业，迅速撤离事故现场至安全地点。 (4) 火灾事故：立即通过灭火器、水、沙等直接灭火，无法扑灭时按程序汇报。 (5) 灾害性天气：立即停止作业，按调度指令迅速撤离升井。 (6) 当遭遇灾害无法撤离时进入就近避难硐室，启用救护设施，等待救援。 (7) 佩戴自救器撤离灾区时绝不能因为吸气干热而把自救器拿掉。 3. 联系电话 本单位值班电话：　　　　　　　　矿调度室电话：

附表:井下机械安装工岗位作业流程标准

项目	作业步骤	作业标准	风险类型	危害因素	管控措施
作业	1. 工作前准备	1.1 熟悉所要安装(或拆卸)的设备的技术性能、安装说明书和安装质量标准,熟悉工作环境、运输线路及相关环节的配合关系。 1.2 由施工负责人向有关工作人员讲清工作内容、步骤、人员分工和安全注意事项。 1.3 对安装的设备、器材在下井前及运到安装现场后,均应设专人按施工图纸及有关技术文件要求,逐件清点数量,检查质量,校核尺寸。对需要分部件运输的设备,应有专人做好标记,编号装车,对部件结合面要用软质材料妥善保护	/	/	/
	2. 安装设备	2.1 应能正确使用安装工具,合理选择起重工具;使用前应认真检查,确保合格;运输及起吊所用的绳索、连环、插销等安全系数不应小于6。 2.2 在倾角大于15°的工作场所进行安装(或拆卸)作业时,施工地点的上下方不得有人同时作业,作业场所设好警戒线,非工作人员禁止入内。 2.3 按照安装施工图纸及有关技术文件校核基础尺寸,找准设备的安装中心线和标高。 2.4 清理安装现场、基础表面和基础螺栓孔,以保证安装后二次灌浆的质量。 2.5 将所需安装的设备或部件的基座按安装说明书的要求置于所需安装的基础位置上,找平找正后上好基础螺栓,进行二次灌浆	机电	(1) 作业人员未按要求佩戴合格的劳动防护用品	作业人员根据工作需要,佩戴齐全合格的劳动防护用品并正确使用

续表

项目	作业步骤	作业标准	风险类型	危害因素	管控措施
作业	2. 安装设备	2.6 将设备或部件置于基座上，按图纸及说明书等技术文件的要求校核尺寸后，上紧各连接件、销子、螺栓等。 2.7 安装带式输送机时要保持输送机平直，若巷道底板起伏不平，则应保持平缓过渡；做输送带接头时，应使接头两端中心线在同一直线上。如需点动开车并拉动输送带时，作业人员必须离开带式输送机。 2.8 安装刮板输送机后试车时，如有飘链现象，应调整中部槽的平直度；严禁用脚蹬、手扳和撬动运行中的刮板链。 2.9 安装过程中，应对隐蔽工程和安装技术数据进行详细记录	机电	(2) 登高作业未使用安全带或未正确使用安全带	登高作业必须佩戴合格的安全带，高挂低用且生根在相对固定的地方
				(3) 起吊作业未选择合适的起吊工具，未对起吊工具进行检查	起吊作业时，根据所起吊物件的重量，选择合适的起重工具；使用前应认真检查起重工具，确保合格；运输及起吊所用的绳索、连环、插销等安全系数不得小于6
	3. 拆卸设备	3.1 拆卸设备时，要对本机及相关设备停电、闭锁、挂停电牌和检修牌，按事先确定的顺序拆卸设备。 3.2 拆卸后要保证各部件装车不超长、不超宽、不超高、不超重。 3.3 对设备的结合面、防爆面及易碰坏的零部件，在拆卸时注意不要损坏。 3.4 拆卸重型部件时，必须使用安全性能可靠的起重工具、设施；所有人员要精神集中，互相配合好，服从施工负责人的统一指挥。 3.5 拆下的易损件及小零件，要由专人保管好，以免损坏、丢失	机电	(1) 现场未指定施工负责人和安全监护人	检修作业时应不少于2人，必须指定施工负责人和安全监护人
				(2) 未断开和释放能量源	检修作业要分断或关闭所检修设备的电源、水源、气源，对电气设备进行验放电，对压力容器进行压力释放
				(3) 未悬挂作业警示牌	专人负责摘挂作业警示牌

续表

项目	作业步骤	作业标准	风险类型	危害因素	管控措施
作业	4. 试运行	4.1　试运行前检查。 4.1.1　各部螺栓应齐全、紧固。 4.1.2　减速器、油箱的油质应符合要求，油量适当，无渗漏。 4.1.3 输送带、刮板链的张力应适当。 4.1.4　联轴节间隙应符合要求。 4.1.5　各转动部位的防护罩应完好、牢固。 4.1.6　各仪表应齐全、合格。 4.1.7　焊接部位应牢固，无开焊、裂缝。 4.2　试运行时检查。 4.2.1　各运转部位无异响、异振。 4.2.2　润滑油路畅通。 4.2.3　各部轴承温升应符合规定值。 4.2.4　各仪表指示应灵敏、准确。 4.2.5　其他应检查的部位	机电	(1) 未及时恢复安全防护装置 (2) 试运转时，人员未及时撤离现场	由专人负责对安全防护装置进行恢复、检查，确保可靠 试运行前，所有人员撤离施工现场，经施工负责人确认后方可进行试运行
	5. 收尾	安装、拆卸设备竣工后，要认真清点工具及剩余的材料、备件，装车回收，并清理好现场	/	/	/
收班	记录	整理并保存好安装技术资料	/	/	/

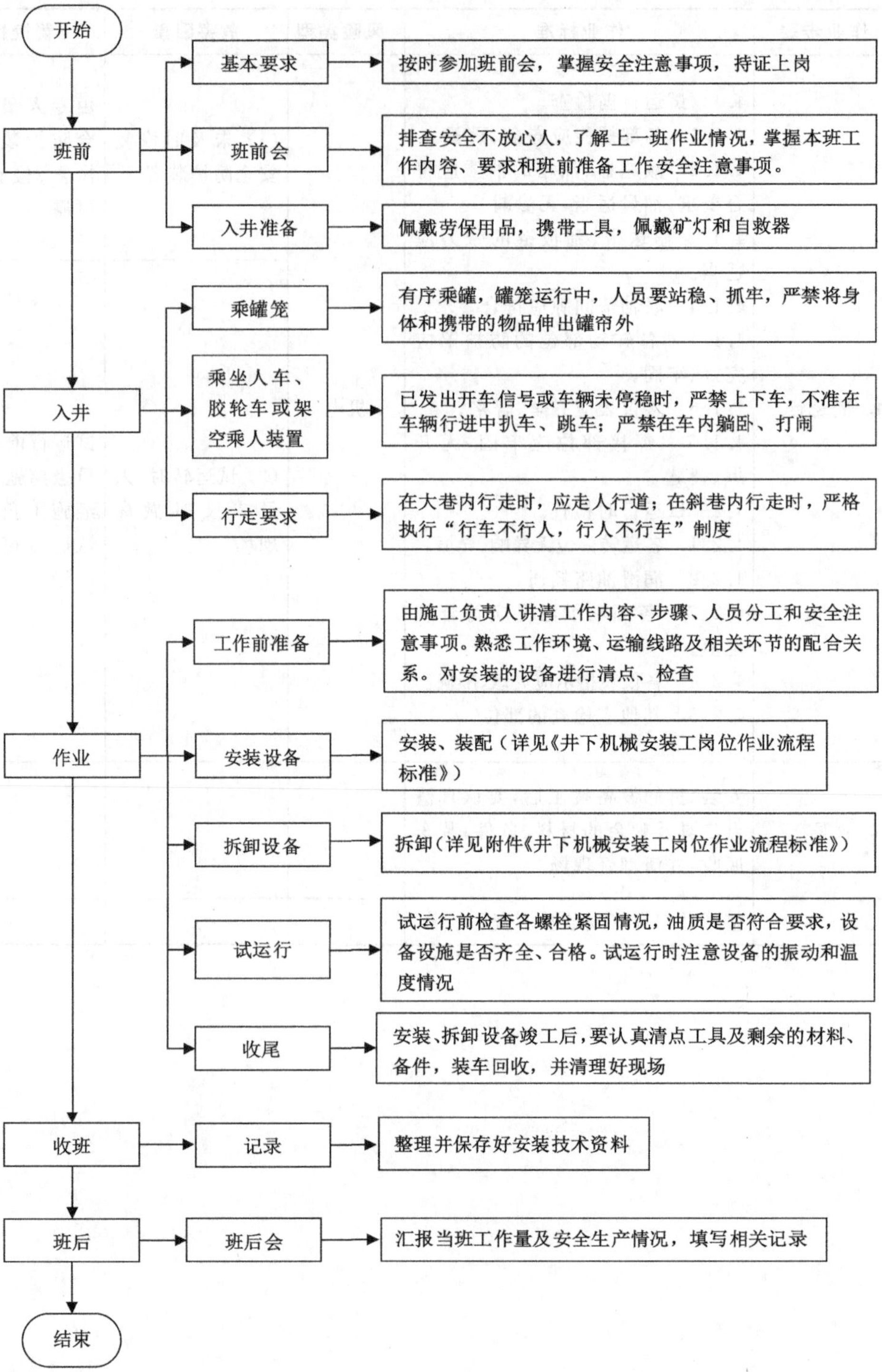

附图：井下机械安装工岗位作业流程图

第九节　井筒装备维修工岗位作业流程标准化示范

井筒装备维修工岗位作业流程标准化指导书	
流程编号	JD009
岗位名称	井筒装备维修工
适用范围	煤矿井下
适用地点	主、副井井筒
一、岗位说明	井筒装备维修工负责提升容器、提升钢丝绳、井筒装备等设备的检查和维护工作，井筒维修工必须熟练掌握煤矿安全知识和相关专业技术知识并经培训合格，取得相关资格证书后持证上岗
二、岗位安全生产责任清单	1. 严格执行国家有关安全生产和职业病危害防治的法律、法规、行业标准和技术规范。 2. 严格按照《煤矿安全规程》《煤矿工人安全技术操作规程》《作业规程》作业。 3. 执行安全生产与职业病危害防治责任制和各项管理制度。 4. 熟悉工作现场安全风险情况，严格执行安全风险分级管控措施。在开始工作前，对工作现场进行一次全面安全风险评估，作业过程中随时排查事故隐患。 5. 熟悉本岗位范围内职业病危害的种类、后果、防范及应急救治措施，按要求佩戴劳动防护用品。 6. 负责对所属范围内的各种设施的检查、维护、保养和定期检修更换工作。 7. 负责做好设备日常巡检，发现问题及时进行处理。检修班处理不完时应及时向队值班人员汇报、请示。 8. 检修工作前，严格执行检修挂牌制度和告知制度。 9. 设备遇到故障时，在保证安全的前提下力争在最短的时间内解决，尽快恢复矿井生产。 10. 负责设备所需备品、备件、材料的准备工作。 11. 搞好所属范围内的质量标准化工作。 12. 负责做好停产大检修工作，保证提升设备的安全运转。 13. 负责所辖范围内卫生的清理。 14. 积极参与应急培训和应急演练。落实消防管理办法，熟悉消防设备、设施、器材性能，每月对消防设施进行检查，做好消防管理工作。 15. 认真参加班前、班后会，学习安全办公知识，提高安全意识。 16. 工作中杜绝违章行为
三、设备设施及劳动保护	1. 设备设施：提升容器、提升钢丝绳、井筒装备等设备
	2. 劳保用品：安全帽、劳保手套、安全带、自救器、矿灯
	3. 工具：螺丝刀、手钳、活动扳手等
四、作业标准	见附表
五、流程图	见附图

续表

六、应急处置	1. 行动程序 (1) 预警及信息报告:发生险情或事故时,立即通知受威胁区域人员,并向矿调度室汇报。 (2) 应急响应:行使紧急避险权,并按应急指令或避灾路线撤离险区;在撤离受阻的情况下紧急避险,并按现场处置方案开展自救互救。 (3) 后期处置:脱险后,立即向指挥部汇报现场采取的应急措施和事故初期情况;参与现场生产恢复;受伤人员积极配合医疗救治。 2. 安全避险注意事项 (1) 井下火灾、瓦斯爆炸、煤尘爆炸、火工品爆炸事故避灾时应迅速佩戴好自救器,迎着新鲜风流撤离灾区,不可任意进入回风巷道。 (2) 井下水灾发生后迅速佩戴自救器,避开突出水头向地势高的地点避灾。 (3) 火灾事故:立即通过灭火器、水、沙等直接灭火,无法扑灭时按程序汇报。 (4) 灾害性天气:立即停止作业,按调度指令迅速撤离升井。 (5) 当遭遇灾害无法撤离时进入就近避难硐室,启用救护设施,等待救援。 (7) 佩戴自救器撤离灾区时绝不能因为吸气干热而把自救器拿掉。 3. 联系电话 本单位值班电话:　　　　　　　　矿调度室电话:

附表：井筒装备工岗位作业流程标准

项目	作业步骤	作业标准	风险类型	危害因素	管控措施
作业	1. 检修前准备	1.1　施工负责人负责向参加井筒维修作业的全体人员讲明本次施工的内容、施工程序、质量要求及安全注意事项。 1.2　工作负责人和安全员负责检查所用的工具、设备、器材必须齐全可靠，安全带及工具上的防坠绳必须合格。 1.3　施工负责人负责与井上、下信号工、把钩工和提升机司机沟通协调，告知、确认提升速度、施工内容、时间和联络信号等内容，并挂检修牌。 1.4　上、下井口应设警戒，10 m范围内不准有无关人员，清理干净井口附近的浮煤、杂物等	/	/	/
	2. 检修作业	2.1　作业人员佩戴齐全劳动防护用品并正确使用。 2.2　进行井筒维护、检查作业时，不得上、下方多组人员平行作业，只能按自上而下的顺序作业。 2.3　在井筒或距井筒不足2 m范围内作业，必须佩戴合格的安全带，高挂低用且生根在相对固定的地方。 2.4　安排专人进行信号联系，每次动车前应与信号工联系，清楚说出需运行的提升机编号、检修内容、动车方向、停车位置和速度要求，并进行复述，得到信号工确认后方可发出信号。 2.5　提升机到达施工位置，必须在提升机闭锁后，施工人员才可进行作业。 2.6　需站在提升容器顶部施工时，提升容器顶部必须设保护伞和护栏。提升容器的速度一般为0.3～0.5 m/s，最大不能超过2 m/s。	机电	作业人员高空作业未使用安全带或未正确使用安全带；信号联系未安排专人负责，未清楚告知信号工检修内容和动车要求；提升机停车后未及时闭锁；多水平同时检修作业	作业人员佩戴齐全劳动防护用品；在井筒或距井筒不足2 m范围内作业，必须佩戴合格的安全带，高挂低用并且生根在相对固定的地方；安排专人进行信号联系，每次动车前应与信号工联系，清楚说出需运行的提升机编号、检修内容、动车方向、停车位置和速度要求，并进行复述，得到信号工确认后方可发出信号；提升机到达施工位置，必须在提升机闭锁后，施工人员才可进行作业；进行井筒维护、检查作业时，不得上、下方多组人员平行作业，只能按自上而下的顺序作业

续表

项目	作业步骤	作业标准	风险类型	危害因素	管控措施
作业	2. 检修作业	2.7 同一井筒的另一套提升设备不准运行，且必须停机闭锁。 2.8 施工所需用的工具、量具必须用绳拴牢。 2.9 施工所需的零件、配件、器材要放置牢固，以防坠落。 2.10 使用多层吊盘进行施工时，层间距应大于 1.8 m，每层底边应有高度大于 100 mm 的边缘并装有护栏，最上层应设保护伞。 2.11 检查井筒装备时，只允许从上往下检查（包括天轮平台和井架），并随时清扫浮在罐道梁上的碎石、木块和其他杂物。 2.12 检查罐道和各部件间隙或清除间隙中污物时，应采用工具，严禁直接用手清理。 2.13 更换罐耳滑套等零部件或紧固罐道螺钉等施工时，应注意配合，工具应拴防坠绳，传递工具及零部件时要手递手，等对方拿稳后再松手，严禁投掷	/	/	/
	3. 试运转	检修结束后，应清理施工现场，清点工具、材料、配件等，撤除检修牌及所设警戒后，配合司机、信号工、把钩工对检修提升机空钩试运行 2 个循环，确认正常后恢复正式提升	机电	提升机试运转时，人员未及时撤离现场，运行通道内有杂物未清理	试运转前必须确认各水平位置无人员作业及障碍物
收班	记录	认真如实填写检修工作内容、设备检查情况等记录，当班发现的问题及时向有关领导汇报	/	/	/

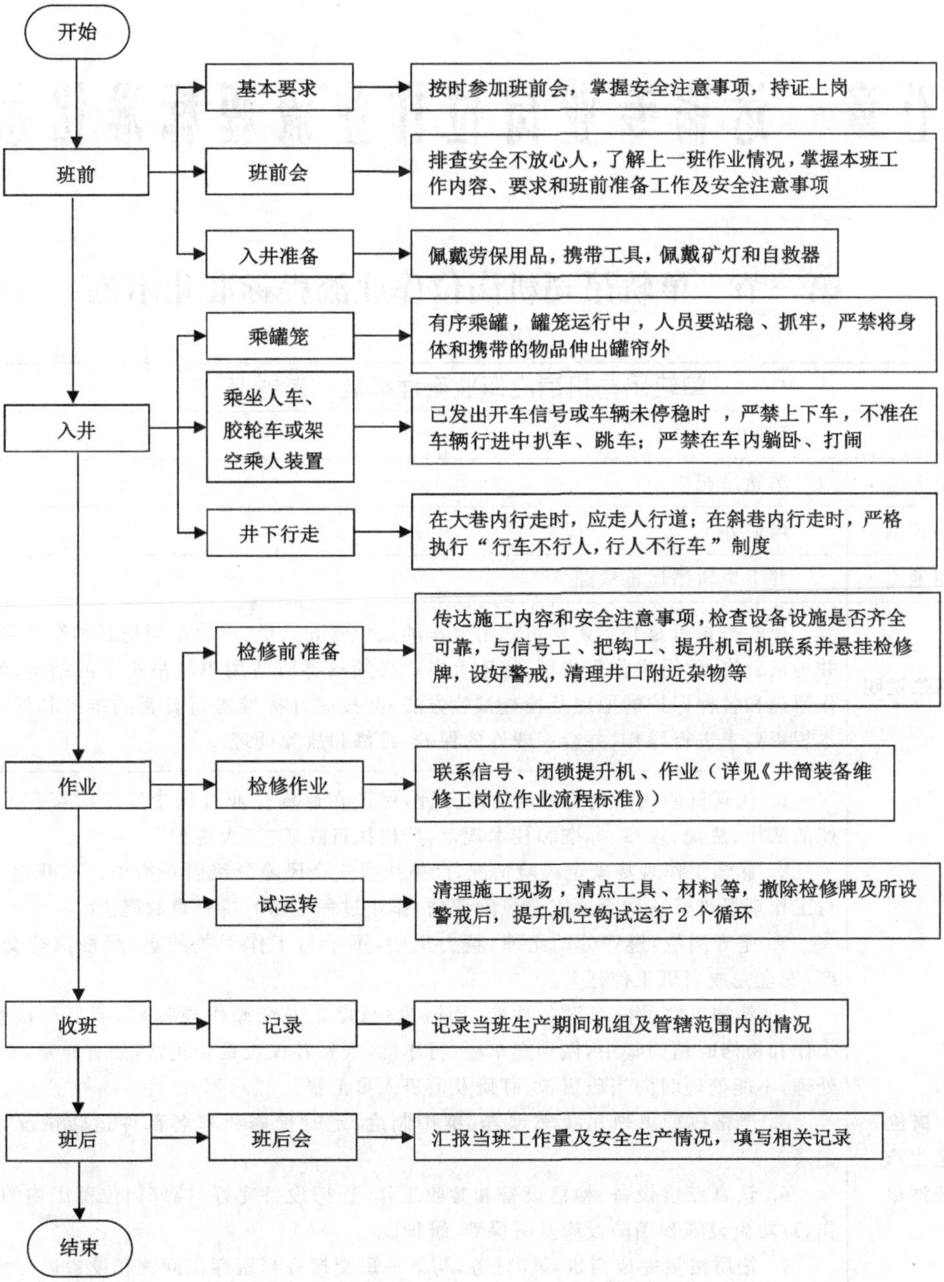

附图:井筒装备维修工岗位作业流程图

第五章 运输专业岗位作业流程标准化示范

第一节 单轨吊司机岗位作业流程标准化示范

单轨吊司机岗位作业流程标准化指导书	
流程编号	YS001
岗位名称	单轨吊司机
适用范围	煤矿井下
适用地点	井下单轨吊运输线路
一、岗位说明	单轨吊司机是井下矿用单轨吊机车的操作驾驶人员，单轨吊司机必须经过专业培训并考试合格，取得操作资格证，持证上岗。必须熟悉所使用单轨吊机车的结构、性能、工作原理和各种保护的原理及检查试验方法，会按完好标准进行日常的维护和保养，按照本规程要求进行操作，并会一般性的保养、维修和故障处理
二、岗位安全生产责任清单	1. 认真贯彻执行党的安全生产方针，保证在运输作业过程中遵守国家有关安全生产的法律、法规、规章、标准和技术规范，严格执行煤矿“三大规程”。 2. 熟知工作现场安全风险情况，严格执行安全风险分级管控措施。在开始工作前，对工作现场进行一次全面安全风险评估，作业过程中随时排查事故隐患。 3. 坚守岗位，遵守劳动纪律，精力集中，不干与工作无关的事，严格执行交接班制度，安全完成当班工作任务。 4. 熟知单轨吊机车设备性能，严格执行《煤矿安全操作规程》和项目部检修规划。操作和检修时精力集中，做到起车稳、行车准，观察各仪表是否正常，如有异常，立即停车处理，不能处理时向当班班长、盯班及值班人员汇报。 5. 严格执行单轨吊机车保养、维护制度，定时检修机车各部件运转情况，并做好记录。 6. 认真点检设备、检修设备和验收工作，保持设备完好，搞好岗位范围内的卫生工作，对防尘设施和消防设施及时保养、维护。 7. 按质按量完成当班运输任务，与下一班交接好当班存在问题和设备运行情况 。 8. 发现事故隐患，应立即向当班负责人或工区值班人员汇报并积极参与应急救援工作。 9. 熟知本单位施工地点的避灾路线及灾害防护知识。 10. 坚持正规操作保证设备安全运行。 11. 拒绝违章指挥，杜绝违章作业。 12. 严格遵守集团公司及矿有关职业病防治的相关规定制度，强化措施在工作现场的落实管理，熟知矿制定的防冲措施和规定并严格落实。

续表

二、岗位安全生产责任清单	13. 下井前必须进行职业健康知识培训和学习，经过考试合格后方可上岗操作。 14. 必须熟知现场职业危害因素防护设施、设备的使用方法，熟知劳动保护用品使用方法。 15. 进入现场作业前必须佩戴完好的劳动防护用品，如毛巾、静音耳塞、防尘口罩等。 16. 负责履行本岗位的消防安全责任
三、设备设施及劳保工具	1. 设备设施：单轨吊机车(柴油驱动、蓄电池动力)
	2. 劳保用品：安全帽、劳保手套、防尘口罩、自救器、矿灯
	3. 工具：螺丝刀、手钳、活动扳手、瓦斯-氧气两用仪等
四、作业标准	见附表
五、流程图	见附图
六、应急处置	1. 行动程序 (1) 预警及信息报告：发生险情或事故时，立即通知受威胁区域人员，并向矿调度室汇报。 (2) 应急响应：行使紧急避险权，并按应急指令或避灾路线撤离险区；在撤离受阻的情况下紧急避险，并按现场处置方案开展自救互救。 (3) 后期处置：脱险后，立即向指挥部汇报现场采取的应急措施和事故初期情况；参与现场生产恢复；受伤人员积极配合医疗救治。 2. 安全避险注意事项 (1) 井下火灾、瓦斯爆炸、煤尘爆炸、火工品爆炸事故避灾时应迅速佩戴好自救器，迎着新鲜风流撤离灾区，不可任意进入回风巷道。 (2) 井下水灾发生后迅速佩戴自救器，避开突出水头向地势高的地点避灾。 (3) 顶板、冲击地压事故：立即停止作业，迅速撤离事故现场至安全地点。 (4) 火灾事故：立即通过灭火器、水、沙等直接灭火，无法扑灭时按程序汇报。 (5) 灾害性天气：立即停止作业，按调度指令迅速撤离升井。 (6) 当遭遇灾害无法撤离时进入就近避难硐室，启用救护设施，等待救援。 (7) 佩戴自救器撤离灾区时绝不能因为吸气干热而把自救器拿掉。 3. 联系电话 本单位值班电话：　　　　　　　　　矿调度室电话：

附表:单轨吊司机岗位作业流程标准

项目	作业步骤	作业标准	风险类型	危害因素	管控措施
接班	1. 进入接班地点接班	1.1 提前确定单轨吊停放地点,按照安全行人线路到达单轨吊停放地点。 1.2 与交班单轨吊司机了解本班单轨吊机车运行情况以及运行线路运输情况及重点注意事项	/	/	/
作业	1. 开机前准备	1.1 进行岗点风险评估和隐患排查,查看单轨吊运行、检修维护、单轨吊轨道巡查记录本。 1.2 检查单轨吊机车各部位机械连接销完好,检查承载轮、导向轮固定螺丝是否松动。检查驱动轮紧固螺丝是否松动,驱动轮及制动闸的磨损情况,承载轮与导轨间隙,检查制动杆的活动间隙,是否符合规定。检查离心式速度保护是否正常。 1.3 检查液压系统管路有无渗漏油现象。 1.4 柴油单轨吊检查柴油、液压油、机油的油位、冷却液水位是否正常;蓄电池单轨吊机车检查蓄电池装置电压是否符合标准,蓄电池电瓶无漏液现象,插头电缆连接是否正常;检查机车各部位润滑情况,各承载轮及轴承有无损坏,损坏的必须更换。 1.5 检查各种指示仪表及电气设备是否正常,航空线和航空插头的连接以及插座稳固状况。 1.6 检查起吊梁起吊钩头、起吊链是否完好。起吊钩头闭锁是否完好有效,否则不得运输。	/	/	/

续表

项目	作业步骤	作业标准	风险类型	危害因素	管控措施
作业	1. 开机前准备	1.7　检查机车各部件连接是否完好，制动系统是否完好，驱动部是否完好，各液压管路是否漏液。起吊梁或人车厢布置在列车一端的，其两端均应布置制动单元或采用保险绳将起吊梁或车厢固定在制动单元，防止连杆断裂，造成跑车事故。 1.8　吊运箱式矿车使用单轨吊专用起吊框架，禁止直接捆绑吊运。 1.9　柴油机单轨吊机车每班检查、清理单轨吊机车隔爆板、热交换器、空气滤芯，定期检查火焰清除器是否清理。 1.10　检查沿线单轨吊轨道线路是否正常，轨道吊挂链、吊挂锚杆是否正常	/	/	/
	2. 试运转	2.1　单轨吊司机确认机车周围 5 m 内除跟车工（副司机）外无人员进入。 2.2　柴油单轨吊机车主机启动、蓄电池单轨吊主机送点，单轨吊机车无异常后，司机进入驾驶室挂好防护链；配合跟车工试验前进、后退、制动、起吊梁等正常工作	高处坠落	司机攀爬梯子进入驾驶室未抓牢踩实坠落	确认驾驶室攀爬梯子完好，攀爬过程抓劳踩实，进入驾驶室后挂好防坠链
	3. 起吊	3.1　吊运集装箱、设备等物料时，起吊链与车辆连接必须牢固、可靠。起吊物料底端距地面不小于 200 mm。 3.2　物料起吊后，高低水平一致，起吊梁受力均匀。 3.3　起吊、下放重物时，人员严禁在起吊梁两侧。 3.4　起吊重物时，严禁起吊梁斜吊、拖运物料	起重伤害	物料吊装过程连接、封车不牢固掉落；斜吊、拖运物料，摆动伤人	(1) 运输严格执行单轨吊运行装封车措施。 (2) 起吊过程严格按照措施连接、封车牢靠，严禁斜吊、拖运物料

续表

项目	作业步骤	作业标准	风险类型	危害因素	管控措施
作业	4. 运行	4.1 每台机车至少配备1名司机，1名跟车工。司机在前进方向驾驶室，操作时精力集中，跟车工负责观察机车运行情况。 4.2 跟车工与司机必须及时联系，随时观察巷道内顶板、吊挂锚杆、单轨吊轨道及巷道安全间隙等情况。 4.3 单轨吊司机与跟车工采用通信装置（手持机、哨子）进行联系。用哨子指挥车辆运行，一声哨响为停车，二声哨响为机车前进，三声哨为机车后退，一声哨长响为紧急停车。 4.4 运行时，向左侧操作机车驱动手柄，自动打开制动闸，推动驱动手柄，均匀加速，严禁加速后急停，不得超速行驶。 4.5 机车遇行人、过弯道、道岔、风门、交岔点、车场、装卸点等处时应提前鸣笛减速慢行，速度应控制在0.5 m/s以内，匀速通过。 4.6 机车在运行中非紧急情况严禁使用紧急停止按钮，以防物料坠落和轨道弯曲变形。 4.7 机车在巷道里停车超过30 min，应熄火并关闭蓄能器。 4.9 单轨吊机车空车运行前，必须将起吊钩头升至不低于机车本体的高度。 4.10 机车运行中发现前方有行人时，机车必须鸣笛示警，待行人躲避到躲避硐或在安全的人行道侧，方可慢速通过；在离躲避硐较远的巷道段或人行道安全间隙较小时，机车必须停车，人员通过后再运行。人员严禁在机车下方通过。 4.11 跨越设备、物料运行时，起吊物底端距跨越物高度至少保证200 mm安全间隙，否则不得通过；单轨吊机车与其他运输设备混合运输时，不得并行作业	运输	采用单轨吊运输物料、设备等，运输过程中存在单轨吊掉道、过速等	（1）运输严格执行《煤矿安全规程》及《操作规程》相关要求。 （2）运输严格执行公司及矿下发单轨吊相关文件。 （3）运输严格执行单轨吊运行措施
			高处坠落	单轨吊司机在驾驶室未挂防坠落设施	在驾驶室操作时，司机保持正常坐姿，坐在座位上，目视前方，注意观察周围运行环境、轨道吊挂、连接情况，严禁将头或身体任何部位探出车外

续表

项目	作业步骤	作业标准	风险类型	危害因素	管控措施
作业	5. 动态观察	5.1 观察单轨吊轨道完好情况。 5.2 观察单轨吊机车运行情况,是否有异常情况。 5.3 观察运输物料运行是否满足安全间隙	/	/	/
	6. 异常处理	6.1 更换油管。 6.1.1 单轨吊机车停至巷道完好地点,停车熄火或关闭电源,停止泵站,关闭破损管路前后端阀组,确保破损管路区域无压。 6.1.2 选取相同规格管路,选用配套工具进行更换管路。 6.1.3 管路更换完成后试运行机车,管路通畅不渗漏液后,重新运行机车。 6.2 废气冷却箱加水。 6.2.1 柴油单轨吊机车运行至巷道完好、水管支阀处,停车熄火。 6.2.2 司机选用合适管路连接水管支阀后,往废气冷却箱中加水直到水位达到注入孔。 6.2.3 加水完成后试运行机车,无异常后重新运行机车	物体打击	(1) 管路更换过程未泄压,管路紧固不到位,导致管路崩开伤人	(1) 严格按照措施施工。 (2) 施工过程严格确保管路无压后作业。 (3) 管路连接紧固牢靠
				(2) 水管连接不牢靠,水管崩开伤人	(1) 严格按照措施施工。 (2) 管路连接紧固牢靠
	7. 停车	7.1 机车严禁停放在风门之间及风门前后 5 m 范围内。 7.2 严禁压道岔停车,在正常行驶线路上停车时必须在距离机车 20 m 范围外设置警戒。 7.3 单轨吊机车停车必须停在巷道状态良好的平巷段,单轨吊停车后柴油单轨吊机车熄火,蓄电池单轨吊断电,确保制动完好	运输	单轨吊停在斜巷处制动失效,跑车伤人	(1) 严格按照措施停车。 (2) 单轨吊机车停车在巷道平巷段,确保制动、超速保护完好
			冒顶(片帮)	单轨吊停车至巷道支护不完好区域	(1) 严格按照措施停车。 (2) 单轨吊停机必须停在顶板完好、支护可靠地点

续表

项目	作业步骤	作业标准	风险类型	危害因素	管控措施
交班	1. 交班前的准备	1.1 填写交接班记录，写清机车运行情况和存在的问题。 1.2 清理单轨吊机车及环境卫生	/	/	/
	2. 交班	司机必须现场交接班，向接班人员交接机车运行情况	/	/	/
收班	记录	记录当班运行工作量及运行过程机车及线路情况	/	/	/

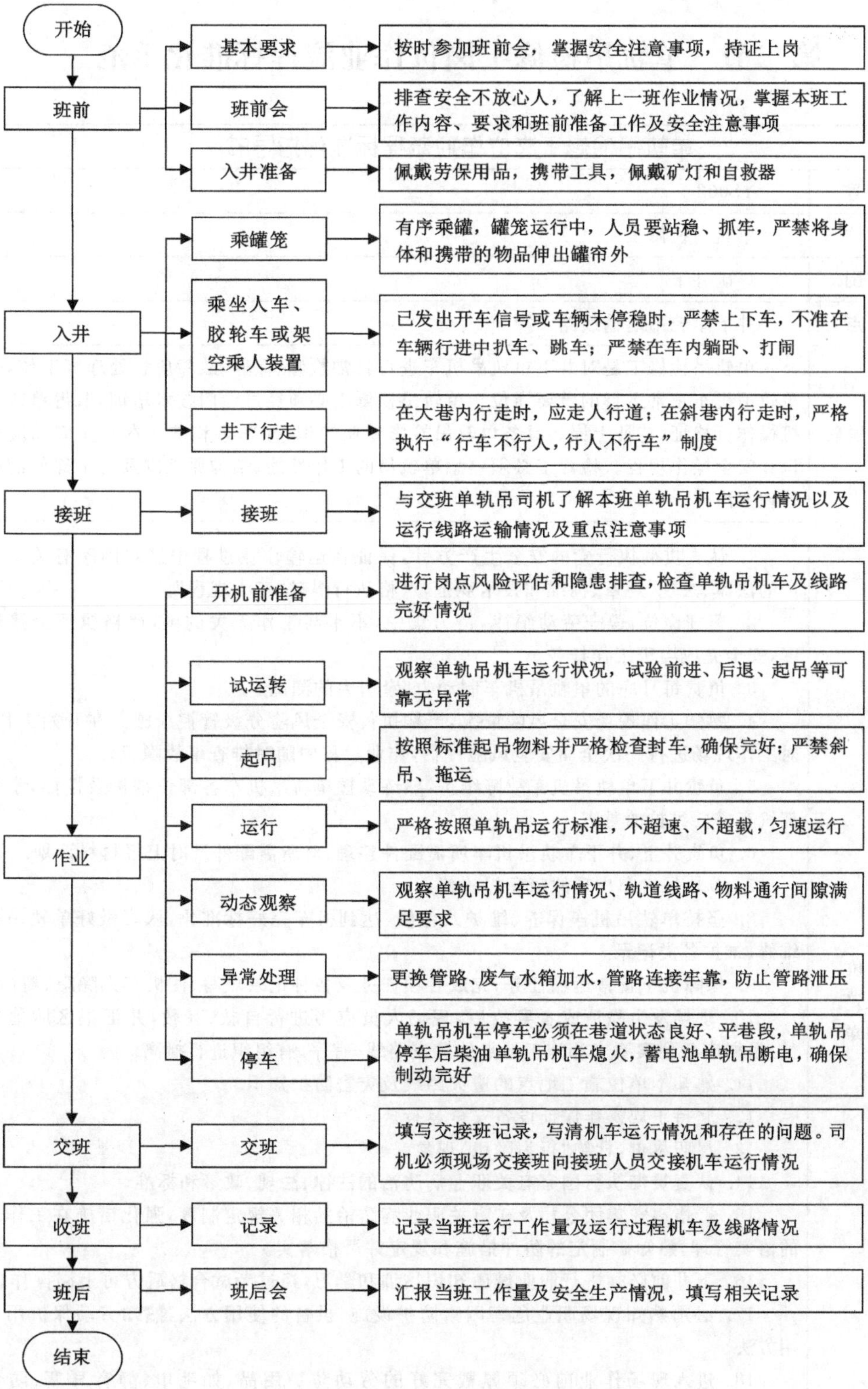

附图：单轨吊司机岗位作业流程图

第二节　单轨吊检修工岗位作业流程标准化示范

单轨吊检修工岗位作业流程标准化指导书	
流程编号	YS002
岗位名称	单轨吊检修工
适用范围	煤矿井下
适用地点	井下单轨吊运输线路
一、岗位说明	单轨吊检修工是对井下单轨吊机车进行日常检修、保养、故障应急处理等工作，确保单轨吊机车正常运行的重要岗位。单轨吊检修工必须经过专门技术培训，取得单轨吊司机操作资格证，持证上岗。具备单轨吊检修专业知识，并熟悉和掌握本专业应知应会知识和安全操作规程。检修工必须熟悉单轨吊的工作性能、结构原理以及各个部件的故障处理方法
二、岗位安全生产责任清单	1. 认真贯彻执行党的安全生产方针，保证在运输作业过程中遵守国家有关安全生产的法律、法规、规章、标准和技术规范，严格执行煤矿“三大规程”。 2. 坚守岗位，遵守劳动纪律，精力集中，不干与工作无关的事，严格执行交接班制度，安全完成当班工作任务。 3. 负责每月底的单轨吊机车制动力、牵引力的测试。 4. 熟知工作现场安全风险情况，严格执行安全风险分级管控措施。在开始工作前，对工作现场进行一次全面安全风险评估，作业过程中随时排查事故隐患。 5. 负责井下单轨吊机车故障维护，熟练掌握单轨吊机车各部位结构及性能，掌握各部机车需要维护的重点。 6. 负责井上、井下单轨吊机车所需配件整理，对所需配件及时上报材料计划。 7. 单轨吊机车出现故障积极抢修。 8. 坚持单轨吊机车保养、维护及检修，达到机车完好标准化，认真做好单轨吊机车维修、维护各类记录。 9. 保障机车正常运输任务，完成各项任务及各种记录填写，使机车无隐患、高标准。 10. 现场发生险情或者事故后，现场人员应当进行自救、互救，并汇报区队值班人员，根据应急预案要求和施工地点的避灾路线，有序、有组织进行撤离。 11. 熟知本单位施工地点的避灾路线及灾害防护知识。 12. 坚持正规操作保证设备安全运行。 13. 尽职尽责，杜绝“行为隐患”现象。 14. 认真贯彻执行国家有关职业病防治的法律、法规、政策和标准。 15. 严格遵守集团公司及矿有关职业病防治的相关规定制度，强化措施在工作现场的落实管理，熟知矿制定的防冲措施和规定并严格落实。 16. 下井前必须进行职业健康知识培训和学习，经过考试合格后方可上岗操作。 17. 必须熟知现场职业危害因素防护设施、设备的使用方法，熟知劳动保护用品使用方法。 18. 进入现场作业前必须佩戴完好的劳动防护用品，如毛巾、静音耳塞、防尘口罩等。 19. 负责履行本岗位的消防安全责任

续表

<table>
<tr><td rowspan="3">三、设备设施及劳保工具</td><td>1. 设备设施：单轨吊机车(柴油驱动、蓄电池动力)</td></tr>
<tr><td>2. 劳保用品：安全帽、劳保手套、防尘口罩、自救器、矿灯</td></tr>
<tr><td>3. 工具：螺丝刀、手钳、活动扳手、瓦斯-氧气两用仪、内六角扳手、平口扳手等</td></tr>
<tr><td>四、作业标准</td><td>见附表</td></tr>
<tr><td>五、流程图</td><td>见附图</td></tr>
<tr><td>六、应急处置</td><td>1. 行动程序
(1) 预警及信息报告：发生险情或事故时，立即通知受威胁区域人员，并向矿调度室汇报。
(2) 应急响应：行使紧急避险权，并按应急指令或避灾路线撤离险区；在撤离受阻的情况下紧急避险，并按现场处置方案开展自救互救。
(3) 后期处置：脱险后，立即向指挥部汇报现场采取的应急措施和事故初期情况；参与现场生产恢复；受伤人员积极配合医疗救治。
2. 安全避险注意事项
(1) 井下火灾、瓦斯爆炸、煤尘爆炸、火工品爆炸事故避灾时应迅速佩戴好自救器，迎着新鲜风流撤离灾区，不可任意进入回风巷道。
(2) 井下水灾发生后迅速佩戴自救器，避开突出水头向地势高的地点避灾。
(3) 顶板、冲击地压事故：立即停止作业，迅速撤离事故现场至安全地点。
(4) 火灾事故：立即通过灭火器、水、沙等直接灭火，无法扑灭时按程序汇报。
(5) 灾害性天气：立即停止作业，按调度指令迅速撤离升井。
(6) 当遭遇灾害无法撤离时进入就近避难硐室，启用救护设施，等待救援。
(7) 佩戴自救器撤离灾区时绝不能因为吸气干热而把自救器拿掉。
3. 联系电话
本单位值班电话：　　　　　　　　　　矿调度室电话：</td></tr>
</table>

附表:单轨吊检修工岗位作业流程标准

项目	作业步骤	作业标准	风险类型	危害因素	管控措施
作业	1. 检修前准备	1.1 正常检修必须在机车检修硐室内进行,机车因故障停在斜巷运输线上时应采取安全固定措施,防止溜车造成事故。 1.2 检修工必须穿戴规定的劳动防护用品上岗,并做好工作前的各项准备。 1.3 应急检修应选择巷道空间开阔地段,满足检修操作空间要求。 1.4 检修开始前必须将检修设备及工作场所整理清洁。 1.5 了解机车运行情况查阅机车运行记录等,并听取司机讲述机车故障要点,判断分析,准备好专业工具和备品备件。 1.6 检修工必须按有关规定认真详细检查和试验机车,查找故障	/	/	/
	2. 检修作业	2.1 拆卸前必须了解该部件的性能及连接方法,拆卸下来的零部件一定要按顺序摆放,并加以标记,用柴油清洗干净后擦干,不能留下任何杂物。 2.2 液压元件拆卸及装配过程中要采取保护措施,防止杂质进入机车液压系统或发动机内。 2.3 装配零部件前必须用油脂进行润滑。 2.4 检修液压系统前,应关闭机车发动机,液压蓄能器彻底卸压。将管路内存油放至专用容器内,然后进行故障排查检修。 2.5 更换驱动轮时,拆除驱动轮顶部专用螺栓,卸掉驱动夹紧力,拆除驱动轮顶部连接专用螺栓,向外移动驱动轮,拆除驱动轮,换上新的驱动轮并紧固到位	高处坠落	人员在驾驶室未挂防坠落设施	在驾驶室操作时,人员保持正常坐姿,坐在座位上,目视前方,注意观察周围运行环境,轨道吊挂、连接情况,严禁将头或身体任何部位探出车外

续表

项目	作业步骤	作业标准	风险类型	危害因素	管控措施
作业	2. 检修作业	2.6　更换液压管路时，仔细检查各处液压胶管管路是否完好情况，发现接头变形或损坏，液压胶管弯曲、破损、漏油时，进行更换或保护。更换液压胶管，要严禁带压更换液压胶管。 2.7　机车保养提前准备检修工器具，保养时柴油机单轨吊更换机车机油滤芯、柴油滤芯、液压油滤芯、空气滤芯、冷却水过滤滤芯、油水分离器等，所有需润滑部位注润滑油。检查液压油、机油、冷却液、齿轮油使用情况，及时进行更换、添加。检查所有压力传感器、温度传感器等是否正常。检查进、排气系统是否正常，并用高压风管进行除尘清理。蓄电池单轨吊检查蓄电池外观是否有漏液现象。 2.8　定期做好日检、周检、月检、年检维护保养工作。 2.9　检修时必须注意保护防爆电气设备的防爆面不受损伤。 2.10　机车检修后，必须经过试运行，不符合运行规定的要重新检修或更换。 2.11　机车各方面性能达标，设备完好可靠，无问题后方可使用	高处坠落	人员在驾驶室未挂防坠落设施	在驾驶室操作时，人员保持正常坐姿，坐在座位上，目视前方，注意观察周围运行环境，轨道吊挂、连接情况，严禁将头或身体任何部位探出车外
			机电	(1) 气动工具使用时对人员产生伤害。 (2) 充电机、蓄电池、隔离开关等检修过程操作不当，造成人员触电	(1) 严格按照单轨吊检修措施使用气动工具，佩戴好劳动用品，严禁靠近转动部位。 (2) 气动工具，管路连接牢固。严格按照单轨吊检修措施停、送电，严禁操作带电设施
	3. 试运转	3.1　试运行前要对机车的各个部件全面地清检，检查确认无问题后，方可启车试运行。 3.2　观察整个机车的外表和所检修的部件及各仪表应动作灵活、可靠完好，确认无误后，柴油单轨吊主机启动、蓄电池单轨吊主机送电，单轨吊机车无异常后，检修工进入驾驶室挂好防护链；配合其他检修工试验前进、后退、制动、起吊等正常工作	高处坠落	人员攀爬梯子进入驾驶室未抓牢、踩实导致坠落	确认驾驶室攀爬梯子完好，攀爬过程抓牢、踩实，进入驾驶室后挂好防坠链

续表

项目	作业步骤	作业标准	风险类型	危害因素	管控措施
作业	4. 收尾	4.1 检修后的机车试运转合格后，填写检修记录，写明检修部位、名称、检修日期、检修人等相关内容。 4.2 清理现场及机车卫生，做到“工完料净”	运输	单轨吊停在斜巷处制动失效，跑车伤人	单轨吊机车停车在巷道完好、平巷段，确保制动、超速保护完好
收班	记录	记录当班检修工作量及检修过程的重点工序	/	/	/

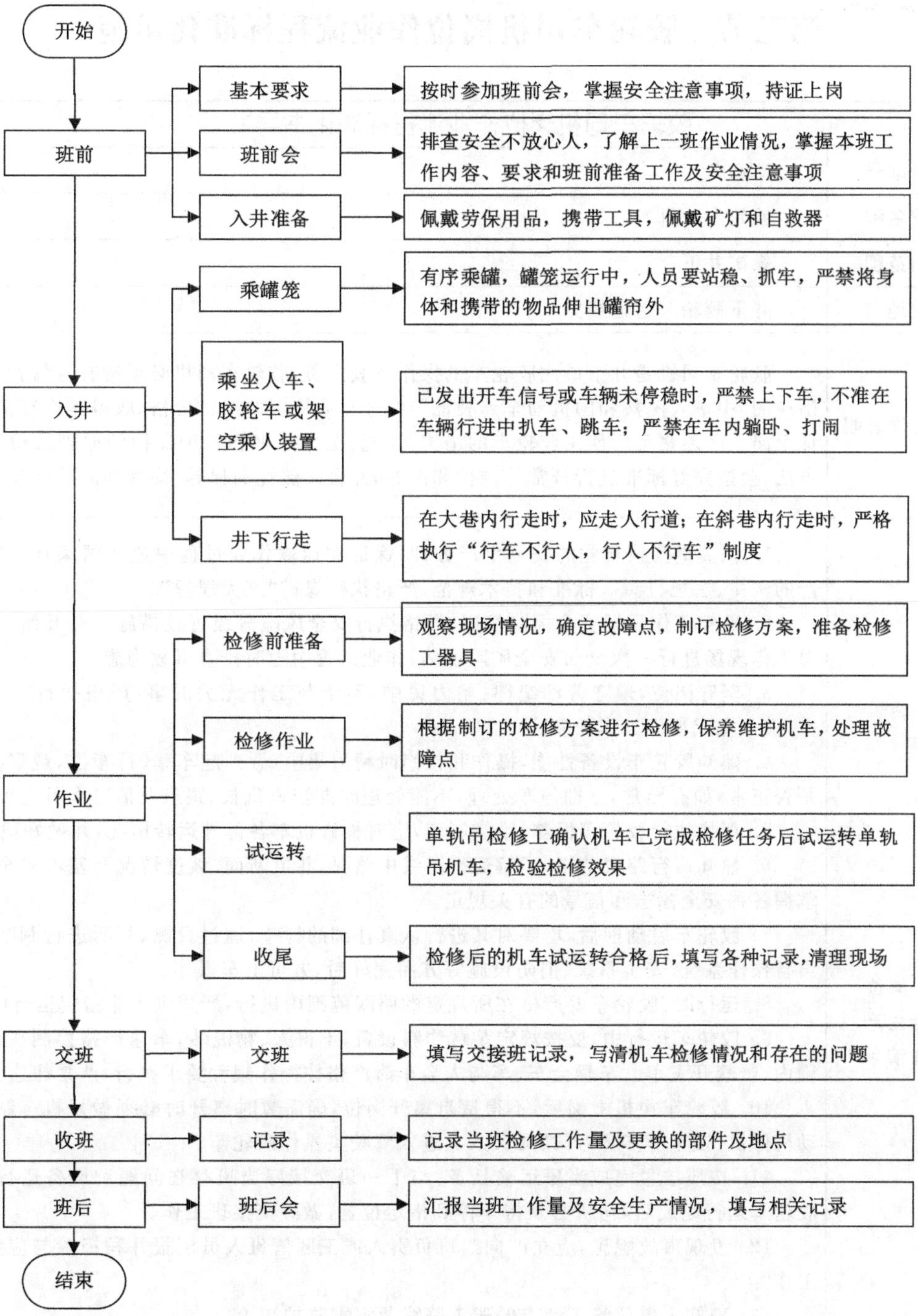

附图：单轨吊检修工岗位作业流程图

第三节　胶轮车司机岗位作业流程标准化示范

胶轮车司机岗位作业流程标准化指导书	
流程编号	YS003
岗位名称	胶轮车司机
适用范围	煤矿井下
适用地点	井下胶轮车运输线路
一、岗位说明	胶轮车司机是井下矿用胶轮车的操作驾驶人员，胶轮车司机必须持有与驾驶车辆相适应的“中华人民共和国机动车驾驶证”，经过专业培训并考试合格，取得操作资格证，持证上岗。必须熟悉所使用胶轮车的结构、性能、工作原理和各种保护的原理及检查试验方法，会按完好标准进行日常的维护和保养，并会一般性的保养、维修和故障处理
二、岗位安全生产责任清单	1. 认真贯彻执行党的安全生产方针，保证在运输作业过程中遵守国家有关安全生产的法律、法规、规章、标准和技术规范，严格执行煤矿“三大规程”。 2. 熟知工作现场安全风险情况，严格执行安全风险分级管控措施。在开始工作前，对工作现场进行一次全面安全风险评估，作业过程中随时排查事故隐患。 3. 坚守岗位，遵守劳动纪律，精力集中，不干与工作无关的事，严格执行交接班制度，安全完成当班工作任务。 4. 熟知胶轮车设备性能，操作和检修时精力集中，做到起车稳、行车准，观察各仪表是否正常，如有异常，立即停车处理，不能处理时向当班班长、跟班及值班人员汇报。 5. 严格执行胶轮车保养、维护制度，定时检修机车各部件运转情况，并做好记录。 6. 熟知运行路线范围，了解运行路线中路况、巷道断面、坡度情况及基本安全情况，掌握各种安全标志和信号的有关规定。 7. 胶轮车启动前后，均要对其进行认真仔细的检查，通过目测、耳听进行判断，确认设备操作系统、安全系统、消防设施等方面完好后，方可上车操作。 8. 运行时，胶轮车要严格在所规定的路线范围内进行，严禁进入非指定运行区域。 9. 胶轮车运行中，要按规定装载物料设备，不得人、物混装，车速严格控制在规定范围内，严禁开飞车。车辆会车、车与人会车时严格按操作规程要求执行，严禁超速会车。 10. 胶轮车司机上岗后，不得擅自离开岗位，确需暂时离开时必须做好机车制动、发动机停机、锁车等步骤，严禁无关人员进入驾驶室操作胶轮车。 11. 按质按量完成当班运输任务，与下一班交接好当班存在问题和设备运行情况，胶轮车运行完成后，司机必须将车停到指定位置，做好交接班工作。 12. 发现事故隐患，应立即向当班负责人或工区值班人员汇报并积极参与应急救援工作。 13. 熟知本单位施工地点的避灾路线及灾害防护知识。 14. 必须熟知现场职业危害因素防护设施、设备的使用方法，熟知劳动防护用品使用方法。 15. 进入现场作业前必须佩戴完好的劳动防护用品，如毛巾、静音耳塞、防尘口罩等。 16. 负责履行本岗位的消防安全责任

续表

<table>
<tr><td rowspan="3">三、设备设施及劳保工具</td><td>1. 设备设施:胶轮车</td></tr>
<tr><td>2. 劳保用品:安全帽、劳保手套、防尘口罩、自救器、矿灯</td></tr>
<tr><td>3. 工具:螺丝刀、手钳、活动扳手、瓦斯-氧气两用仪等</td></tr>
<tr><td>四、作业标准</td><td>见附表</td></tr>
<tr><td>五、流程图</td><td>见附图</td></tr>
<tr><td>六、应急处置</td><td>1. 行动程序
(1) 预警及信息报告:发生险情或事故时,立即通知受威胁区域人员,并向矿调度室汇报。
(2) 应急响应:行使紧急避险权,并按应急指令或避灾路线撤离险区;在撤离受阻的情况下紧急避险,并按现场处置方案开展自救互救。
(3) 后期处置:脱险后,立即向指挥部汇报现场采取的应急措施和事故初期情况;参与现场生产恢复;受伤人员积极配合医疗救治。
2. 安全避险注意事项
(1) 井下火灾、瓦斯爆炸、煤尘爆炸、火工品爆炸事故避灾时应迅速佩戴好自救器,迎着新鲜风流撤离灾区,不可任意进入回风巷道。
(2) 井下水灾发生后迅速佩戴自救器,避开突出水头向地势高的地点避灾。
(3) 顶板、冲击地压事故:立即停止作业,迅速撤离事故现场至安全地点。
(4) 火灾事故:立即通过灭火器、水、沙等直接灭火,无法扑灭时按程序汇报。
(5) 灾害性天气:立即停止作业,按调度指令迅速撤离升井。
(6) 当遭遇灾害无法撤离时进入就近避难硐室,启用救护设施,等待救援。
(7) 佩戴自救器撤离灾区时绝不能因为吸气干热而把自救器拿掉。
3. 联系电话
本单位值班电话:　　　　　　　　矿调度室电话:</td></tr>
</table>

附表:胶轮车司机岗位作业流程标准

项目	作业步骤	作业标准	风险类型	危害因素	管控措施
接班	进入接班地点接班	1.1 到达作业地点。 1.2 与交班胶轮车司机了解本班运行情况以及运行线路运输情况及重点注意事项	/	/	/
作业	1. 开车前准备	1.1 司机应随身携带通信工具、便携式 CH_4 检测报警仪。 1.2 开车前,检查车辆外观是否有刮碰,前挡风玻璃是否完好,轮胎是否有损伤,气压是否充足,固定螺栓、半轴螺丝是否松动。 1.3 检查后车厢门、前后保险杠是否牢固可靠。 1.4 检查车辆传动轴是否松旷,连接螺栓是否紧固。 1.5 检查车辆机油、柴油、液压油、发动机冷却水、尾气净化水是否充足,如有缺损及时添加。 1.6 检查随车灭火器、警示三脚架是否完好有效。 1.7 检查转向系统,方向机、转向拉杆是否完好。 1.8 检查排气栅格是否清洁、固定是否可靠,并及时清理。 1.9 检查湿式制动器是否渗油、制动手把及掩车木是否完好	/	/	/
	2. 启动	2.1 打开电源箱开关安全保护装置通电,车载安全保护装置系统自检。 2.2 打开驾驶室内的启动总开关,检查启动气压表的气压是否达到启动车的要求。 2.3 将变速杆置于空挡位置。 2.4 安全保护装置显示正常后,启动车辆	/	/	/

续表

项目	作业步骤	作业标准	风险类型	危害因素	管控措施
作业	3. 试运转	3.1　检查转向系统，方向盘转动灵活，无异响。 3.2　检查工作制动、驻车制动是否灵敏可靠。 3.3　检查发动机有无异常噪声，排气颜色是否正常。 3.4　检查车辆照明、喇叭、各仪表指示能否正常工作。 3.5　检查车辆传动系统，挡位齐全、摘挂灵活，传动轴、后桥及差速器是否有异响。 3.6　检查车辆排气是否正常，并在运行过程中做好动态检查。 3.7　检查全车是否有跑冒滴漏现象。 3.8　机车符合运行要求，试运转车辆，确保机车前进、后退、制动正常	运输	胶轮车转向或制动不满足运行要求，发生碰撞事故	(1) 运输严格执行《煤矿安全规程》及《操作规程》相关要求，检查好胶轮车。 (2) 检查好转向系统和制动系统，确保胶轮车转向和制动正常
	4. 运行	4.1　踩下离合器踏板，将变速杆接入1挡，解除驻车制动手柄，左脚轻抬离合器踏板，同时右脚踩下油门，车辆起步运行。 4.2　运行过程中根据路况变换车速和挡位，由低挡换入高挡时加大油门，同时踩下离合器踏板，并将变速杆由低挡推入高挡后松开离合器踏板，由高挡换入低挡位时，等车速降低后再重复以上步骤。 4.3　转换车辆运行方向时，必须在车辆停稳后操作。 4.4　正常行车时，不得使离合器处于半连动状态，否则会造成离合器摩擦片的过度磨损。 4.5　上坡时，为避免发动机过载，应在发动机开始加载减速前及时将挡位换到低挡。 4.6　长距离下坡时，应提前将变速杆换到低挡，利用发动机制动减速。	运输	(1) 胶轮车运输期间运行注意力不集中，造成运输事故	注意力集中，目视前方及仪表盘，观察好路面及顶板，发现问题及时停车

续表

项目	作业步骤	作业标准	风险类型	危害因素	管控措施
作业	4. 运行	4.7　运送人员时平巷车速不得超过 25 km/h。斜巷运行时严禁空挡滑行，交岔点、拐弯处车速不得超过 5 km/h。 4.8　在接近风门、巷道口、硐室出口、弯道、道岔、坡度较大或噪声大等地点，对开车辆会车前，以及前面有人、有机车或视线有障碍时，必须减速鸣笛，确认符合通行条件方可通过。 4.9　驾驶车辆必须严格按巷道内信号指示和调度指令行车。 4.10　通过积水时，要注意不能使水淹没发电机造成照明不亮。 4.11　车辆自卸时，必须选择合适地点，卸车地点必须保证后车厢在举升过程中不得刮碰电缆，风、水管路。 4.12　卸车前，首先将挡位挂至空挡，拉好驻车制动，掩牢车辆。操作升降杆升降车厢；卸车后，操作升降杆，恢复车厢至原位。 4.13　人员乘车数量不得超过规定要求，严禁超载，人员上车后司机负责查看后车厢车门是否关闭、人员乘坐是否符合要求，乘坐车辆的人员严禁将身体任何部位探出车外。 4.14　碰见行人及时减速鸣笛，做到礼让行人，严禁人、物混合运输	运输	(2) 胶轮车运输人员和物料等，运输过程中存在车辆损坏、碰撞、溜车等事故	(1) 运输严格执行《煤矿安全规程》及《操作规程》相关要求。 (2) 运输严格执行公司及矿下发的胶轮车运输相关文件。 (3) 运输严格执行胶轮车运行安全技术措施
	5. 动态观察	5.1　观察胶轮车运输线路顶帮和底板完好情况。 5.2　观察胶轮车运行情况，是否有异常情况。 5.3　观察胶轮车运输物料和人员运行是否满足安全间隙	/	/	/

续表

项目	作业步骤	作业标准	风险类型	危害因素	管控措施
作业	6. 异常处理	6.1　当车辆出现转向故障时，应立即减速，在就近的安全地点停车，并向区队汇报；当车辆出现转向失控时，应立即使用工作制动和驻车制动减速，极力缩短停车距离，并长鸣笛示警。 6.2　当车辆出现制动失效时，司机应立即实施驻车制动，如车辆仍然无法停止，司机应反复踩踏制动踏板尝试恢复制动，并利用逐级减挡降低车速。 6.3　当车辆出现斜巷打滑时，司机应轻打方向盘尽量控制车辆行驶方向，严禁踩刹车、离合，并长鸣笛示意其他车辆、人员躲让，然后操作车辆靠在防撞沙墙或巷帮。 6.4　车辆运行过程中，仪表指示有异常要立即停车检查。 6.5　当车辆行驶的巷道内瓦斯浓度超过 0.5%时，应立即熄火停机，汇报区队值班人员，待有害气体不超限时方可运行	/	/	/
	7. 停机	7.1　停车前，首先降低车速，操作刹车系统，将挡位置于空挡，停住车辆。 7.2　拉动车辆制动手柄，使车辆处于驻车制动状态。 7.3　使发动机怠速运转 3～5 min，关闭驾驶室的气动开关，发动机停止运转，关闭气罐总阀门。 7.4　车辆停稳后按规定采用掩车木掩牢车辆，确保停车位置不影响人员和其他车辆通过	/	/	/
交班	交班前的准备	1.1　填写交接班记录，写清胶轮车运行情况和存在的问题。 1.2　清理岗点环境卫生	/	/	/

续表

项目	作业步骤	作业标准	风险类型	危害因素	管控措施
交班	2. 交班	胶轮车司机必须现场交接班，向接班人员交接胶轮车运行情况	/	/	/
收班	记录	记录当班运行工作量及运行过程顶板及线路情况	/	/	/

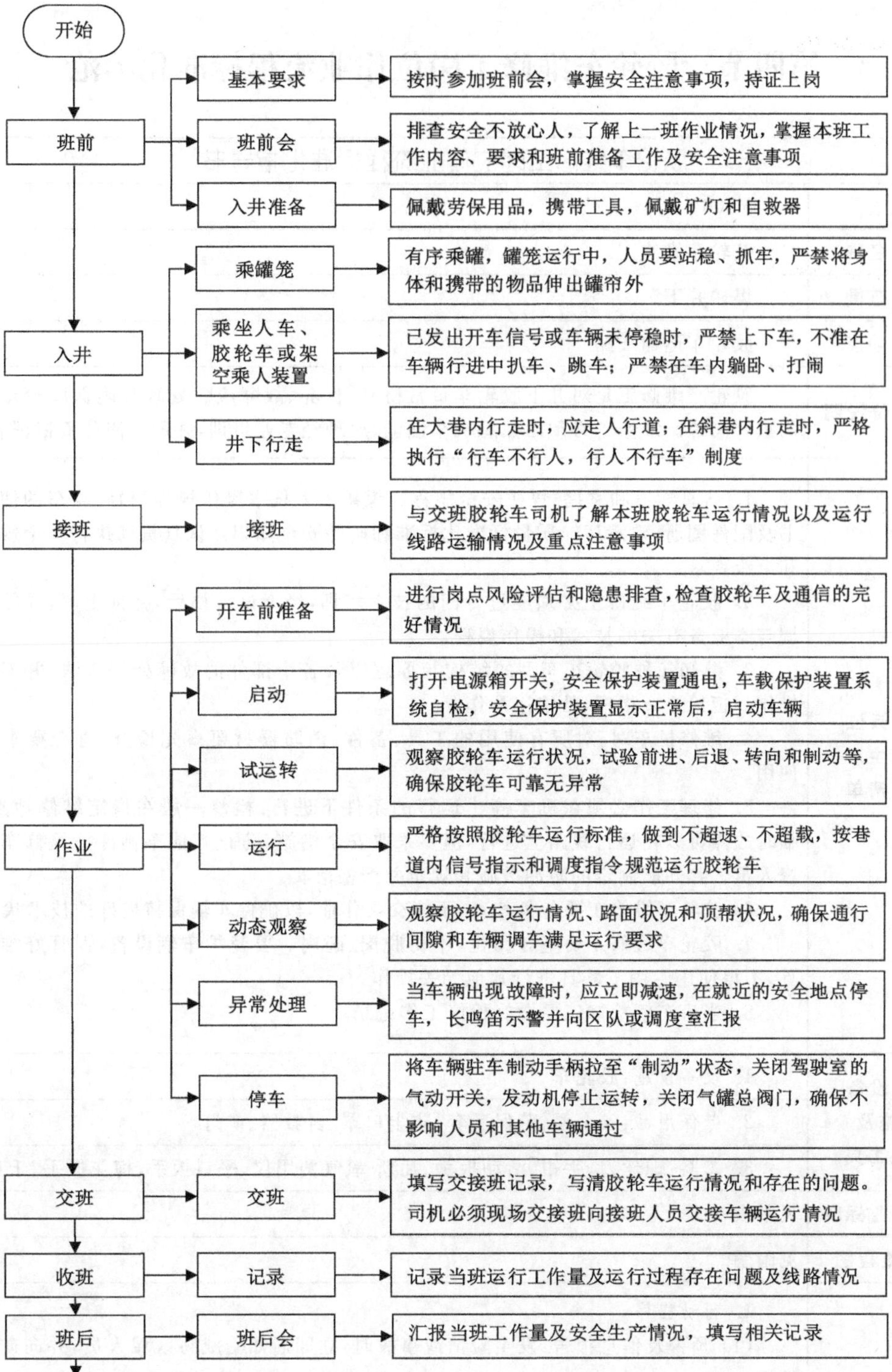

附图:胶轮车司机岗位作业流程图

第四节　胶轮车维修工岗位作业流程标准化示范

胶轮车维修工岗位作业流程标准化指导书	
流程编号	YS004
岗位名称	胶轮车维修工
适用范围	煤矿井下
适用地点	胶轮车运输线路
一、岗位说明	胶轮车维修工是对井下胶轮车日常检修、保养、故障应急处理等确保胶轮正常运行的重要岗位。维修工必须由熟悉机车性能、原理经专业培训，并取得岗位资格证者担任
二、岗位安全生产责任清单	1. 认真学习和掌握《煤矿安全规程》《煤矿工人技术操作规程》和胶轮车的使用说明书及配件图册，熟悉运输质量标准化标准和矿井安全知识。认真贯彻执行安全规章制度和上级要求。 2. 胶轮车维修工必须经过专门的技术培训，经考试合格后，持证上岗，并熟知和掌握与本业务有关的技术和操作规程。 3. 熟知各种胶轮车车型的结构与原理以及各个部件的故障处理方法，并能够正确操作。拒绝违章指挥，杜绝违章作业。 4. 维修机车时，对所有使用的工具、备件、消防器材要事先检查，符合要求时方可使用。 5. 修理工作必须在机车停止运行的条件下进行，检修一般在指定维修地点进行。临时故障可以在运行线路上进行，但要采取安全措施，防止其他车辆冲撞检修车辆或检修人员。熟知矿制定的防冲措施和规定并严格落实。 6. 胶轮车维修工要各负其责，不能交叉作业，以确保车辆保持良好的技术状况。 7. 胶轮车维修工要坚守岗位，不得脱岗、睡岗。要爱护车辆设备，保管好维修工器具，不得使用专用工器具进行其他无关操作。 8. 当班车辆检修工要做好检修工作记录
三、设备设施及劳保工具	1. 设备设施：胶轮车
	2. 劳保用品：安全帽、劳保手套、防尘口罩、自救器、矿灯
	3. 工具：螺丝刀、手钳、活动扳手、瓦斯-氧气两用仪、平口扳手、梅花扳手、千斤顶等
四、作业标准	见附表
五、流程图	见附图
六、应急处置	1. 行动程序 (1) 预警及信息报告：发生险情或事故时，立即通知受威胁区域人员，并向矿调度室汇报。 (2) 应急响应：行使紧急避险权，并按应急指令或避灾路线撤离险区；在撤离受阻的情况下紧急避险，并按现场处置方案开展自救互救。 (3) 后期处置：脱险后，立即向指挥部汇报现场采取的应急措施和事故初期情况；参与现场生产恢复；受伤人员积极配合医疗救治

续表

六、应急处置	2. 安全避险注意事项 (1) 井下火灾、瓦斯爆炸、煤尘爆炸、火工品爆炸事故避灾时应迅速佩戴好自救器，迎着新鲜风流撤离灾区，不可任意进入回风巷道。 (2) 井下水灾发生后迅速佩戴自救器，避开突出水头向地势高的地点避灾。 (3) 顶板、冲击地压事故：立即停止作业，迅速撤离事故现场至安全地点。 (4) 火灾事故：立即通过灭火器、水、沙等直接灭火，无法扑灭时按程序汇报。 (5) 灾害性天气：立即停止作业，按调度指令迅速撤离升井。 (6) 当遭遇灾害无法撤离时进入就近避难硐室，启用救护设施，等待救援。 (7) 佩戴自救器撤离灾区时绝不能因为吸气干热而把自救器拿掉。 3. 联系电话 本单位值班电话：　　　　　　　　矿调度室电话：

附表：胶轮车维修工岗位作业流程标准

项目	作业步骤	作业标准	风险类型	危害因素	管控措施
作业	1. 维修前准备	1.1 听取司机介绍机车故障要点，判断机车故障部位。 1.2 详细进行各项动态测试，准确找出故障环节。 1.3 针对故障进行层层分析，找出导致故障的直接原因。 1.4 根据故障部件和损坏程度，做出检修或更换的决定	/	/	/
	2. 维修作业	2.1 检修开始前，必须将检修设备及工作场地打扫干净，洒水防尘，根据实际情况配备工作台，以便放置拆卸下来的零配件。 2.2 拆卸机器前，必须了解该部件的性能及连接方法。拆卸下来的零部件一定要有序存放并加以标记，并用清洗干净，不得留有任何杂物。 2.3 检修机车底盘可使用检修地槽，地槽内有油和积水时，必须及时清除，严禁堆放杂物。地槽上、下工作人员，必须互相照应，往地槽内传递检修部件及工具时，严禁抛递	高处坠落	胶轮车维修工在维修过程中登高踩踏不稳坠落	(1) 胶轮维修工严格按照维修措施施工。 (2) 胶轮车维修工在维修过程严格人员安全站位，登高踩踏稳固
		2.4 更换轮胎时要用千斤顶。应当选好作用点，掌握好重心，避免千斤顶或工件歪倒伤人。更换充气轮胎，应先放旧轮胎气压，防止轮胎崩出伤人。卸下的旧轮胎由其他人员放到指定位置。 2.5 调整三角皮带时，用扳手拧开张紧螺栓，用手指垂直下压皮带，自测挠度值一般以 15～25 mm 为宜。自测挠度时，张紧轮应处于静态，调整合适后，将螺母上紧拧牢	运输	采用无轨胶轮车运输，运输过程中，胶轮车运送人员及物料，存在胶轮车失速、打滑等	(1) 运输严格执行《煤矿安全规程》及《操作规程》相关要求。 (2) 运输严格执行公司及矿下发的胶轮车相关文件。 (3) 运输严格执行辅助运输专项措施

续表

项目	作业步骤	作业标准	风险类型	危害因素	管控措施
作业	2. 维修作业	2.6 清洗柴油机滤清器时，先甩掉滤油盖，取出滤芯，用柴油清洗。清洗后晾干，装入滤清器内进行安装。 2.7 柴油机排气栅栏清洗时，用毛刷清洗栅栏表面及夹缝中间的杂物，用柴油冲洗干净，晾干后，安装于柴油机排气处。 2.8 柴油机液压管路维修时，先打开机器外罩，仔细检查管路的完好状况。发现有接头弯曲变形、滴油漏油时，要及时更换或维修。 2.9 检修时必须注意保护防爆电气设备的防爆面不受损伤，定期涂抹防腐油脂。 2.10 机车检修后，必须经过试验，质量符合煤矿机电设备检修质量标准。发现不符合要求的部件重新检修或更换，直至合格为止	机电	气动工具使用时对人员产生伤害	(1) 严格按照单轨吊检修措施使用气动工具，佩戴好劳动用品，严禁靠近转动部位。 (2) 气动工具，管路连接牢固
			起重伤害	胶轮车维修工进入车底作业时，车辆起高、掩车不牢，车辆位移伤人	严格按照胶轮车维修措施施工，车辆维修过程中严格掩车，固定牢靠，车辆不位移
	3. 试运转	3.1 试运行前要对机车的各个部件全面地清检，检查确认无问题后，方可启车试运行。 3.2 观察整个机车的外表和所检修的部件及各仪表应动作灵活、可靠完好，确认无误后，去除胶轮车掩车木等固定设施，进行前进、后退、刹车等操作进行试运转	/	/	/
	4. 收尾	4.1 维修后的胶轮车试运转合格后，填写维修记录，写明维修部位、名称、维修日期、维修人等相关内容。 4.2 清理现场及胶轮车卫生，做到“工完料净”	/	/	/
收班	记录	记录当班维修工作量及检修过程的重点工序	/	/	/

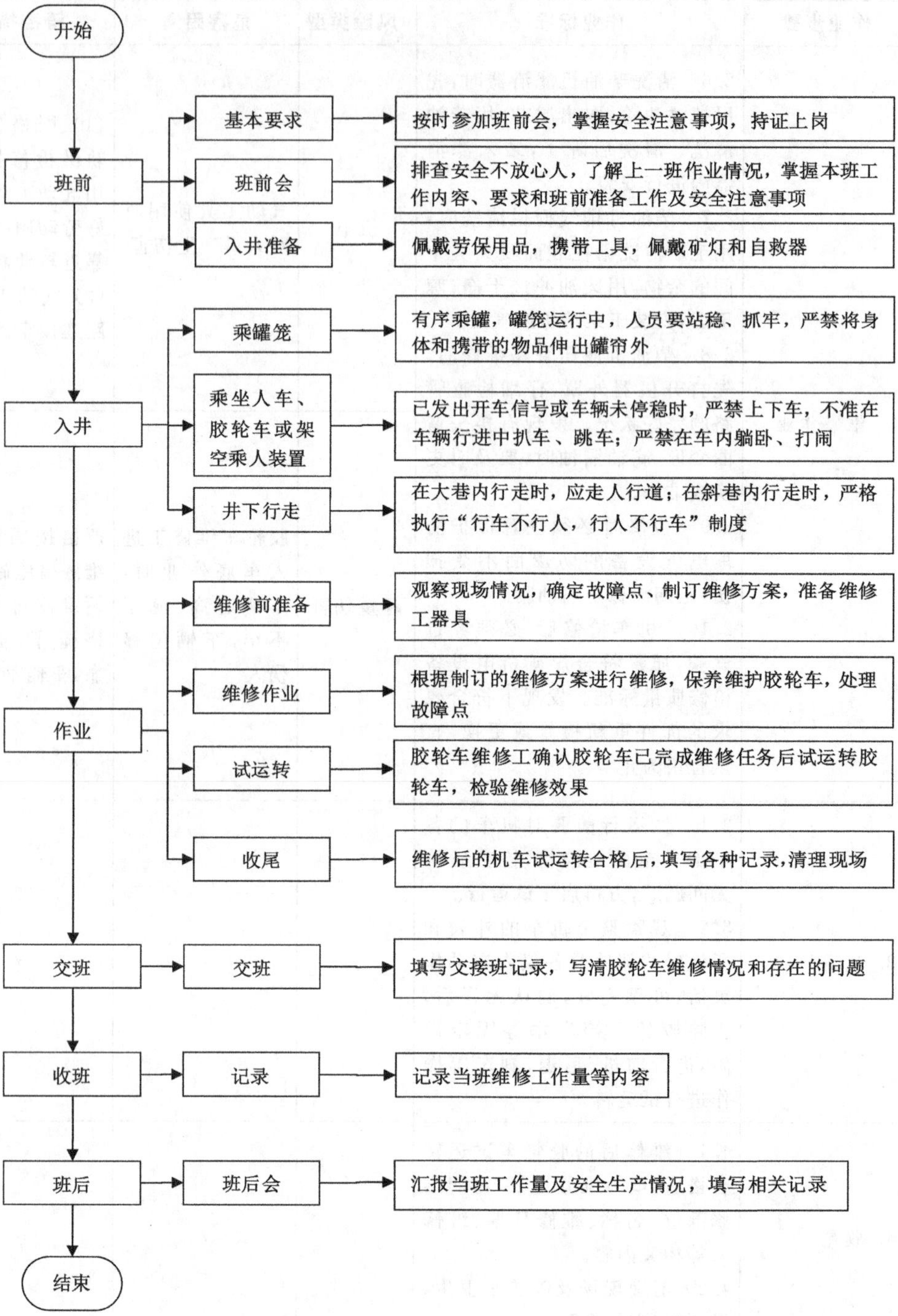

附图:胶轮车维修工岗位作业流程图

第五节　窄轨电机车司机岗位作业流程标准化示范

窄轨电机车司机岗位作业流程标准化指导书	
流程编号	YS005
岗位名称	窄轨电机车司机
适用范围	煤矿井下
适用地点	井下电机车运输线路
一、岗位说明	窄轨电机车司机是井下电机车运输线路安全生产的直接责任者，负责将人员、材料、设备和煤矸等安全的运送到规定地点，必须熟练掌握电机车的各种操作规范，熟悉运输线路、车场、信号和安全设施布置情况，必须做好机车完好检查，确保机车安全运行
二、岗位安全生产责任清单	1. 认真贯彻执行党的安全生产方针，保证在运输作业过程中遵守国家有关安全生产的法律、法规、规章、标准和技术规范，严格执行煤矿“三大规程”。 2. 熟知工作现场安全风险情况，严格执行安全风险分级管控措施。在开始工作前，对工作现场进行一次全面安全风险评估，作业过程中随时排查事故隐患，及时消除隐患。 3. 坚守岗位，遵守劳动纪律，精力集中，不干与工作无关的事，严格执行交接班制度，安全完成当班工作任务。 4. 熟知电机车设备性能，熟悉运输线路、车场、信号和安全设施设备布置情况，按照规章制度组织好生产。 5. 必须检查好机车，确保机车完好，确保机车的闸、灯、警铃(喇叭)、连接装置和撒沙装置符合运行要求，不符合运行要求时，联系专业人员维修。 6. 必须听从调度工的指挥，每次开车前都要向行车调度工请示，确定运行路线及任务，按规定行车运输。及时向行车调度工汇报任务完成情况和运输中存在的问题，以便行车调度工掌握各机车运行状况。 7. 操作机车时必须集中精力，做到起车稳、行车准，确保机车运行正常，如有异常，立即停车处理，不能处理时，应向当班班长、跟班及值班人员汇报。 8. 在运送过程中要认真检查各种材料、设备、设施的装封车情况，达不到运输要求时，必须采取措施进行处理，装封车达不到要求的严禁运输。 9. 必须熟知现场职业危害因素防护设施、设备的使用方法，熟知劳动保护用品使用方法。 10. 能够按质按量完成当班运输任务，与下一班交接好当班存在问题和设备运行情况。 11. 发现事故隐患，应立即向当班负责人或工区值班人员汇报并积极参与应急救援工作。 12. 熟知本单位施工地点的避灾路线及灾害防护知识。 13. 拒绝违章指挥，杜绝违章作业。 14. 严格遵守单位有关职业病防治的相关规定制度，做好自我防护。 15. 负责履行本岗位的消防安全责任

续表

三、设备设施及劳保工具	1. 设备设施：窄轨电机车
	2. 劳保用品：安全帽、劳保手套、防尘口罩、自救器、矿灯
	3. 工具：手钳、扳手、瓦斯-氧气两用仪、红尾灯等
四、作业标准	见附表
五、流程图	见附图
六、应急处置	1. 行动程序 (1) 预警及信息报告：发生险情或事故时，立即通知受威胁区域人员，并向矿调度室汇报。 (2) 应急响应：行使紧急避险权，并按应急指令或避灾路线撤离险区；在撤离受阻的情况下紧急避险，并按现场处置方案开展自救互救。 (3) 后期处置：脱险后，立即向指挥部汇报现场采取的应急措施和事故初期情况；参与现场生产恢复；受伤人员积极配合医疗救治。 2. 安全避险注意事项 (1) 井下火灾、瓦斯爆炸、煤尘爆炸、火工品爆炸事故避灾时应迅速佩戴好自救器，迎着新鲜风流撤离灾区，不可任意进入回风巷道。 (2) 井下水灾发生后迅速佩戴自救器，避开突出水头向地势高的地点避灾。 (3) 顶板、冲击地压事故：立即停止作业，迅速撤离事故现场至安全地点。 (4) 火灾事故：立即通过灭火器、水、沙等直接灭火，无法扑灭时按程序汇报。 (5) 灾害性天气：立即停止作业，按调度指令迅速撤离升井。 (6) 当遭遇灾害无法撤离时进入就近避难硐室，启用救护设施，等待救援。 (7) 佩戴自救器撤离灾区时绝不能因为吸气干热而把自救器拿掉。 3. 联系电话 本单位值班电话：　　　　　　矿调度室电话：

附表:窄轨电机车司机岗位作业流程标准

项目	作业步骤	作业标准	风险类型	危害因素	管控措施
接班	1. 进入接班地点接班	1.1　提前确定电机车停放地点,按照安全行人路线到达电机车停放地点。 1.2　与交班电机车司机了解本班电机车运行情况,以及运行线路运输情况及重点注意事项	/	/	/
作业	1. 开车前准备	1.1　开车前必须对电机车认真进行如下检查: 1.1.1　司机室应有完好的车体、顶篷和门。 1.1.2　连接装置应保证完好。 1.1.3　手闸及撒沙装置应灵活有效。 1.1.4　照明灯应明亮,喇叭或警铃音响应清晰、洪亮,红灯转换正常。 1.1.5　通信装置正常。 1.1.6　蓄电池电压符合规定。 1.1.7　蓄电池箱应固定稳妥,锁紧装置应可靠。 1.1.8　在切断电机车电源的情况下,操作转动控制器换向和操作手把应灵活,闭锁可靠。 1.2　检查中发现的问题,必须及时处理或向当班领导汇报。机车的闸、灯、警铃(喇叭)、连接装置和撒沙装置,任何一项不正常或失爆时,机车不得使用。 1.3　沙箱内沙量不足时,需及时向沙箱内装满符合规定粒度的干燥细沙	/	/	/
	2. 启动	2.1　启动机车前,必须确保周围无人员及障碍物。 2.2　合上机车上的总电源直流开关(即自动开关),将换向手把插上。	/	/	/

续表

项目	作业步骤	作业标准	风险类型	危害因素	管控措施
作业	2. 启动	2.3 接到开车信号后，将照明灯转换至前进方向照明，后方红灯的位置；将换向手把扳到所需的行车方向。 2.4 响铃示警，然后将车闸松开。 2.5 将调速手柄自"0"位缓慢滑到运行区间起始位，此时电机车或延时 2～3 s，待机车缓慢起步后，再继续转动调速手柄达到所需运行速度。 2.6 严禁司机在车外开车，严禁不松闸就开车	/	/	/
	3. 试运转	3.1 电机车司机确认机车周围 5 m 内除跟车工外无人员进入运行区域。 3.2 所有驾驶室防护链正常，电机车车灯转换正常，配合跟车工试验前进、后退和制动，确保机车正常工作。 3.3 听从跟车工指挥，与跟车工确认好作业地点。 3.4 汇报调度员，机车前进方向，询问是否影响运输环节，确认无影响后方可运行	运输	不服从跟车工和调度员指挥，造成运输事故	(1) 运输严格执行《煤矿安全规程》及《操作规程》相关要求。 (2) 执行好调度工和跟车工指令，杜绝违章作业
	4. 运行	4.1 操作机车时，司机应坐在座位上，经常目视前方，左手握控制器操作手把，右手握制动手轮（手拉杆），严禁将头或身体探出车外，制动手轮转紧圈数在 2～3 圈的范围。 4.2 机车正常运行时，机车必须在列车前端。 4.3 机车运行中，严格按照信号指令行车，控制器操作手把只允许在规定的"正常运行位置"上长时间停放。如必须在其他位置稍长时间停留时，也应轮流停留，避免因过久停留而过热。	/	/	/

续表

项目	作业步骤	作业标准	风险类型	危害因素	管控措施
作业	4. 运行	4.4　机车行驶时，司机必须注意瞭望，要按信号指令行车，严禁闯红灯，要注意观察人员、车辆、道岔岔尖位置有无障碍物等，注意各种仪表仪器的显示，细心操作。 4.5　列车接近风门、巷道口、弯道、道岔、坡度较大或噪声大等场所时，双轨对开机车会车前以及前面有人、有机车或视线有障碍物时，都必须降低速度，并鸣笛示警。 4.6　机车制动时，不可施闸过急、过猛，否则容易出现闸瓦与车轮抱死致使车轮在轨道上滑行的现象，应迅速松闸缓解而后重新施闸。 4.7　调整车速时，应将控制器操作手把往复转至"正常运行"及"0"位停留，尽量避免使用制动闸控制车速。 4.8　司机不得擅自离开工作岗位，严禁在机车行驶中或尚未停稳前离开司机室，司机离开座位时，应切断电动机电源，取下控制手把（钥匙），扳紧停车制动。 4.9　在运输线路上临时停车时，不得关闭车灯，在有坡度的地方，必须用可靠的阻车器将车轮掩住。 4.10　电机车运行碰见行人，必须及时减速鸣笛停车，礼让行人	运输	采用电机车运输人员、物料等时，运输过程中发生车辆掉道、制动失效、碰撞等事故	(1) 严格执行《煤矿安全规程》及《操作规程》相关要求。 (2) 严格执行公司及矿下发电机车运输相关文件。 (3) 严格执行电机车运行措施
	5. 动态观察	5.1　观察轨道、道岔及安全设施完好情况。 5.2　观察电机车运行情况是否有异常情况。 5.3　观察运输物料运行是否满足运输要求	见下页	见下页	见下页

续表

项目	作业步骤	作业标准	风险类型	危害因素	管控措施
作业	6. 异常处理	6.1 电机车在启动或运行中，如发生车轮空转，应立即撒沙或将主手柄退回“0”位，以消除空转。 6.2 电机车运转部件如有不正常声响，各轴承部位有异常发热现象，应停车检查，排除故障。 6.3 电机车在运行时如有异常现象应立即停车，检查电气设备(包括连接导线)，如发现绝缘有破损，应停止使用，另派机车将其拉回维修。 6.4 当机车出现故障时，应将换向手柄换到单机位置运行，将机车空载开回。 6.5 不论任何原因造成电源中断，都应当将调速手柄转回“0”位，然后重新启动。 6.6 列车出现故障或发生不正常现象时，都必须减速停车，有发生事故的危险或接到紧急停车信号时，都必须紧急停车。 6.7 出现车辆掉道时，严格执行车辆复轨安全技术措施	运输	(1) 电机车出现故障或异常，刹车失灵伤人或碰撞事故 (2) 电机车运行中发生车辆掉道事故	(1) 检查好车辆完好，确保机车正常运输。 (2) 规范机车运输，发现问题及时停车，做好警戒并汇报 (1) 执行好掉道复轨安全技术措施。 (2) 检查好设备装封车，确保车辆符合运输条件，按照规程措施作业
	7. 停车	7.1 司机离开电机车时，首先确定将机车换向手把和调速手柄打到“0”位，取走换向手把，并且按顺时针方向转动制动手轮，使电机车处于制动状态，方可下车。 7.2 按调度指令在规定地点停好机车。 7.3 工作结束后，列车占线停留，应符合下列规定： 7.3.1 在道岔警冲标位置以外停车。 7.3.2 不应在主要运输线路“往返单线”上停车，不能影响行人通过。 7.3.3 应停在巷道较宽、无淋水或其他指定停靠的安全区段	/	/	/

续表

项目	作业步骤	作业标准	风险类型	危害因素	管控措施
交班	1. 交班前的准备	1.1 填写交接班记录，写清机车运行情况和存在的问题。 1.2 清理电机车及周边环境	/	/	/
	2. 交班	司机必须现场交接班，向接班人员交接机车运行情况	/	/	/
收班	记录	记录当班运行工作量及运行过程机车及线路情况	/	/	/

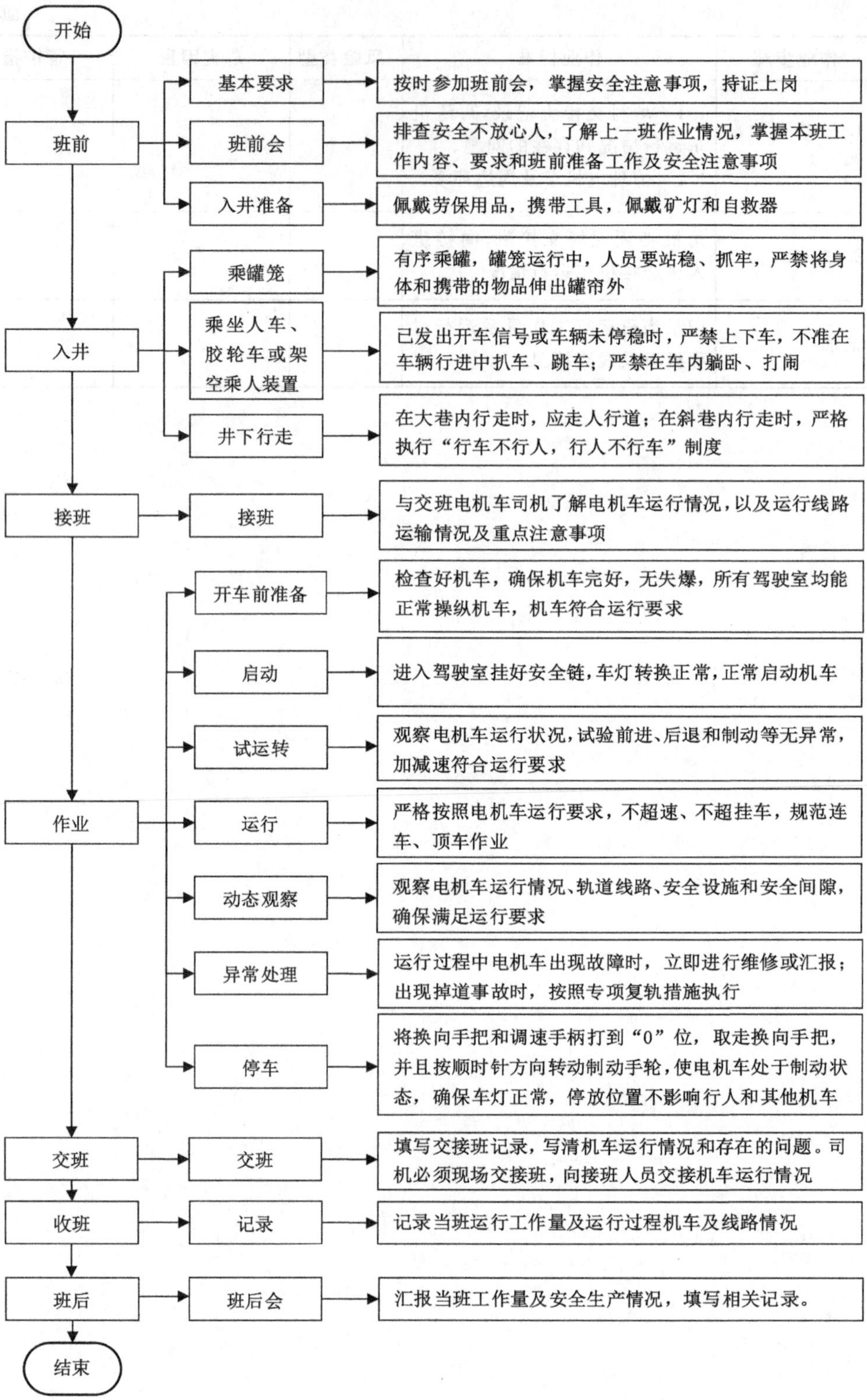

附图：窄轨电机车司机岗位作业流程图

第六节　小绞车司机岗位作业流程标准化示范

小绞车司机岗位作业流程标准化指导书	
流程编号	YS006
岗位名称	小绞车司机
适用范围	煤矿井下
适用地点	井下绞车运输线路
一、岗位说明	小绞车司机是井下绞车提升运输的操作工，对绞车提升运输安全工作负责，必须熟练掌握绞车的各种操作规范，熟悉绞车的结构、性能、原理、主要技术参数及完好标准等，并会一般性检查、维修、保养及故障处理，熟悉绞车斜巷的基本情况，服从信号把钩工的指挥，做好安全提升运输工作
二、岗位安全生产责任清单	1. 认真贯彻执行党的安全生产方针，保证在运输作业过程中遵守国家有关安全生产的法律、法规、规章、标准和技术规范，严格执行煤矿“三大规程”。 2. 熟知工作现场安全风险情况，严格执行安全风险分级管控措施。在开始工作前，对工作现场进行一次全面安全风险评估，作业过程中随时排查事故隐患，及时消除隐患。 3. 坚守岗位，遵守劳动纪律，精力集中，不干与工作无关的事，严格执行交接班制度，安全完成当班工作任务。 4. 熟知绞车的结构、性能、原理、主要技术参数及完好标准等，并会一般性检查、维修、保养及故障处理，熟悉绞车斜巷的基本情况。 5. 必须执行“行人不行车，行车不行人、不作业”的规定，并与信号把钩工联系，确认斜巷上下口、中间水平车场等入口处完好安装斜巷语言报警装置。 6. 必须听从信号把钩工的指挥，按照指令开车，信号不明不开车，拒绝超载提升和“四超”车辆无措施提升，确保提升运输安全。 7. 必须穿工作服、扎紧袖口、精力集中、谨慎操作，不得擅自离岗，不做与本岗无关的事情，行车时不准与他人交谈。确保绞车运行正常，如有异常，立即停车处理，如不能处理时，向当班班长、跟班及值班人员汇报。 8. 运行中要注意观察运行的钢丝绳，发现问题要及时停车检查处理，达不到要求的不准提升。 9. 在运送过程中要认真检查各种车辆、设备的装封车情况，达不到运输要求时，必须采取措施进行处理，装封车达不到要求的严禁运输。 10. 必须熟知现场职业危害因素防护设施、设备的使用方法，熟知劳动保护用品使用方法。 11. 能够按质按量完成当班运输任务，与下一班交接好当班存在问题和设备运行情况。 12. 发现事故隐患应立即向当班负责人或工区值班人员汇报，并积极参与应急救援工作。 13. 每班运行结束后，都必须将钢丝绳收回在滚筒上排齐，做好停电闭锁。 14. 做好绞车硐室和周围环境的卫生清理工作，做好有关提升运输的记录。 15. 熟知本单位施工地点的避灾路线及灾害防护知识。 16. 拒绝违章指挥，杜绝违章作业。 17. 负责履行本岗位的消防安全责任

续表

三、设备设施及劳保工具	1. 设备设施:小绞车
	2. 劳保用品:安全帽、劳保手套、防尘口罩、自救器、矿灯
	3. 工具:卡尺、电笔、扳手、钳子、瓦斯-氧气两用仪等
四、作业标准	见附表
五、流程图	见附图
六、应急处置	1. 行动程序 (1) 预警及信息报告:发生险情或事故时,立即通知受威胁区域人员,并向矿调度室汇报。 (2) 应急响应:行使紧急避险权,并按应急指令或避灾路线撤离险区;在撤离受阻的情况下紧急避险,并按现场处置方案开展自救互救。 (3) 后期处置:脱险后,立即向指挥部汇报现场采取的应急措施和事故初期情况;参与现场生产恢复;受伤人员积极配合医疗救治。 2. 安全避险注意事项 (1) 井下火灾、瓦斯爆炸、煤尘爆炸、火工品爆炸事故避灾时应迅速佩戴好自救器,迎着新鲜风流撤离灾区,不可任意进入回风巷道。 (2) 井下水灾发生后迅速佩戴自救器,避开突出水头向地势高的地点避灾。 (3) 顶板、冲击地压事故:立即停止作业,迅速撤离事故现场至安全地点。 (4) 火灾事故:立即通过灭火器、水、沙等直接灭火,无法扑灭时按程序汇报。 (5) 灾害性天气:立即停止作业,按调度指令迅速撤离升井。 (6) 当遭遇灾害无法撤离时进入就近避难硐室,启用救护设施,等待救援。 (7) 佩戴自救器撤离灾区时绝不能因为吸气干热而把自救器拿掉。 3. 联系电话 本单位值班电话:　　　　　　矿调度室电话:

附表:小绞车司机工岗位作业流程标准

项目	作业步骤	作业标准	风险类型	危害因素	管控措施
接班	1. 进入接班地点接班	1.1　到达绞车使用地点。 1.2　与交班小绞车司机了解本班电机车运行情况以及运行线路运输情况及重点注意事项	/	/	/
作业	1. 开车前准备	1.1　检查绞车周围环境。检查小绞车安装地点,5 m范围内顶帮支护安全可靠,行车轨道无障碍物,便于操作和瞭望。 1.2　检查绞车的安装固定是否平稳牢固。临时绞车压柱、戗柱牢固无松动,用地锚或混凝土基础的地锚、螺栓无松动,弯位,目视滚筒中线是否与斜巷地段中线(提升中线)一致,绞车最突出部位距轨道外侧不小于500 mm,绞车底座不得有裂纹。 1.3　检查制动闸和工作闸(离合闸)。闸带必须完整无断裂。磨损余厚不得小于4 mm,铜或铝铆钉不得磨闸轮,闸轮磨损不得大于2 mm。各部螺栓,销、拉杆螺栓及背帽限位销等完整齐全,无弯曲、变形。施闸后,闸把位置在水平线上,即应闸死,闸把位置严禁低于水平线。 1.4　检查钢丝绳。无弯折、硬伤、打结、严重锈蚀、断丝超限,在滚筒上绳端固定要牢固,不准剁股穿绳,在滚筒上排列整齐,无咬绳、爬绳现象,缠绕绳长不得超过绞车规定允许容绳量,绳径符合要求;松绳至终点,滚筒上余绳不得少于3圈,保险绳直径与主绳直径相符工连接牢固;绳端连接装置牢固可靠,钩头有绳皮,钩头卡绳长度不小于600 mm,绳卡不小于3道,卡面距离均匀,绳卡一反一正,护绳板完好	运输	(1) 绞车安全闸、制动闸检查不到位,制动闸、工作闸不灵活或失效,存在跑车造成事故的风险 (2) 绞车滚筒排绳乱,有咬绳和挤绳现象,存在钢丝绳爬绳造成断绳跑车的风险	安全闸和制动闸必须灵活可靠,闸带必须完整无断裂,磨损余厚不得小于4 mm;闸轮磨损不得大于2 mm (1) 必须排列整齐,无咬绳、挤绳现象,否则不得开车。 (2) 必须检查钢丝绳,确保钢丝绳符合运行要求

续表

项目	作业步骤	作业标准	风险类型	危害因素	管控措施
作业	1. 开车前准备	1.5 检查小绞车控制开关、操作按钮、信号装置等应无失爆现象。信号必须声光兼备，声音清晰，准确可靠	运输	见上页	见上页
	2. 启动	2.1 调度绞车司机听到清晰、准确的信号后，闸紧制动闸，松开离合闸，按信号指令方向启动绞车空转。 2.2 缓慢压紧离合闸把，同时缓慢松开制动闸把，使滚筒慢转平稳启动加速，最后压紧离合闸，松开制动闸，达到正常运行速度。 2.3 双速绞车开车前检查绞车挡位，挡位闭锁装置完好，严禁空挡运输，听从指令启动绞车。 2.4 如启动困难时，应查明原因，不准强行启动。 2.5 通过以上检查，发现问题必须向区队值班人员汇报，处理好后方可启动	/	/	/
	3. 试运转	3.1 小绞车司机确认机车周围5 m内除信号把钩工外无人员进入运行区域，人员全部进入躲避硐。 3.2 调度绞车试空车：松开离合闸，压紧制动闸，启动绞车空转，应无异常响声和振动，无甩油现象。 3.3 绞车开动正常，快慢速转换正常，配合信号把钩工试验提车、松车和制动。 3.4 听从信号把钩工指挥，与信号把钩工确认好待提升车辆满足运行要求	/	/	/
	4. 运行	4.1 绞车运转过程中，司机应注意力集中，时刻注意观察倾听设备运转情况及信号，手不离把，如收到不明信号和特殊情况，立即停车查明原因。	运输	(1) 绞车运行注意力不集中或离开岗位，造成运输事故	(1) 注意力集中，规范操作机车。 (2) 坚守好岗位，目视绞车及钢丝绳运行状况

续表

项目	作业步骤	作业标准	风险类型	危害因素	管控措施
作业	4. 运行	4.2　下放车辆时，应与信号把钩工联系好，随推车随放绳，不准留有余绳，以免车过变坡点突然加速，崩断钢丝绳。 4.3　上提车辆时，车过变坡点后，司机应做好停车准确，严禁过卷或停车不到位。 4.4　下放重物时，先闸住制动闸手把，使绞车进入正常运转之后，然后松开制动闸，按下工作闸。 4.5　根据提放煤、矸、设备、材料等载荷不同，根据斜巷的变化起伏，酌情掌握车速，严禁不带电放飞车。 4.6　如使绞车暂时停止作业，应将工作闸完全松开，同时刹紧制动闸。 4.7　接近停车位置时，应缓慢闸紧制动闸，同时逐渐松开离合闸，使绞车减速。听到停车信号后，闸紧制动闸，松开离合闸，按下停车按钮；双速绞车应直接按停止按钮、断电按钮。 4.8　双速绞车运行过程中，要时刻注意换挡手把的位置，防止绞车振动等原因使手把脱离止动孔的位置，造成空挡溜车事故。 4.9　双速绞车变换挡位时，必须在绞车停稳、空载下进行，严禁在绞车运转过程中换挡。 4.10　禁止两个闸把同时压紧，以防烧坏电机	运输	(2) 采用绞车运输物料等，运输过程中存在车辆掉道、跑车和制动失效等风险	(1) 运输严格执行《煤矿安全规程》及《操作规程》相关要求。 (2) 运输严格执行公司及矿下发的绞车运输相关文件。 (3) 运输严格执行绞车运行安全技术措施
	5. 动态观察	5.1　观察轨道、道岔及安全设施完好情况。 5.2　观察绞车运行情况，是否有异常情况。 5.3　观察运输物料运行是否满足运输要求。 5.4　运输“四超”车辆，应按专项措施执行。 5.5　严禁超载、超挂、蹬钩、扒车。 5.6　必须执行“行人不行车，行车不行人、不作业”的规定，发现违章行为，停车等待	/	/	/

续表

<table>
<tr><th>项目</th><th>作业步骤</th><th>作业标准</th><th>风险类型</th><th>危害因素</th><th>管控措施</th></tr>
<tr><td rowspan="3">作业</td><td rowspan="2">6. 异常处理</td><td rowspan="2">6.1 双速绞车通常情况下，采用一级制动闸制动。一级制动后钢丝绳继续下滑或一级制动闸突然损坏等紧急情况时，使用紧急制动闸。车辆停稳，待一级制动闸修复完好后方可使用。
6.2 注意小绞车各部位运行情况，如发现绞车有异常响声、异味、异状，钢丝绳有异常跳动，负载增大或突然松弛，压趄柱有松动，严重咬绳、爬绳现象，电机单相运转或冒烟，突然断电或有其他险情时，应及时停车处理，排除险情后方可继续作业。
6.3 当绞车有爬绳现象时，严禁一手开车、一手处理爬绳，需要处理爬绳时，应停车处理。
6.4 处理车辆掉道，禁止用小绞车硬拉复位，执行好复轨专项安全技术措施。
6.5 车辆因事故或其他原因在斜巷中停留时，司机应集中精力注意信号；手不离闸把，严禁离岗，如需松绳处理事故时，必须由施工人员采取措施，将车辆固定好</td><td rowspan="2">运输</td><td>(1) 绞车操作不当，造成溜车或设备损坏</td><td>(1) 规范操作，确保绞车正常运输。
(2) 发现问题及时停车，做好安全措施后处理</td></tr>
<tr><td>(2) 装封车不合格，绞车运行中发生车辆掉道</td><td>(1) 执行好掉道复轨安全技术措施。
(2) 检查好设备装封车，“四超”设备按标准封车，确保车辆符合运输条件，按照规程措施作业</td></tr>
<tr><td>7. 停车</td><td>7.1 听到停车信号后，司机应一手缓缓压下制动闸手把，同时另一手松开工作闸，拉灭警示灯。
7.2 当听到紧急停车信号或发现危急情况时，司机应一手将制动闸手把牢牢地压下，同时另一只手松开工作闸，拉灭警示灯。
7.3 绞车停稳并摘钩后，司机应先切断电源，后松开制动闸手把。
7.4 绞车长时间停车时，应关闭电动机，闸住制动闸，绞车开关做到停电闭锁</td><td>运输</td><td>未及时停电闭锁，未闸紧制动闸，致使绞车误动作</td><td>(1) 严格按规定做好施闸和停电闭锁。
(2) 做好交班前的检查，发现问题及时处理</td></tr>
</table>

续表

项目	作业步骤	作业标准	风险类型	危害因素	管控措施
交班	1. 交班前的准备	1.1　填写交接班记录，写清绞车运行情况和存在的问题。 1.2　清理绞车及机电硐室环境卫生	/	/	/
	2. 交班	司机必须现场交接班，向接班人员交接绞车运行情况	/	/	/
收班	记录	记录当班运行工作量及运行过程机车及线路情况	/	/	/

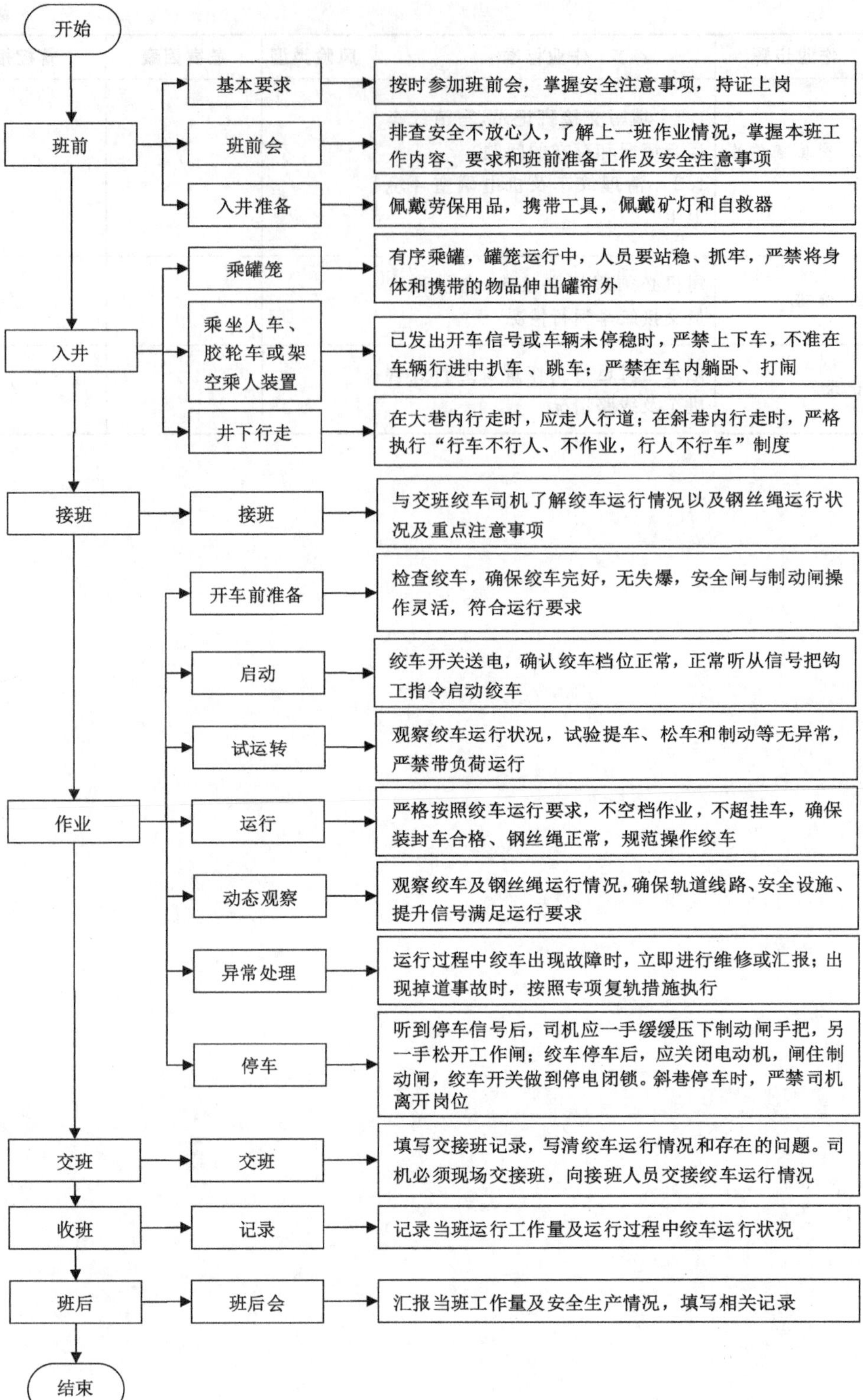

附图：小绞车司机岗位作业流程图

第七节　信号把钩工岗位作业流程标准化示范

信号把钩工岗位作业流程标准化指导书	
流程编号	YS007
岗位名称	信号把钩工
适用范围	煤矿井下
适用地点	井下绞车运输线路、立井上下井口
一、岗位说明	信号把钩工是立井或绞车提升运输信号操作、摘挂钩作业和进出罐作业的操作工，对各自岗位信号把钩工作负责，必须熟练掌握信号发送、车辆摘挂钩和进出罐作业的各种操作规范，熟悉信号接收发送、车辆防跑车及跑车防护装置、调车系统等设备设施的结构以及使用性能，并能正确处理运行中出现的一般故障，经培训考试合格发证后，持证上岗
二、岗位安全生产责任清单	1. 认真贯彻执行党的安全生产方针，保证在运输作业过程中遵守国家有关安全生产的法律、法规、规章、标准和技术规范，严格执行煤矿“三大规程”。 2. 熟知工作现场安全风险情况，严格执行安全风险分级管控措施。在开始工作前，对工作现场进行一次全面安全风险评估，作业过程中随时排查事故隐患，及时消除隐患。 3. 坚守岗位，遵守劳动纪律，精力集中，不干与工作无关的事，严格执行交接班制度，安全完成当班工作任务。 4. 熟练掌握信号发送、车辆摘挂钩和进出罐作业的各种操作规范，熟悉信号接收发送、车辆防跑车及跑车防护装置、调车系统等设备设施的结构以及使用性能，并能正确处理运行中出现的一般故障。 5. 严格执行“行人不行车，行车不行人、不作业”的规定，确认立井井口、斜巷上下口、中间水平车场等入口处安装语音报警装置完好，提升作业时做好安全警戒。 6. 进出罐车辆或待提升车辆封车符合要求，确保车辆提升运输正常，不会出现车辆掉道或跑车事故。 7. 必须穿工作服、扎紧袖口、精力集中、谨慎操作，不得擅自离岗，不做与本岗无关的事情，信号操作时不准与他人交谈。观察提升车辆及罐笼运行状况，如有异常立即停车处理，如不能处理时，向当班班长、跟班及值班人员汇报。 8. 开工前认真检查责任范围内的设施、信号系统是否完好，并和绞车司机联系好后进行试验，达不到要求时，必须及时汇报进行处理，严禁信号系统带“病”运行。 9. 发送信号明确，清晰及时，响亮无误，不出现错发信号现象，停车及时，对罐准确，提升运输车辆到位时要及时发出停车信号，避免过位造成事故。 10. 工作前检查好各类保护闭锁有效，推车装罐前，应检查罐笼是否停止到位、是否调平，安全门、罐门是否打开，摇台是否落下，阻车器是否打开，任何一项未完成都不准开动推车机进行装罐。 11. 负责发出放车和推车指令，完成推车装罐工作，遇有车辆掉道或车辆封装不规范时，要采取措施进行处理，然后再指示推车机装罐。 12. 负责认真清点乘罐人数，确保乘罐人数不超过规定人数，认真检查乘罐人员所携带的工具是否超长、身体是否露出罐外，如不符合要求及时纠正。

续表

二、岗位安全生产责任清单	13. 提升运输“四超”车辆和爆炸物品时必须执行专项提升运输措施，无措施不得提升运输。 14. 出现设备掉道时，严格按照车辆掉道复轨制度执行。 15. 必须熟知现场职业危害因素防护设施、设备的使用方法，熟知劳动保护用品使用方法。 16. 能够按质按量完成当班运输任务，与下一班交接好当班存在问题和设备运行情况。 17. 发现事故隐患，应立即向当班负责人或工区值班人员汇报并积极参与应急救援工作。 18. 工作完成后负责清理工作范围内的杂物，保持环境整洁，工具应摆放整齐。 19. 熟知本单位施工地点的避灾路线及灾害防护知识
三、设备设施及劳保工具	1. 设备设施：信号把钩设施
	2. 劳保用品：安全帽、劳保手套、防尘口罩、自救器、矿灯
	3. 工具：卡尺、扳手、钳子、卷尺等
四、作业标准	见附表
五、流程图	见附图
六、应急处置	1. 行动程序 (1) 预警及信息报告：发生险情或事故时，立即通知受威胁区域人员，并向矿调度室汇报。 (2) 应急响应：行使紧急避险权，并按应急指令或避灾路线撤离险区；在撤离受阻的情况下紧急避险，并按现场处置方案开展自救互救。 (3) 后期处置：脱险后，立即向指挥部汇报现场采取的应急措施和事故初期情况；参与现场生产恢复；受伤人员积极配合医疗救治。 2. 安全避险注意事项 (1) 井下火灾、瓦斯爆炸、煤尘爆炸、火工品爆炸事故避灾时应迅速佩戴好自救器，迎着新鲜风流撤离灾区，不可任意进入回风巷道。 (2) 井下水灾发生后迅速佩戴自救器，避开突出水头向地势高的地点避灾。 (3) 顶板、冲击地压事故：立即停止作业，迅速撤离事故现场至安全地点。 (4) 火灾事故：立即通过灭火器、水、沙等直接灭火，无法扑灭时按程序汇报。 (5) 灾害性天气：立即停止作业，按调度指令迅速撤离升井。 (6) 当遭遇灾害无法撤离时进入就近避难硐室，启用救护设施，等待救援。 (7) 佩戴自救器撤离灾区时绝不能因为吸气干热而把自救器拿掉。 3. 联系电话 本单位值班电话：　　　　　　　　矿调度室电话：

附表:信号把钩工岗位作业流程标准

项目	作业步骤	作业标准	风险类型	危害因素	管控措施
接班	进入接班地点接班	1.1　到达作业地点。 1.2　与交班信号把钩工了解本班运行情况、运行线路运输情况及重点注意事项	/	/	/
作业	1. 作业前准备	1.1　必须精力集中,细心操作。信号必须清晰、准确、可靠,开车前必须对所有信号、通信设备进行检查试验,确保信号接收、发送合格。 1.2　必须熟悉工作地点的基本情况。作业前,必须详细检查防跑车和跑车防护装置、行车报警装置、连接装置、保险绳、钩头和接头以及各种使用工具是否完好、齐全、灵敏可靠,并查看钩头 15 m 以内的钢丝绳是否有打结、压伤、死弯等其他安全隐患,不符合提升要求,严禁提升。 1.3　必须确保主、备用信号及专用联络电话等通信信号的完好,罐位、安全门、摇台、阻车器、推车机等有关设备、设施的完好。 1.4　必须严格按统一规定的信号种类标志发送信号,收到不明信号时,不得发送开车信号,查明原因后,取消本次信号,重新发送。 1.5　作业前必须扎紧袖口和腰带,做好自身安全保护,认真检查设备、材料必须捆绑固定牢靠,重心必须稳定。 1.6　执行好斜巷"行人不行车,行车不行人、不作业"的规定。 1.7　提升运输车场内拉警戒线,严禁无关人员进入	运输	(1) 钩头及连接检查不到位,断丝超限,导致提升设备发生跑车事故 (2) 罐笼信号检查不到位,闭锁关系不合格,提升运输时,发生误操作	必须检查好钢丝绳及钩头,确保钢丝绳及钩头符合运行要求 认真检查罐笼信号,确保信号闭锁关系到位,杜绝人身和非人身事故

续表

项目	作业步骤	作业标准	风险类型	危害因素	管控措施
作业	2. 试运行	2.1　在罐笼试运行期间必须精力集中，随时注视指示信号、提升容器、连接装置、安全门、罐门、钢丝绳等设施的情况，发现异常及时采取措施。 2.2　信号发送必须执行二级转发，低水平不能直发送信号到绞车房，按规定发送信号。 2.3　必须与绞车司机及其他信号工做好联系，仔细检查、试验有关信号设备、设施，待一切安全可靠后方可提升操作	/	/	/
	3. 提升人员	3.1　必须清点乘罐人员，所乘人数不得超过定员。 3.2　必须做好上下井人员的清点和记录。 3.3　现场维持好秩序，人员上下罐时必须是一侧进罐、一侧出罐，不准两侧同时上下。 3.4　罐笼停稳之后，必须由信号把钩工打开罐链，严禁其他人员私自打开罐链抢上抢下。 3.5　携带爆破材料的火工人员乘罐时，每层罐笼不得超过4人，其他人员不得同罐上下。 3.6　开车信号发出之前，必须确保乘罐人员肢体或携带工具有无伸出罐外的情况。 3.7　严禁在同一层罐笼内同时乘人和装物料，人员不得与有爆炸、易燃性或腐蚀性的物品同乘一罐。 3.8　升降人员时，进车侧的阻车器必须闭合，一切车辆停止往井筒方面运行。 3.9　严禁人员和物料车辆混合提升	运输	人员和物料车辆混合运输导致人员伤亡	(1) 运输严格执行《煤矿安全规程》及《操作规程》相关要求 (2) 严禁人员和物料车辆混合运输

续表

项目	作业步骤	作业标准	风险类型	危害因素	管控措施
作业	4. 提升物料	4.1　“四超”车辆和爆炸物品运输必须执行专项安全技术措施，提升作业时必须专人检查车辆状况。 4.2　人力推车时，做好统一指挥，严禁放飞车，做好车辆掩车。 4.3　规范发送信号，根据车辆数量及重量发送合格信号，确保提升安全。 4.4　检查好提升车辆，检查车数和重量是否超过规定、发现牵引车数超过规定、装封车不合格，连接装置损坏等都不得运输。 4.5　立井升降物料时，放下摇台后，井口安全门打开，挂好罐帘，确认无影响进车问题后，方可发出推车信号；推车时，把装罐的车辆放过阻车器后，立即关闭阻车器，不得把车辆提前放过阻车器。 4.6　待车辆停稳后方可进行摘挂钩，需要进行调车时，人员躲至安全区域，将待牵引车及运输车辆停稳后再进行挂钩作业，严禁站在道心内，头部和身体严禁伸入两车之间进行操作，必须站立在轨道外侧，距外侧钢轨 200 mm 左右进行摘挂钩，做好自我防护。 4.7　摘挂钩完毕，必须对车辆各部位钢丝绳、保险绳、连接装置等再详细检查一遍，确认完好正确、牢固可靠，然后瞭望车辆运行方向有无障碍和隐患，确认阻车器、挡车栏完好，进入躲避硐、信号硐室后，方准发出开车指令。 4.8　摘挂完毕需越过串车时，必须从车辆上方越过，严禁从两车辆之间或车辆运行下方越过。 4.9　车辆或罐笼运行时，要严密注视车辆及罐笼运行状态，发现异常情况，及时发送紧急停车信号。 4.10　斜巷提车和松车，严格按照规程操作，及时开启安全设施，车辆通过后及时关闭	运输	(1) 提升期间运行，信号把钩工注意力不集中或离开岗位造成运输事故 (2) 提升运输物料等，运输过程中存在车辆掉道、跑车和罐笼内掉道等风险	(1) 注意力集中，目视设备及钢丝绳运行状况，发现问题，及时发送停车信号。 (2) 观察好罐笼和设备运行状况，做好信号联系 (1) 运输严格执行《煤矿安全规程》及《操作规程》相关要求。 (2) 运输严格执行公司及矿下发物料运输相关文件。 (3) 运输严格执行物料运行安全技术措施

续表

项目	作业步骤	作业标准	风险类型	危害因素	管控措施
作业	5. 动态巡查	5.1 观察轨道、道岔及安全设施完好情况。 5.2 观察罐笼及设备运行情况，是否有异常情况。 5.3 观察运输物料运行是否满足运输要求。 5.4 运输“四超”车辆和爆炸物品，应按专项措施执行。 5.5 必须执行“行人不行车，行车不行人、不作业”的规定，提升运输时，拉好警戒线，禁止无关人员进入	/	/	/
	6. 异常处理	6.1 不得擅离工作岗位，确实需要离开时，应先打好定点闭锁信号，并于其他信号工和绞车司机做好联系。 6.2 正常情况下，只准使用主用信号系统，只有当主用信号系统发生故障时，才准使用备用信号系统，同时应立即通知有关人员修复；修复后，应立即恢复主用信号系统使用。 6.3 遇到罐笼内掉道或斜巷掉道时，执行好掉道复轨专项安全技术措施	运输	装封车不合格，提升运输中发生车辆掉道事故	(1) 执行好掉道复轨安全技术措施。 (2) 检查好设备装封车，四超设备按标准封车，确保车辆符合运输条件，按照规程措施作业
	7. 收尾	7.1 运输结束，撤除沿线警戒，清理好现场环境卫生，工具摆放整齐，将钢丝绳、保险绳、工具和多余的连接环、插销等连接装置放置在轨道以外的满足安全间隙要求的地带。 7.2 上部车场(或上井口)信号把钩工还应检查阻车器、挡车栏应处于常闭状态，信号声光齐全、通信设备完好。确认无误后方可离开现场，以防发生意外。 7.3 确认行车报警装置、连接装置、保险绳等安全设施完好，钩头以及工具齐全完好，钩头 15 m 以内的钢丝绳无打结、压伤、死弯等安全隐患	/	/	/

续表

项目	作业步骤	作业标准	风险类型	危害因素	管控措施
交班	1. 交班前的准备	1.1　填写交接班记录,写清提升运行情况和存在的问题。 1.2　清理岗点环境卫生	/	/	/
	2. 交班	2.1　司机必须现场交接班,向接班人员交接绞车运行情况	/	/	/
收班	记录	记录当班运行工作量及运行过程机车及线路情况	/	/	/

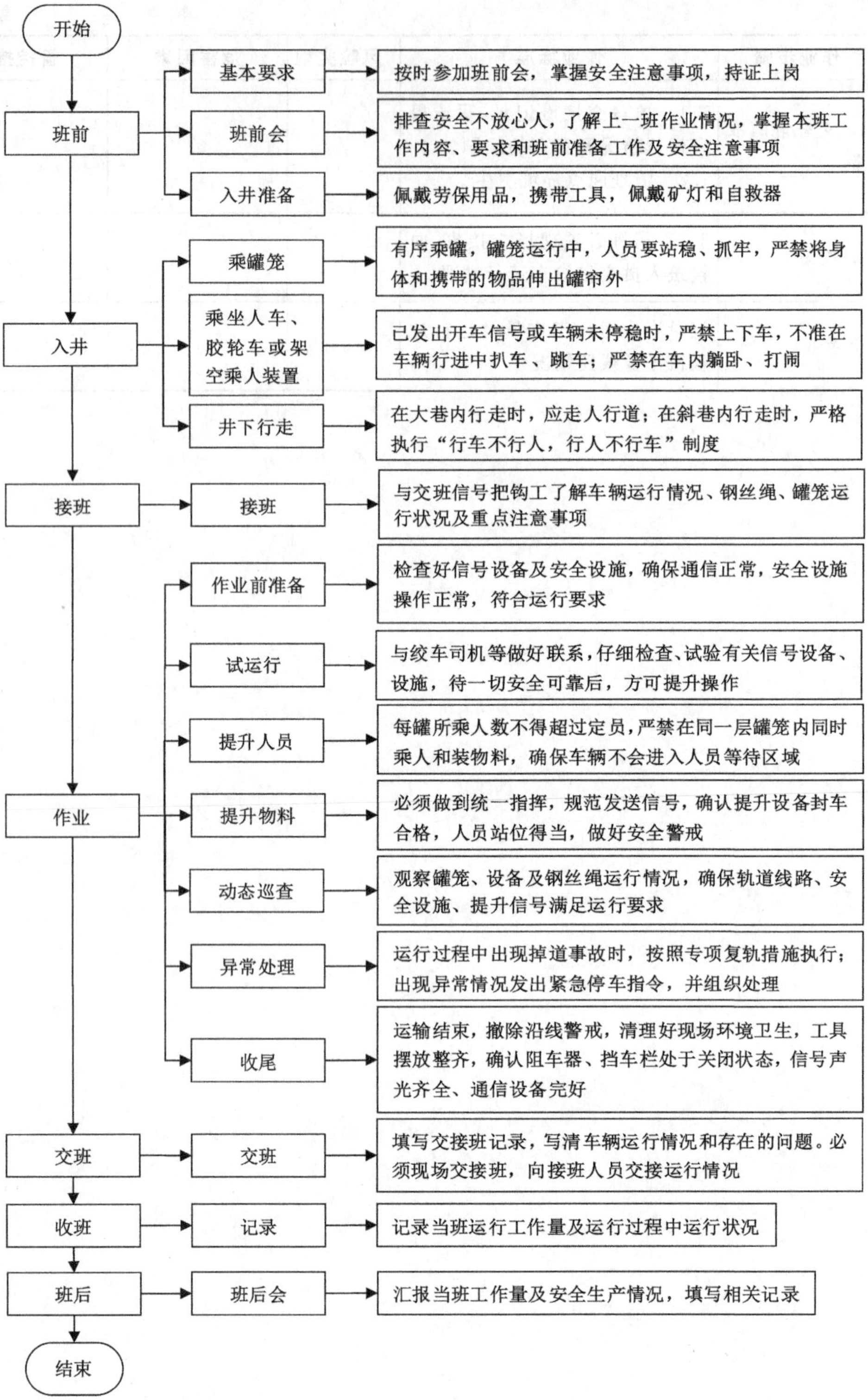

附图：信号把钩工岗位作业流程图

第六章　通风专业岗位作业流程标准化示范

第一节　矿井通风工岗位作业流程标准化示范

矿井通风工岗位作业流程标准化指导书	
流程编号	TF001
岗位名称	矿井通风工
适用范围	煤矿井下
适用地点	煤矿井下
一、岗位说明	矿井通风工负责矿井通防设施(风门、密闭、挡风墙、防火墙等通防设施)的砌筑、拆除、维护工作
二、岗位安全生产责任清单	1. 认真执行国家有关煤矿安全生产和职业病危害防治的法律、法规、标准、技术规范、指示、指令、“三大规程”和矿各项规章制度。 2. 必须坚守岗位,不准擅离职守,严格执行“三大规程”。 3. 必须培训合格,持证上岗。 4. 按照通风安全生产标准化标准和通风安全要求进行通防设施(风门、风窗、密闭、挡风墙、防火墙、捕尘帘墙体等)的砌筑、拆除,同时加强通风设施的日常管理和维护,保证通风系统正常。 5. 施工前要认真学习施工安全措施,熟知施工技术要求与安全注意事项。辨识本岗位工作中的危险源,评估风险大小,排查隐患,落实风险管控和隐患治理措施。 6. 积极参加矿井抢险救灾工作。 7. 按时完成领导交办的其他各项工作。 8. 认真学习业务知识,努力提高业务技术水平
三、设备设施及劳保工具	1. 设备设施:通防设施
	2. 劳保用品:安全帽、劳保手套、防尘口罩、自救器、矿灯、防护眼镜
	3. 工具:卷尺、瓦刀、泥板、铁锹、量角器、大锤、手镐、风镐等
四、作业标准	见附表
五、流程图	见附图
六、应急处置	1. 行动程序 (1) 预警及信息报告:发生险情或事故时,立即通知受威胁区域人员,并向矿调度室汇报

续表

六、应急处置	(2) 应急响应:行使紧急避险权,并按应急指令或避灾路线撤离险区;在撤离受阻的情况下紧急避险,并按现场处置方案开展自救互救。 (3) 后期处置:脱险后,立即向指挥部汇报现场采取的应急措施和事故初期情况;参与现场生产恢复;受伤人员积极配合医疗救治。 2. 安全避险注意事项 (1) 井下火灾、瓦斯爆炸、煤尘爆炸、火工品爆炸事故避灾时应迅速佩戴好自救器,迎着新鲜风流撤离灾区,不可任意进入回风巷道。 (2) 井下水灾发生后迅速佩戴自救器,避开突出水头向地势高的地点避灾。 (3) 顶板、冲击地压事故:立即停止作业,迅速撤离事故现场至安全地点。 (4) 火灾事故:立即通过灭火器、水、沙等直接灭火,无法扑灭时按程序汇报。 (5) 灾害性天气:立即停止作业,按调度指令迅速撤离升井。 (6) 当遭遇灾害无法撤离时进入就近避难硐室,启用救护设施,等待救援。 (7) 佩戴自救器撤离灾区时绝不能因为吸气干热而把自救器拿掉。 3. 联系电话 本单位值班电话:　　　　矿调度室电话:

附表:矿井通风工岗位作业流程标准

项目	作业步骤	作业标准	风险类型	危害因素	管控措施
作业	1. 砌筑风门墙、防火墙、捕尘帘墙体	1.1　根据施工措施要求确定砌墙地点。 1.2　根据施工措施要求确定门框安装位置(与轨道、单轨吊、巷道居中布置)。 1.3　砌筑墙体。 1.3.1　砌筑位置巷道为锚网支护巷道时:砌筑位置进行剪网处理,墙体与巷道周边接触处的空隙,用沙浆填满捣实;砌筑位置巷道为锚喷支护巷道时,无须剪网。 1.3.2　墙心逐层用砂浆填实,砖层之间错缝布置,灰缝饱满,无空缝、重缝,灰缝约 10～20 mm,确保墙面平整。 1.4　墙体抹面。墙体砌筑完成后进行抹面和刷白抹红,用白水泥对墙面刷白漆,用红漆对墙面裙角进行抹红,裙边不小于100 mm。 1.5　清理现场。施工完毕后,确保施工现场无杂物,剩余物料要及时清理、回收升井	冒顶(片帮)	作业时存在施工地点顶板突然冒落的风险	(1) 严格执行敲帮问顶制度,作业前必须检查巷道顶、帮状况。 (2) 专人站在安全地点用长柄工具打掉悬矸悬煤,并必须有专人监护,确保无掉顶片帮危险后方可作业,必要时应采取临时支护措施
	2. 砌筑密闭墙	2.1　根据施工措施要求确定砌墙地点。 2.2　砌筑墙体。 2.2.1　砌筑位置巷道为锚网支护巷道时:砌筑位置进行剪网处理,墙体与巷道周边接触处的空隙,用沙浆填满捣实;砌筑位置巷道为锚喷支护巷道时,无须剪网处理。 2.2.2　墙心逐层用砂浆填实,砖层之间错缝布置,灰缝饱满,无空缝、重缝,灰缝约 10～20 mm,确保墙面平整。	瓦斯	在回风流、边远巷道、通风复杂区域等地点作业及从事巷道封闭作业时,存在人员中毒、窒息的风险	(1) 作业过程中,应用两用仪对气体进行连续检测。出现报警时,必须立即停止作业,由专职瓦斯检查员使用光瓦对现场进行复检。 (2) 出现报警时,必须立即停止作业,由专职瓦斯检查员使用光瓦对现场进行复检

续表

项目	作业步骤	作业标准	风险类型	危害因素	管控措施
作业	2. 砌筑密闭墙	2.3 巡查巷道。 专人对封闭区域巷道进行巡查,确保封闭区域无人后方可封闭。 2.4 墙体抹面。 墙体砌筑完成后进行抹面和刷白抹红,用白水泥对墙面刷白漆,用红漆对墙面裙角进行抹红,裙边不小于100 mm。 2.5 清理现场。 施工完毕后,确保施工现场无杂物,剩余物料要及时清理、回收	高处坠落	作业时需登高作业,存在人员坠落风险	(1) 高空作业超过规定值时必须系挂安全带,且安全带高挂低用,并拴在牢固生根点上。 (2) 登高作业时,架板搭设要牢固,由专人监护,并按规定使用保险带。 (3) 加强日常巡检,确保护栏安全牢固
			物体打击	作业过程中需要安装拆除防尘管路、使用大锤,存在管路崩弹、大锤伤人风险	(1) 锤头锤柄检查确认,楔子安装缩到位,完好状态可靠 (2) 大锤、手锤头柄必须安装牢固,前后不准站人,以防锤头或碎片伤人。 (3) 使用大锤必须正确佩戴完好的护目镜。 (4) 拆卸管路前,必须按要求先进行卸压
			职业病危害	作业过程中,吸入作业粉尘,可能导致尘肺病	(1) 正确佩戴合格的防尘口罩。 (2) 按规定参加上岗前、在岗期间和离岗时的职业健康检查。 (3) 减少接触粉尘作业的时间

续表

项目	作业步骤	作业标准	风险类型	危害因素	管控措施
作业	3. 拆除墙体	3.1　保护工作。 墙体拆除前对电缆、管路等进行保护 3.2　拆墙工作。 在墙体两侧搭设脚手架进行登高作业，使用大锤、手镐、风镐等工具，自上而下逐层拆除墙体并将过木、门框等拆除。 3.3　清理工作。 清理拆除的风门、门框、过木、碎砖等物料分类装车回收	坍塌	作业时，存在坍塌伤人风险	(1) 掏槽时严格执行敲帮问顶制度。 (2) 按规定搭设脚手架，确保稳固。 (3) 按规定配比配制灰砂。 (4) 作业人员站位正确
收班	1. 汇报	升井后向工区汇报当班工作量、遗留问题及次日需注意事项	/	/	/

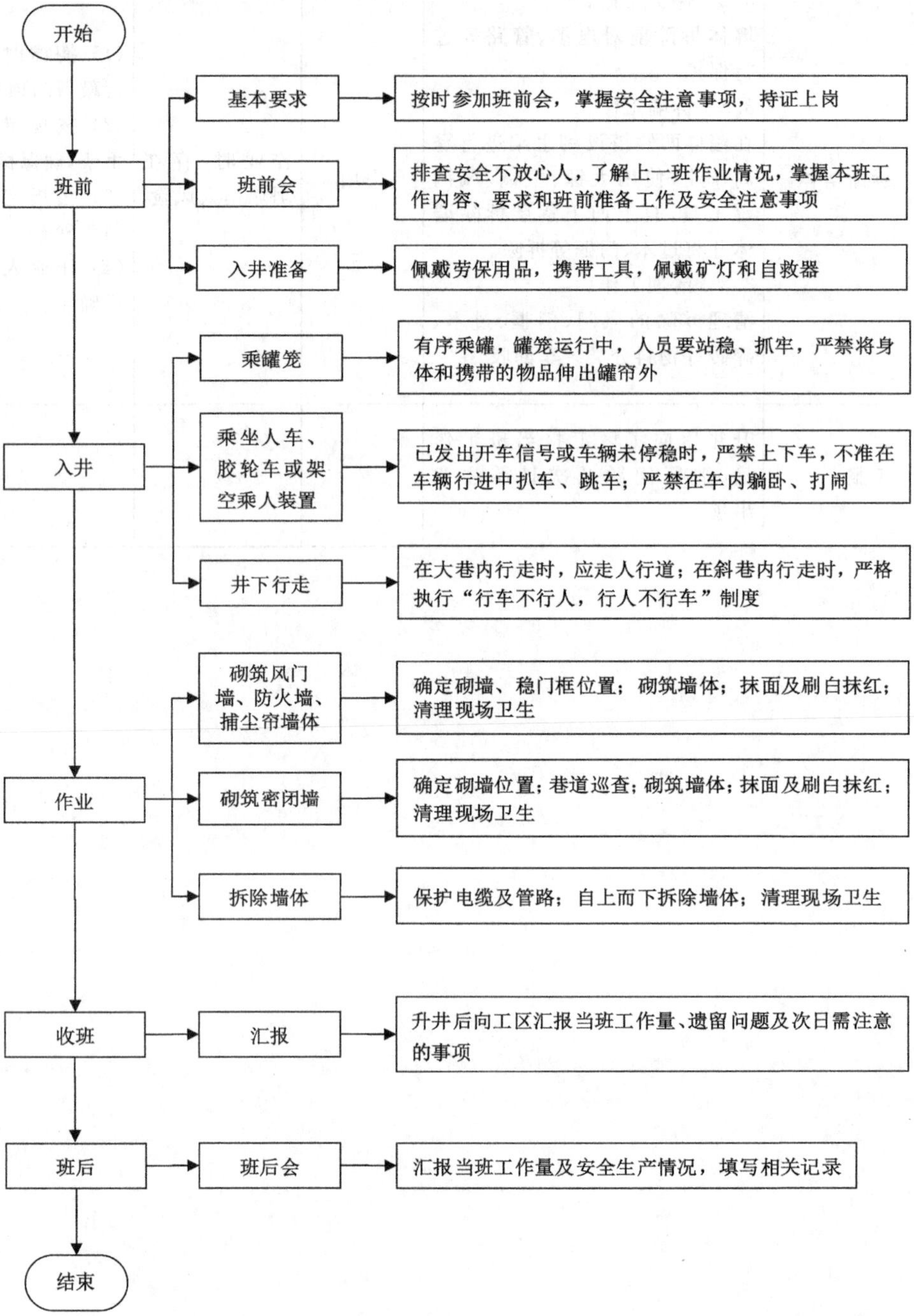

附图：矿井通风工岗位作业流程图

第二节　瓦斯检查工岗位作业流程标准化示范

瓦斯检查工岗位作业流程标准化指导书	
流程编号	TF002
岗位名称	瓦斯检查工
适用范围	煤矿井下
适用地点	煤矿井下
一、岗位说明	瓦斯检查工负责矿井瓦斯检查工作，具体负责对所辖区域内瓦斯、CO_2 等有毒、有害气体和空气温度的巡回检查以及“一通三防”监督检查
二、岗位安全生产责任清单	1. 认真执行国家有关煤矿安全生产和职业病危害防治的法律、法规、标准、技术规范、指示、指令、“三大规程”和矿各项规章制度。 2. 必须坚守岗位，不准擅离职守，严格执行“三大规程”和现场交接班制度。 3. 必须培训合格，持证上岗。 4. 必须按照瓦斯设点计划、瓦斯巡回检查图表和有关规定进行检查。检查中认真做好记录，记录做到“三对口”(牌板、手册、台账)。严禁空班漏检、假检。按规定执行请示报告制度。 5. 发现有害气体超限或出现其他异常情况，要及时向上级汇报，并应按《煤矿安全规程》有关规定，积极想办法或配合有关人员采取措施，及时消除隐患，隐患不解决不得离开现场。 6. 瓦斯检查员必须按操作标准执行，及时移动瓦斯牌板，保证采掘工作面的牌板在规定的范围内。 7. 要爱护仪器，保持仪器的清洁卫生，有故障要及时交付修理或更换，不得带故障使用。 8. 积极参加矿井抢险救灾工作。 9. 按时完成领导交办的其他各项工作。 10. 认真学习业务知识，努力提高业务技术水平。 11. 瓦斯检查工必须同时检查井下通风防尘设施、设备的情况，发现局扇、风筒或其他通风设施出现问题，工作面风量不足或风流短路，应主动想办法处理或汇报有关领导等待处理，并在现场监管
三、设备设施及劳保工具	1. 设备设施：无
	2. 劳保用品：安全帽、劳保手套、防尘口罩、自救器、矿灯
	3. 工具：瓦斯-氧气两用仪、CO 测定器、光学瓦斯测定器、温度计、手册、笔、探杖、球胆等
四、作业标准	见附表
五、流程图	见附图

续表

六、应急处置	1. 行动程序 (1) 预警及信息报告:发生险情或事故时,立即通知受威胁区域人员,并向矿调度室汇报。 (2) 应急响应:行使紧急避险权,并按应急指令或避灾路线撤离险区;在撤离受阻的情况下紧急避险,并按现场处置方案开展自救互救。 (3) 后期处置:脱险后,立即向指挥部汇报现场采取的应急措施和事故初期情况;参与现场生产恢复;受伤人员积极配合医疗救治。 2. 安全避险注意事项 (1) 井下火灾、瓦斯爆炸、煤尘爆炸、火工品爆炸事故避灾时应迅速佩戴好自救器,迎着新鲜风流撤离灾区,不可任意进入回风巷道。 (2) 井下水灾发生后迅速佩戴自救器,避开突出水头向地势高的地点避灾。 (3) 顶板、冲击地压事故:立即停止作业,迅速撤离事故现场至安全地点。 (4) 火灾事故:立即通过灭火器、水、沙等直接灭火,无法扑灭时按程序汇报。 (5) 灾害性天气:立即停止作业,按调度指令迅速撤离升井。 (6) 当遭遇灾害无法撤离时进入就近避难硐室,启用救护设施,等待救援。 (7) 佩戴自救器撤离灾区时绝不能因为吸气干热而把自救器拿掉。 3. 联系电话 本单位值班电话： 矿调度室电话：

附表：瓦斯检查工岗位作业流程标准

项目	作业步骤	作业标准	风险类型	危害因素	管控措施
接班	1. 进入接班地点接班	1.1　准时进入交接班地点，对沿途有关设备、支护情况进行检查，在指定地点现场交接班并签字确认。 1.2　询问交班人上一班瓦斯检查情况及沿途通风防尘设施、设备的完好情况。当班问题及应注意事项要交接清楚，现场无法处理时及时汇报工区或矿调度	/	/	/
作业	1. 准备工作	1.1　仪器外观检查。确保目镜组件、开关、主调螺旋、微调螺旋、皮套、背带等完好可靠。 1.2　药品检查。确保水分吸收管、CO_2 吸收管内药品合格。 1.3　气路系统检查。检查胶管、吸气球完好，气路畅通且仪器密封符合规定。 1.4　电路系统和光路系统检查。检查光干涉条纹、微读数符合规定。 1.5　仪器精密度检查。对主读数精度及微读数精度进行检查，确保符合规定。 1.6　清洗气室并调至“0”。先接好 CO_2 吸收管，手压气球 5～6 次。然后转动测微手轮，将仪器微读数盘回到“0”位，再转动调“0”手轮，将干涉条纹中某条黑线与分划板“0”位相重合，对“0”后上好仪器护盖	/	/	/

续表

项目	作业步骤	作业标准	风险类型	危害因素	管控措施
作业	2. 瓦斯检查	2.1 瓦斯检查。检查瓦斯时，将 CO_2 吸收管的进气端胶管置于待测位置，在巷道风流上部，将仪器进气口伸到距顶板200～300 mm处，捏吸气球5～10次，将待测气体吸入瓦斯室，读数。按下光源电门，由目镜观察黑基线位置，若黑基线刚好在某整数上，直接读出该数即为测定的瓦斯浓度；若黑基线在两整数之间，应顺时针转动微调手轮，使黑基线退到较小的整数上，读出整数，再读出微读窗口上的小数，整数加上小数即为测定的瓦斯浓度，连测3次取最大值。 2.2 CO检查。使用CO测定器或CO检测管对待测位置的CO浓度进行检测。 2.3 温度检查。在与人体及制冷制热设备间隔超过0.5 m位置处测定，测定时间不低于5 min，且在温度计示值稳定后读数。 2.4 CO_2 检查。将 CO_2 吸收管的进气端胶管置于待测位置。测定 CO_2 在巷道风流下部，距底板200～300 mm处。先测下部瓦斯，捏吸气球5～10次，将待测气体吸入瓦斯室，读取下部瓦斯浓度。去掉 CO_2 吸收管，接入进气管，将仪器进气口置于待测位置，捏吸气球5～10次，将待测气体吸入瓦斯室，读取下部混合气体浓度。测定的下部混合气体浓度减去下部瓦斯浓度再乘以校正系数0.955，为所测定的 CO_2 浓度，连测3次取最大值	冒顶（片帮）	瓦斯检查时存在检查地点顶板突然冒落的风险	进入采煤工作面回风隅角、掘进面迎头等顶板薄弱区检查瓦斯前检查顶板，顶板有垮落风险时，要求现场班组长进行加固后，再进行检查，检查气体后立即退出顶板薄弱区
			瓦斯	瓦斯检查作业进入回风隅角、边远巷道等地点，存在人员中毒、窒息的风险	（1）确保井下风量充足，杜绝微风巷道或风量不足巷道情况。 （2）确保通风系统稳定可靠，均压合理
			职业病危害	瓦斯检查作业过程中，长期吸入生产性粉尘，可能导致尘肺病	（1）正确佩戴合格的防尘口罩。 （2）按规定参加上岗前、在岗期间和离岗时的职业健康检查。 （3）减少接触粉尘作业的时间

续表

项目	作业步骤	作业标准	风险类型	危害因素	管控措施
作业	3. 记录、汇报	3.1　检查后及时填写记录手册，告知现场作业或班组长并签字。 3.2　第一次填写牌板时，将前一天同班次的检查数据全部擦净，然后依据本班每次检查结果，依次填写，标明日期、时间、检查人。 3.3　随着采掘工作面及其他瓦斯检查地点变化情况及时将牌板挪移至规定地点。 3.4　检查完以后要及时汇报	/	/	/
交班	1. 交班前的准备	按照时间要求到达交接班地点	/	/	/
	2. 交班	2.1　向接班人汇报负责区域及地点的瓦斯情况、通风设施完好情况、监测监控等设备运行情况和隐患处理情况及遗留问题。 2.2　对遗留问题，落实责任并向本单位汇报	/	/	/
收班	记录	升井后前往通风调度室核对当班瓦斯检查数据	/	/	/

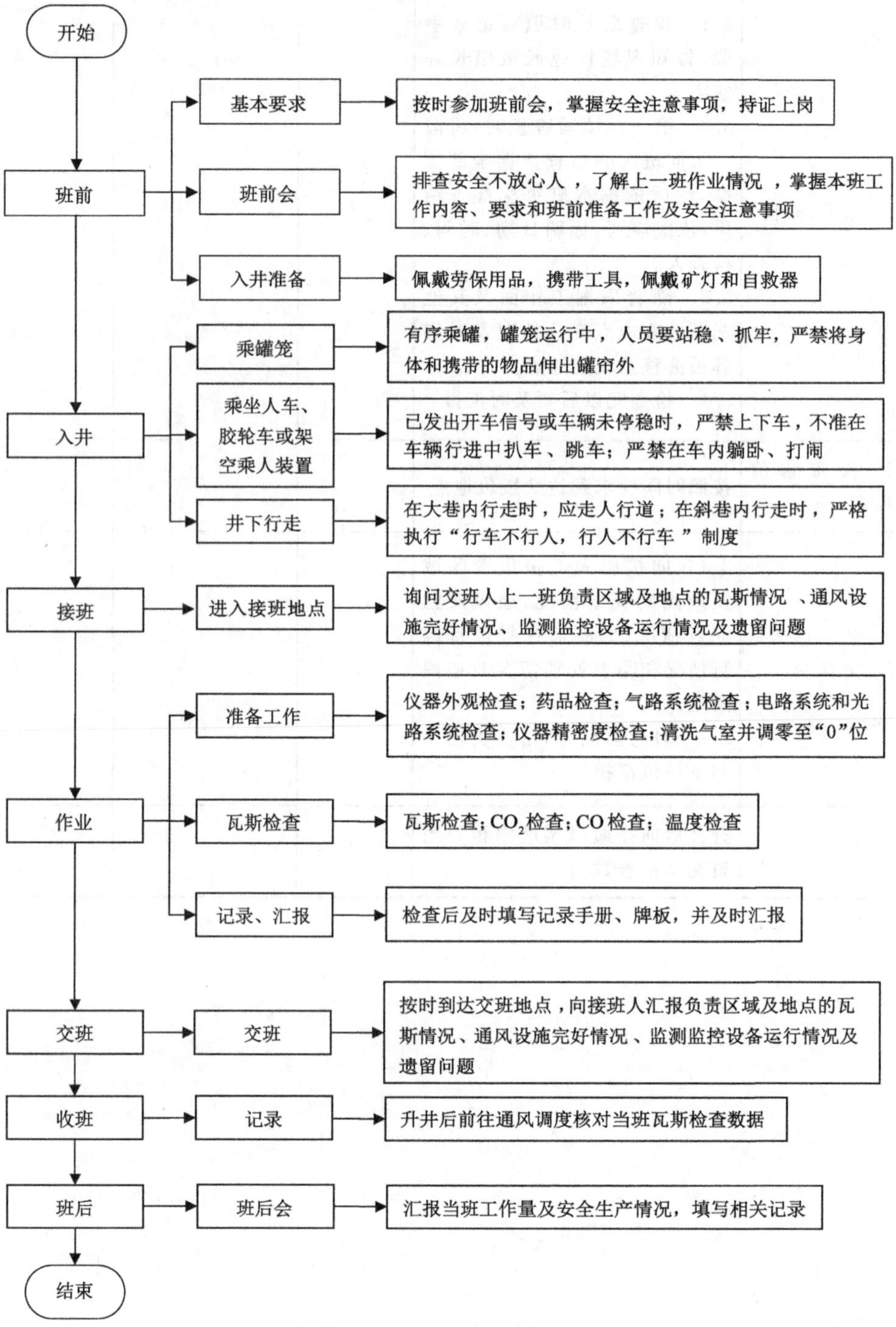

附图：瓦斯检查工岗位作业流程图

第三节　矿井测风工岗位作业流程标准化示范

矿井测风工岗位作业流程标准化指导书	
流程编号	TF003
岗位名称	矿井测风工
适用范围	煤矿井下
适用地点	煤矿井下
一、岗位说明	矿井测风工负责测算矿井风量、风压、漏风量，测定矿内空气温度、气压和相对湿度，参与矿井瓦斯等级鉴定、矿井反风演习、主要通风机性能鉴定，测定有关参数，汇总资料，为矿井通风系统调整提供基础的数据信息
二、岗位安全生产责任清单	1. 认真执行国家有关煤矿安全生产和职业病危害防治的法律、法规、标准、技术规范、指示、指令、“三大规程”和矿各项规章制度。 2. 必须培训合格，持证上岗。 3. 上岗前必须佩戴好安全帽、防护手套、防尘口罩等劳保用品，穿好工作服并扣全扣子、扎紧袖口，执行好职业病危害防治措施。 4. 按有关规定要求，进行通风系统调整和风量分配调节，对各用风地点的风速、风量、温度、气压等进行测定，做好记录，及时填写手册、原始台账、管理牌板，做好报表上报工作，配合绘制通风系统图等相关图纸。 5. 负责测风站的选定及日常管理工作，负责查处矿井漏风、跑风现象，查明原因及时处理，提高有效风量率。 6. 参加矿井反风演习，风机性能测定及通风阻力测定工作，测定数据，汇总资料。 7. 认真履行岗位职责，严格执行本岗位的安全与职业卫生操作规程，杜绝违章作业，对本岗位的安全生产负直接责任。 8. 有权拒绝上级的违章指挥，如拒绝无效，可越级举报，并随时制止他人违章作业。 9. 正确使用、精心维护、妥善保管办公设备、安全设施、职业卫生防护设施和工具及个人防护用品。 10. 辨识本岗位工作中的危害因素、评估风险大小，排查隐患，落实风险管控和隐患治理措施
三、设备设施及劳保工具	1. 设备设施：无
	2. 劳保用品：安全帽、劳保手套、防尘口罩、自救器、矿灯
	3. 工具：风表、秒表、空盒气压计、温度计等
四、作业标准	见附表
五、流程图	见附图
六、应急处置	1. 行动程序 (1) 预警及信息报告：发生险情或事故时，立即通知受威胁区域人员，并向矿调度室汇报。

续表

六、应急处置	(2) 应急响应：行使紧急避险权，并按应急指令或避灾路线撤离险区；在撤离受阻的情况下紧急避险，并按现场处置方案开展自救互救。 (3) 后期处置：脱险后，立即向指挥部汇报现场采取的应急措施和事故初期情况；参与现场生产恢复；受伤人员积极配合医疗救治。 2. 安全避险注意事项 (1) 井下火灾、瓦斯爆炸、煤尘爆炸、火工品爆炸事故避灾时应迅速佩戴好自救器，迎着新鲜风流撤离灾区，不可任意进入回风巷道。 (2) 井下水灾发生后迅速佩戴自救器，避开突出水头向地势高的地点避灾。 (3) 顶板、冲击地压事故：立即停止作业，迅速撤离事故现场至安全地点。 (4) 火灾事故：立即通过灭火器、水、沙等直接灭火，无法扑灭时按程序汇报。 (5) 灾害性天气：立即停止作业，按调度指令迅速撤离升井。 (6) 当遭遇灾害无法撤离时进入就近避难硐室，启用救护设施，等待救援。 (7) 佩戴自救器撤离灾区时绝不能因为吸气干热而把自救器拿掉。 3. 联系电话 本单位值班电话：　　　　　　　　矿调度室电话：

附表：矿井测风工岗位作业流程标准

项目	作业步骤	作业标准	风险类型	危害因素	管控措施
作业	1. 测风前准备工作	入井前必须根据测风任务带好所选用的风表、秒表、便携式光学瓦斯检测仪、测压仪器及皮尺、记录本等。携带和使用仪器时，必须轻拿轻放，避免碰撞。 1.1　带齐完好合格的仪器仪表：风表（高中低及校正曲线）、秒表、空盒气压计、温度计、尺子、光瓦、手册等。 1.2　风表检查：风表开关、回"0"装置和指针灵活可靠，外壳及各部位无松动，风表与风表校正曲线相对应。 1.3　空盒气压计检查：应经过计量鉴定、外壳玻璃应无破损、刻度及温度校正表应齐全、量程合乎要求	/	/	/
	2. 风量及其他参数测定工作	测风期间，遇风门开启、关闭，行人通过，车辆运输时，停止测风。 2.1　测风站选择。选择临时测风站时，应选择在巷道无空顶、空帮、支护完好，前后 10 m 无拐弯、无分岔、无障碍物的地点。 2.2　风表选择。根据巷道风速大小，选用不同风速的风表；风速超过 10 m/s 时选用高速风表；风速在 0.5～10 m/s 时选用中速风表；风速在 0.3～0.5 m/s 时选用微速风表，低于 0.3 m/s 时，采用烟雾法测定风速。	冒顶（片帮）	井下测风时存在检查地点顶板突然冒落的风险	进入失修巷道测风前检查顶板，顶板有垮落风险时，避开垮落风险区域进行测风

续表

项目	作业步骤	作业标准	风险类型	危害因素	管控措施
作业	2. 风量及其他参数测定工作	2.3 测风作业:测风时,先将风表的计数器指针回“0”,在测风断面内背靠巷道壁站立,一手拿秒表一手拿风表,将手臂向风流垂直方向伸直,风表叶片迎向风流并与风流垂直,在断面内均匀移动,待叶轮转动30 s左右后,再同时启动风表计数器和秒表进行测定。测定结束时,同时关闭。每个测风断面至少测3次,取平均值。测风人员可采用路线法或定点法测定。用定点法测风时,测风员背向巷道帮,右手持风表并向右侧前方伸直,手臂和身体胸面成105°～110°,测风时速度要均匀,风表距巷周壁为0.2 m左右。巷道断面在10 m^2以上时,测120 s,巷道断面在4～10 m^2,测60 s。用线路法测风时,风表在测风断面内按规定线路、规定时间匀速移动,根据断面大小,分四线法、六线法、迂回八线法。	瓦斯	井下测风作业进入边远巷道、通风复杂区域等地点,存在人员中毒、窒息的风险	(1) 测风员必须了解《煤矿安全规程》有关风量、气体浓度、温度以及对测风的规定;所用风表和其他仪器的性能、参数;熟悉矿井通风系统,掌握各用风地点所需风量;熟悉测风方法、过程、注意事项; (2) 测风前要明确任务、准备好仪器、选择好测量方法,了解注意事项,搞好风险评估和隐患排查,注意安全。 (3) 确保通风系统稳定可靠,均压合理
		2.4 其他参数测定作业。测完风速后,开始测量巷道断面、温度、瓦斯及CO_2浓度(测量瓦斯及CO_2、温度方法参照瓦斯检查工操作)。 2.5 测压作业。用空盒气压计测压时,应将仪器盒面平行于风流方向放置,等待10～20 min,一面注意指针位置,一面用手轻击气压的玻璃,至指针稳定后,直接读出测点的大气压力	职业病危害	井下测风作业过程中,长期吸入生产性粉尘,可能导致尘肺病	(1) 正确佩戴合格的防尘口罩。 (2) 按规定参加上岗前、在岗期间和离岗时的职业健康检查。 (3) 减少接触粉尘作业的时间

续表

项目	作业步骤	作业标准	风险类型	危害因素	管控措施
作业	3. 风量测定后的计算、记录、汇报	3.1　根据测得表速在风表校正曲线上查出(或根据风表校正曲线方程算出)对应的真风速,测算出的风速乘以巷道断面即得该断面的风量值。 3.2　每个测风断面测风应至少测 3 次,取平均值。三次测量误差不应超过 5%,如果测量误差大于 5%,说明测风结果不符合要求,须追加一次测风。 3.3　将计算结果及时记录手册并填写牌板,填写时,将前一次的检查数据全部擦净,然后依据本班每次检查结果,依次填写,标明日期、时间、检查人。 3.4　根据采掘工作面及其他测风地点变化情况随时测定风量并将牌板挪移至规定地点。 3.5　检查地点风量变化较大时,要及时汇报、处理	/	/	/
收班	记录	升井后立即根据测风手册制作原始台账及报表	/	/	/

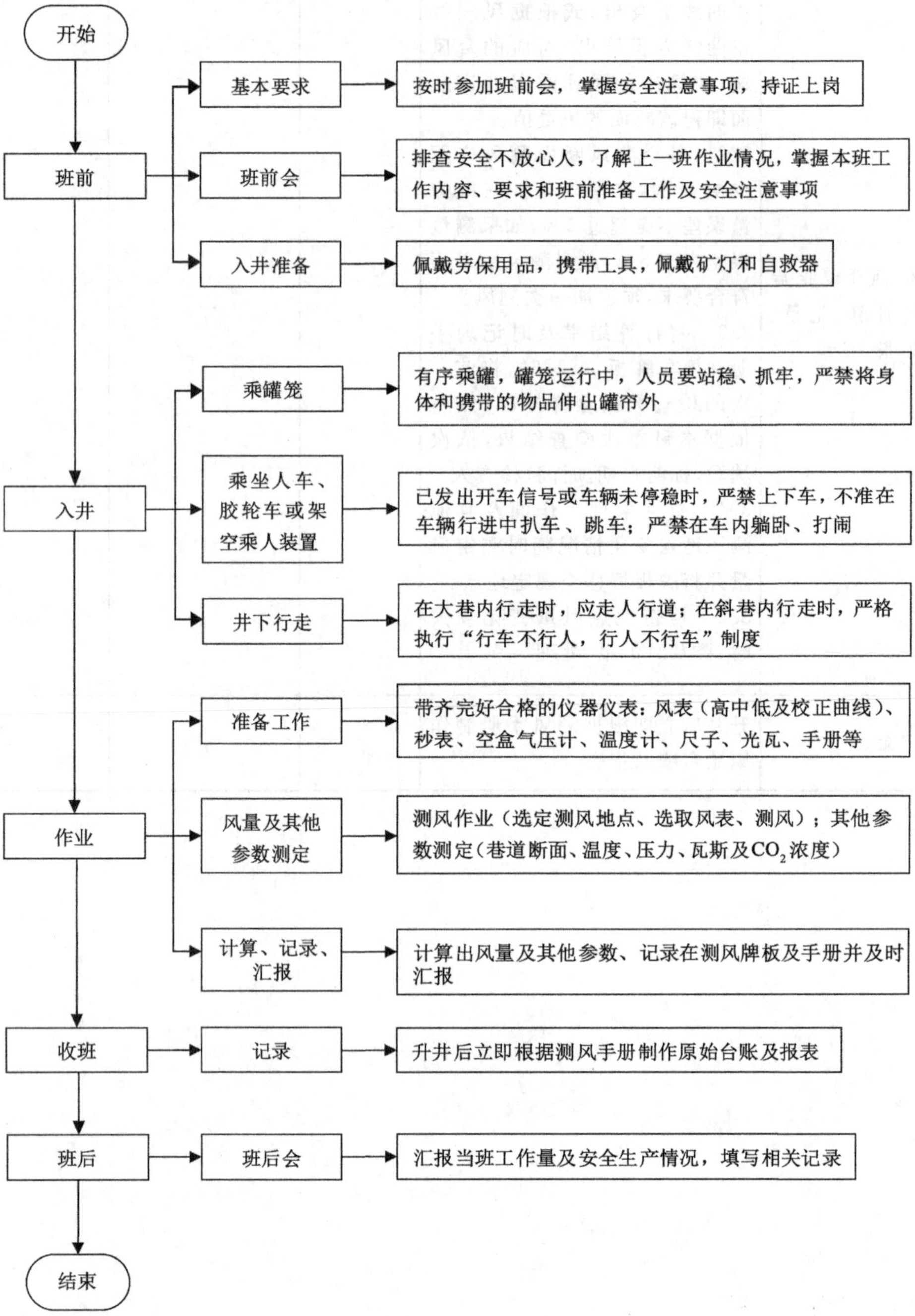

附图:矿井测风工岗位作业流程图

第四节　井下钻探工岗位作业流程标准化示范

井下钻探工岗位作业流程标准化指导书	
流程编号	TF004
岗位名称	井下钻探工
适用范围	煤矿井下
适用地点	煤矿井下各钻孔施工地点
一、岗位说明	井下钻探工负责矿井各类钻孔施工、封孔等工作，负责井下各地点的探放水钻孔、地质钻孔、卸压钻孔、防灭火钻孔、煤层注水孔、天井钻机等的施工及各类钻机的维修工作
二、岗位安全生产责任清单	1. 认真执行国家有关煤矿安全生产和职业病危害防治的法律、法规、标准、技术规范、指示、指令、“三大规程”和矿各项规章制度。 2. 必须坚守岗位，不准擅离职守，严格执行“三大规程”和现场交接班制度。 3. 必须培训合格，持证上岗。 4. 必须掌握各种型号钻机的操作和维护保养方法及一般故障的识别和排除方法，并要掌握有关井下钻探知识及施工地点的地质状况。 5. 严格按钻机操作说明书和施工安全措施调试钻机，要求钻机开关启动灵活，转动部分运转灵活，方可接上钻杆、钻头，接通水源，由司机操作开始钻进。 6. 及时记录钻孔相关参数，留档备查。 7. 要爱护仪器，经常保持仪器的清洁卫生，有故障要及时交付修理或更换，不得带故障使用。 8. 负责设备的日常维护、维修工作，保证设备的完好。 9. 积极参加矿井抢险救灾工作。 10. 按时完成领导交办的其他各项工作。 11. 认真学习业务知识，努力提高业务技术水平
三、设备设施及劳保工具	1. 设备设施：钻机及相关配件
	2. 劳保用品：安全帽、劳保手套、防尘口罩、自救器、矿灯
	3. 工具：管钳、扳手、钳子等
四、作业标准	见附表
五、流程图	见附图
六、应急处置	1. 行动程序 (1) 预警及信息报告：发生险情或事故时，立即通知受威胁区域人员，并向矿调度室汇报。 (2) 应急响应：行使紧急避险权，并按应急指令或避灾路线撤离险区；在撤离受阻的情况下紧急避险，并按现场处置方案开展自救互救。 (3) 后期处置：脱险后，立即向指挥部汇报现场采取的应急措施和事故初期情况；参与现场生产恢复；受伤人员积极配合医疗救治

续表

六、应急处置	2. 安全避险注意事项 (1) 井下火灾、瓦斯爆炸、煤尘爆炸、火工品爆炸事故避灾时应迅速佩戴好自救器，迎着新鲜风流撤离灾区，不可任意进入回风巷道。 (2) 井下水灾发生后迅速佩戴自救器，避开突出水头向地势高的地点避灾。 (3) 顶板、冲击地压事故：立即停止作业，迅速撤离事故现场至安全地点。 (4) 火灾事故：立即通过灭火器、水、沙等直接灭火，无法扑灭时按程序汇报。 (5) 灾害性天气：立即停止作业，按调度指令迅速撤离升井。 (6) 当遭遇灾害无法撤离时进入就近避难硐室，启用救护设施，等待救援。 (7) 佩戴自救器撤离灾区时绝不能因为吸气干热而把自救器拿掉。 3. 联系电话 本单位值班电话：　　　　　　　　矿调度室电话：

附表:井下钻探工岗位作业流程标准

项目	作业步骤	作业标准	风险类型	危害因素	管控措施
接班	进入接班地点接班	1.1 按要求时间进入接班地点。 1.2 进入现场询问上班工作任务完成情况、工程质量及钻机存在问题。 1.3 检查作业范围内顶板、煤帮和支架是否完好。 1.4 检查钻机各部件及供水胶管是否齐全完好,并进行试运转	/	/	/
作业	1. 钻机设备的运输	1.1 钻机装车。装运钻机前要进行全面检查,钻机各部件齐全,电机必须防爆,电压与电源相符,电缆无漏电现象,钻杆、钻具及其他管材无损坏;发现问题必须及时处理;设备在整体装运时,必须符合《煤矿安全规程》规定,不得超长、超高、超宽。 1.2 钻机卸车。利用起重设备装卸设备和其他重物,必须由专人指挥。工作前应检查起重设备的可靠性。起吊前应先进行试吊,起吊重物下方不得站人,起吊时由负责人统一指挥。 1.3 运输钻机。设备运搬时,不得磕碰各操纵手把。分装分运时,要对油管及接头、液压阀、齿轮、齿条滑移导轨等易损部件进行保护,运输时不允许在地上拖拉,不允许脏物进入部件或油管内	运输	未按相关规定运输,违章作业	运输严格执行《煤矿安全规程》《操作规程》及施工措施相关要求

续表

项目	作业步骤	作业标准	风险类型	危害因素	管控措施
作业	2. 钻机设备的安装	2.1 安装前的准备工作。 2.1.1 进入安装地点前，应首先检查巷道支护及通风等情况。 2.1.2 完善排水系统，以便岩(煤)粉及打钻废水排放。 2.1.3 钻场内的供水、供电系统应完善，电源开关和其他机件均应保证状态良好，符合使用要求。 2.2 安装钻机。 根据钻机特性及安全技术措施要求，在施工地点选择环境较好地点(顶板、巷道支护较好)安装钻机及相关配件，需带电作业的对钻机进行搭火	冒顶(片帮)	施工地点存在检查地点顶板突然冒落的风险	(1) 施工地点顶板、帮部有垮落(片帮)风险时，要求现场班组长进行加固后，检查确认后方可施工。 (2) 严格执行敲帮问顶制度
			起重伤害	作业期间，起吊钻机存在起吊物摆动、坠落伤人风险	(1) 吊挂支撑物应牢固，在吊、运物件时，应随时注意检查顶板支护安全情况，检查周围应无其他不安全因素，禁止在不安全的情况下工作。 (2) 起吊过程要专人操作、专人监护，并明确施工负责人和安全责任人，起吊由施工负责人统一指挥
	3. 钻机施工作业	3.1 各类钻机的操作方法按各钻机使用说明书及安全技术措施执行；严格按地测部门给出的钻孔参数要求进行施工；按照要求进行封孔。 3.2 开钻前的检查工作。钻机设备安装牢固；各配件连接可靠；各操作手把灵活有效。 3.3 钻机施工。 3.3.1 测量好钻孔角度，稳固钻机，供水、供电开钻。 3.3.2 一根钻孔终了，停电、停水，加钻杆。 3.3.3 施工完毕，退钻杆。	机电	作业期间，存在停送电不规范，触电、机械伤害风险	(1) 停、送电应坚持"谁停电谁送电，谁挂牌谁摘牌"的原则，对所停开关进行闭锁、上锁，并由电工挂"禁止合闸，有人工作"和"检修"标示牌。 (2) 钻进时，注意观察压力表压力变化情况，根据压力变化情况，调整钻进压力，确保钻进压力平稳，钻进速度适当，严禁钻机旋转时触摸钻机以免造成安全事故

续表

项目	作业步骤	作业标准	风险类型	危害因素	管控措施
作业	3. 钻机施工作业	3.4　根据钻孔种类不同，需要下套管、上截止阀、安装压力、流量表、安设牌板等工作。 3.5　封孔。一般使用砂浆或者封孔器封孔	冒顶（片帮）	施工地点存在检查地点顶板突然冒落的风险	(1) 施工地点顶板、帮部有垮落（片帮）风险时，要求现场班组长进行加固后，检查确认后方可施工。 (2) 严格执行敲帮问顶制度
	4. 钻机设备的回撤	4.1　拆解钻机。将钻机各配件、管路进行拆除，并按照要求对各易损部件进行保护。 4.2　运输钻机。设备运搬时，不得磕碰各操纵手把；分装分运时，要对各易损部件进行保护，运输时不允许在地上拖拉，不允许脏物进入部件或管路内。 4.3　起吊装车。利用起重设备装卸设备和其他重物，必须由专人指挥。首先应检查起重设备的可靠性。起吊前应先进行试吊，起吊重物下方不得站人，起吊时由负责人统一指挥。设备在整体装运时，必须符合《煤矿安全规程》规定，不得超长、超高、超宽	起重伤害	作业期间起吊钻机，存在起吊物摆动、坠落伤人风险	(1) 吊挂支撑物应牢固，在吊、运物件时，应随时注意检查顶板支护安全情况，检查周围应无其他不安全因素，禁止在不安全的情况下工作。 (2) 起吊过程要专人操作、专人监护，并明确施工负责人和安全责任人，起吊由施工负责人统一指挥
	5. 特殊问题处理	5.1　发现煤岩松动，片帮，来压，孔内水量、水压突然增大减小或顶钻时，立即停止钻进，但不得拔出钻杆，派人监视水情，向有关部门汇报。 5.2　钻孔透采空区的应加强瓦斯检查，有害气体超标时，加强通风，封孔，汇报矿调度室。 5.3　煤层注水孔钻至顶底板岩石时，该孔报废，进行封孔。 5.4　如钻孔透巷道，应根据所透巷道具体情况安排透孔安全注意事项，采取防范措施	/	/	/

续表

项目	作业步骤	作业标准	风险类型	危害因素	管控措施
交班	1. 交班前的准备	1.1 按照时间要求到达交接班地点。 1.2 将本班工作情况及各种数据(钻孔角度、进尺、套管下置深度、岩芯采集情况、设备运转情况等)按照要求记录下来	/	/	/
	2. 交班	2.1 向接班人交代清本班钻机运行情况、施工进度及安全注意事项等情况。当班问题及应注意事项要交接清楚,现场无法处理时及时汇报工区或矿调度室。 2.2 对遗留问题,落实责任向本单位汇报	/	/	/
收班	记录	升井后将当班工作情况汇报至工区调度室	/	/	/

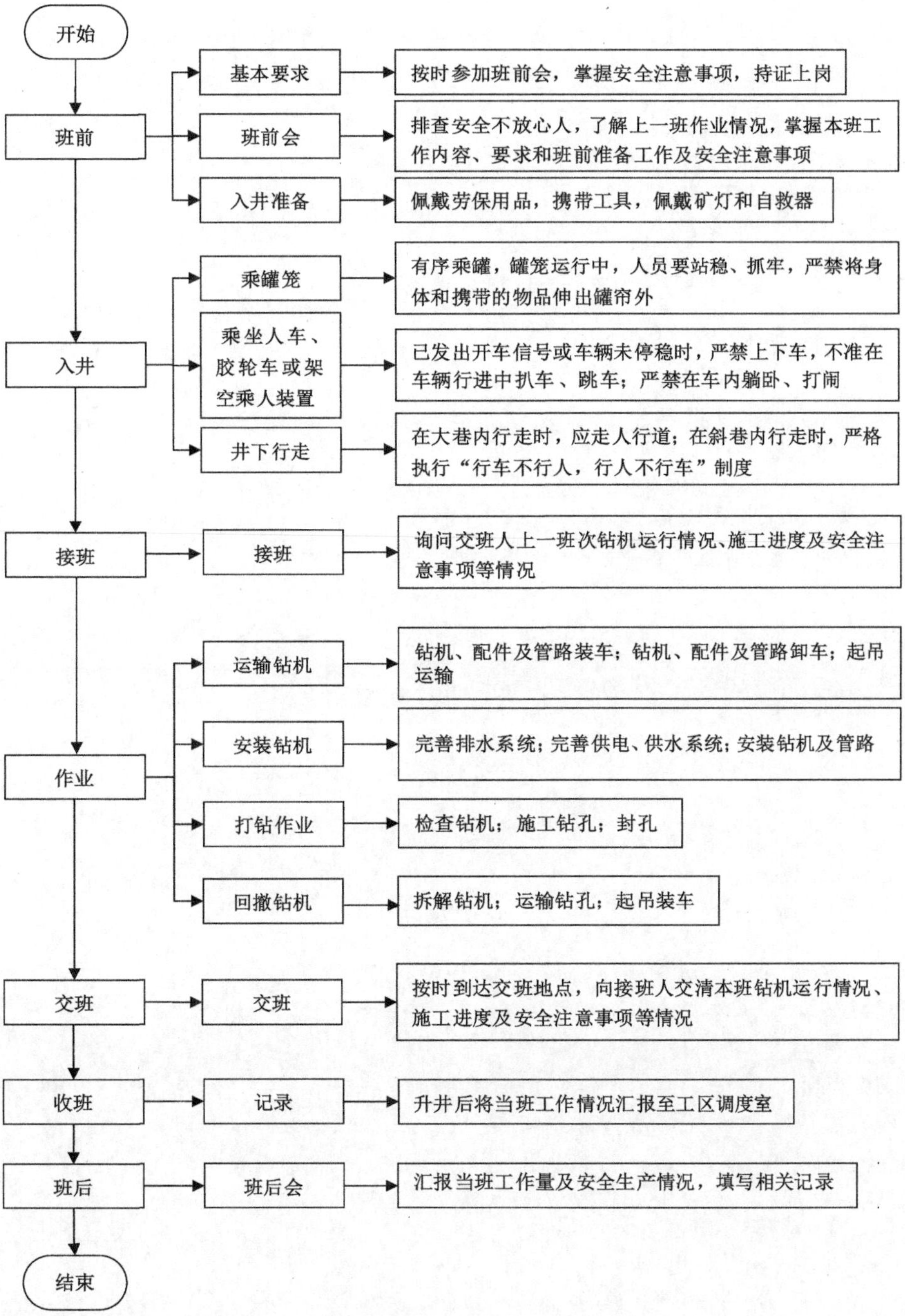

附图:井下钻探工岗位作业流程图

煤矿岗位作业流程标准化示范

主　编　卓超群　赵志刚　陈昌一
副主编　郭纪俊　李　林　王光淇
　　　　张元宝　曲　彬

中国矿业大学出版社
·徐州·

图书在版编目(CIP)数据

煤矿岗位作业流程标准化示范/卓超群,赵志刚,陈昌一主编. —徐州:中国矿业大学出版社,2023.3
ISBN 978-7-5646-5703-1

Ⅰ. ①煤… Ⅱ. ①卓… ②赵… ③陈… Ⅲ. ①煤矿开采—作业管理—标准化管理—流程—中国 Ⅳ. ①TD82-65

中国国家版本馆 CIP 数据核字(2023)第 017696 号

书　　名　煤矿岗位作业流程标准化示范
主　　编　卓超群　赵志刚　陈昌一
责任编辑　张　岩
出版发行　中国矿业大学出版社有限责任公司
　　　　　(江苏省徐州市解放南路　邮编 221008)
营销热线　(0516)83884103　83885105
出版服务　(0516)83995789　83884920
网　　址　http://www.cumtp.com　**E-mail**:cumtpvip@cumtp.com
印　　刷　苏州市古得堡数码印刷有限公司
开　　本　787 mm×1092 mm　1/16　**印张** 16　**字数** 409 千字
版次印次　2023 年 3 月第 1 版　2023 年 3 月第 1 次印刷
定　　价　68.00 元